西北村镇非常规水源净化与污水处理技术

石宝友　刘建国　狄彦强　郑天龙　郝昊天　主编

U0195678

中国建筑工业出版社

图书在版编目（CIP）数据

西北村镇非常规水源净化与污水处理技术／石宝友
等主编. -- 北京：中国建筑工业出版社，2024. 11.
ISBN 978-7-112-30546-9

Ⅰ. TU991.2；X703

中国国家版本馆 CIP 数据核字第 2024LF9891 号

责任编辑：张文胜　武　洲
责任校对：赵　力

西北村镇非常规水源净化与污水处理技术

石宝友　刘建国　狄彦强　郑天龙　郝昊天　主编

*

中国建筑工业出版社出版、发行（北京海淀三里河路 9 号）
各地新华书店、建筑书店经销
北京科地亚盟排版公司制版
三河市富华印刷包装有限公司印刷

*

开本：787 毫米×1092 毫米　1/16　印张：17　字数：423 千字
2024 年 11 月第一版　　2024 年 11 月第一次印刷
定价：75.00 元
ISBN 978-7-112-30546-9
（42828）

编写委员会

中国科学院生态环境研究中心：
  石宝友 郑天龙 郝昊天 梁 峰 韩云平 孟 颖 肖本益 李鹏宇
  王天玉 王海波 黄 鑫 袁庆科 杨鼎盛
内蒙古工业大学：
  刘建国 曹英楠 朱 颖 杨晓霞 霍耀强 于学政 朱 畅 马尚彬
  王紫轩 周子玉 吕金鑫
中国建筑科学研究院有限公司：
  狄彦强 刘寿松 冷 娟 张秋蕾 廉雪丽 曹思雨
同济大学：
  邓慧萍 史 俊
青海大学：
  王 晓
西安交通大学：
  马英群
中国建筑设计研究院有限公司：
  高 峰
内蒙古自治区固体废物与土壤生态环境技术中心：
  王海燕 苑宏超 刘丽丛
内蒙古蒙创环保有限公司：
  刘 慧 崔 尧 赵波波
兰州科技大市场管理有限责任公司：
  张 鹏
陕西建工第十二建设集团有限公司：
  李文凯

前言

我国西北地区地形复杂、水资源短缺，特别是高度分散的村镇地区，集中式供水和污水处理存在一定困难，以家庭为主的非常规水源净化和生活污水处理模式仍将长期存在。

雨雪水是西北村镇可利用的一种主要非常规水源，但雨雪水收集过程易受污染，储存过程中水质也难以保持。西北村镇的地下水因受地质和农业活动等因素的影响，普遍存在高含盐量、高硝酸盐、高氟等问题（即通常所说的苦咸水），饮用水安全保障水平有待提高。另外，西北地区高度分散的村镇面临生活污水收集困难、处理技术相对落后、污水资源化利用率低等问题，这极大影响了西北村镇居民的生活环境。

为了解决西北村镇非常规水源净化和污水处理存在的问题，科学技术部于2020年10月立项国家重点研发计划项目"西北村镇综合节水降耗技术示范"（项目编号：2020YFD1100500）。项目紧密围绕绿色宜居村镇综合节水降耗的共性及重大科学问题开展关键技术突破与装备创新，并开展工程示范，为规模化推广应用提供科技引领和典型模式。

为宣传科研成果，加强技术交流，项目组决定组织出版西北村镇综合节水降耗系列标准及书籍，本书为其中一册。由于内蒙古自治区西部和山西省西部的村镇气候特征与西北地区相似，因此书中所述西北村镇包括陕西、甘肃、青海、宁夏、新疆、内蒙古西部和山西西部等地的村镇。

本书由中国科学院生态环境研究中心、内蒙古工业大学、同济大学、西安交通大学、中国建筑设计研究院有限公司、中国建筑科学研究院有限公司等单位共同编写完成。全书分为两篇，饮用水篇共4章，包括概况、雨雪水收集技术、雨雪水净化制备饮用水技术、苦咸地下水净化制备饮用水技术。污水篇也分为4章，包括西北村镇生活污水治理概况、西北村镇生活污水收集适用技术、西北村镇生活污水处理适用技术、西北村镇生活污水资源化利用适用技术。

本书全面介绍了西北村镇生活饮用水和污水现状、水质净化和污水资源化相关技术原理、技术研发成果及应用等内容，并注重反映本领域的最新研究成果和进展。本书可为从事村镇人居环境建设的管理、咨询、设计、施工等技术人员提供参考和指导。因编写时间仓促及编者水平所限，疏漏与不足之处在所难免，恳请广大读者不吝赐教，批评指正。

目 录

饮 用 水 篇

饮用水篇

第1章

概　况

我国高度重视农村饮水安全问题，并将其作为"脱贫攻坚战"的重要任务。随着农村供水保障工程的实施，我国农村自来水普及率显著提升，到2021年底已达80%以上。然而，我国西北地区由于地形非常复杂、水资源严重短缺，农村饮用水安全保障水平还相对较低，特别是对于居住高度分散的农村，规模化的集中式供水短期内仍难以实现，以家庭为主的分散式非常规水源利用仍是并将长期作为该地区农村饮用水的主要供给方式。非常规水源主要包括雨雪水和西北地区普遍存在的苦咸地下水。

1.1　西北村镇非常规水源及相关政策

1.1.1　雨雪水特征

1.1.1.1　降雨降雪时空分布情况

本书研究区域包括陕西、甘肃、青海、宁夏、新疆，以及山西西部、内蒙古西部等地区，总面积约340万km²，约占全国国土总面积的35.4%。受复杂地理环境的影响，该区域气候特征比其他地区更为复杂，降水量受时间和空间影响较大。

如图1-1所示，1960—2010年，我国西北干旱区降水量总体呈增加趋势，增湿趋势为9.31mm/10a（$P<0.01$），但各区域存在差异性，形成了祁连山区、天山山区中西部等高幅增湿中心，其中祁连山区以野牛沟（52.55mm/10a）为中心，天山中部以天池（22.8mm/10a）为中心，天山西部以新源（28.3mm/10a）为中心；而在塔里木盆地周边

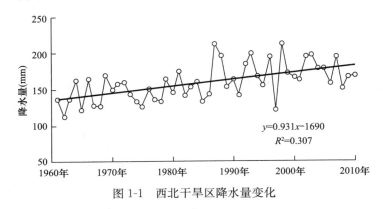

图1-1　西北干旱区降水量变化

和河西走廊形成低幅增湿区域。具体来看，增湿趋势为：祁连山脉＞天山山脉＞北疆＞河西走廊＞南疆＞内蒙古西部，其中祁连山亚区增湿趋势（38.67mm/10a）最明显，而内蒙古西部增湿趋势（5.09mm/10a）较弱。

分站点来看，全区域绝大部分站点均呈现增湿趋势，占总站点的95.9％，仅有5个站点的降水量有微弱的减少趋势，这些站点主要位于荒漠腹地的极端干旱地区，如巴丹吉林沙漠腹地的拐子湖地区和塔克拉玛干沙漠东部的铁干里克地区，而被称为"百里风区"的十三间房地区降水量减少趋势最大，为−1.97mm/10a。在各亚区中，天山、祁连山和北疆亚区所有站点均有增湿趋势，其次是南疆和河西走廊亚区，而内蒙古西部亚区增湿比例为77.78％，明显低于其他区域，这种区域变化在空间上表现为自西向东减弱的特征。

从季节变化来看，增湿趋势为：春季＞夏季＞冬季＞秋季，春季增湿趋势最明显，夏季较弱，但降水的年净增加量夏季最大，这是由于夏季降水量在全年降水量中占比最大。各季节增湿站点的比例为：冬季＞春季＞秋季＞夏季，冬季降水量仅有2个站点呈下降趋势，站点增湿率为98.36％，而夏季降水量呈下降趋势的站点有25个，增湿率为79.51％，可以看出冬季增湿具有普遍性，但夏季增湿具有明显的区域差异性。在各亚区，北疆和天山山区的冬季增湿趋势最为明显，分别为4.53mm/10a和3.7mm/10a；祁连山秋季增湿趋势最显著，为9.73mm/10a；而内蒙古西部夏季降水量呈微弱减少趋势。

自1961年以来，我国西北地区年降水量显著减少的地区在陕西东部边界附近、甘肃岷县—临洮—华家岭、宁夏固原一带，增加区在德令哈—都兰—托勒区域；春季降水量显著减少区在陕西中东部、南部，增加区在青海中东部、西南部；夏季降水量显著减少区在河西走廊西端，增加区在青海中西部、北部、陕西南部；秋季降水量显著减少区在陕西南部、宁夏中南部、甘肃东南部，增加区在青海西北部、甘肃西部；冬季降水量均呈增加趋势（除个别站点外）。季节降水量的相对变化率与年分布类似，高值区在青海西北部、河西走廊西端，低值区在祁连山区及青海南部、陕西南部。

西北地区的东南部受东亚季风和南亚季风影响较大，空中水汽较多，易形成降水且强度较大，如陕西南部、甘肃南部和青海东南部的年降水量均大于600mm，特别是秦岭附近山区年降水量大于900mm，为半湿润及湿润气候区，但是在地势比较低的沙漠、戈壁和走廊一带，水汽很难抬升凝结，年降水量一般小于或等于200mm。南疆盆地、柴达木盆地、河西走廊西端、内蒙古西部的巴丹吉林沙漠等地降水量一般小于或等于50mm，形成极端干旱区。新疆西部和北部主要受西风带气候影响，在天山、帕米尔高原等地出现多雨带，山区降水量一般大于400mm，个别地方大于500mm。

西北地区主要为干旱和半干旱气候，年均降水量为200mm左右，局部降水量甚至低于50mm，地表蒸发量巨大，超过1000mm。根据水利部的历年水资源公报，多年平均降水量中，甘肃为289.68mm、内蒙古为282mm、宁夏为280.7mm、新疆为152.2mm、青海为266.3mm、陕北（榆林）为293.9mm（图1-2），降水量仅占全国降水总量的9％。

降雪是我国西北干旱区水文系统中关键的组成要素，同时也是对气候变化极为敏感的因子。春季平均气温呈显著上升趋势，升温速率随海拔上升而减小，青藏高原地区、东南部半干旱区、半湿润区的春季气温上升速率略低于北疆、南疆、河西走廊及内蒙古西部，春季低海拔地区降雪量显著低于高海拔地区；秋季平均气温显著上升，升温速率

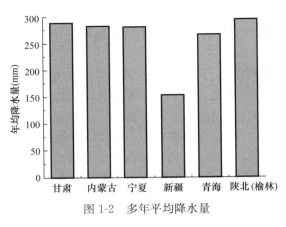

图1-2 多年平均降水量

随海拔上升而增加，空间上在青藏高原地区上升速率最快，秋季降雪量在不同海拔和部分气候分区都呈下降趋势；冬季平均气温在高海拔地区呈显著升温，降雪量呈显著增加趋势。降雪开始日期在全区域都没有因温度升高而显著推迟，且在不同高程带和不同气候区之间的差别也没有显著变化。

西北地区雪密度主要受雪深的影响，降水和气温对其影响甚微。该区域属于干寒型气候，积雪期气温一直较低，气候干燥，融水容易蒸发，所以对积雪的密实化作用很小。风速对雪密度影响也较小。

1.1.1.2 初期雨雪水特征

相对于河库等地表水而言，雨水是一种水质较好的优质水源。然而，水窖收集的雨水在饮用时同样面临着一定的水质污染风险，主要源自降雨、雨水径流和水窖储水三个过程。雨水在地面形成径流前，空气中的各种离子（如钙离子、铵根离子、钠离子和碳酸氢根离子）会进入水中，离子组成根据所在区域生产生活活动的不同而有所区别。此外，雨水中还普遍存在溶解性有机物（DOM）。雨水在成为径流后，集流面材料及水窖周围环境会释放多种污染物质到雨水中。表1-1列举了水窖的分类及参数比较。常见的集流面有瓦屋面、沥青屋面和水泥混凝土地面等。其中，沥青屋面会释放多种有机物到雨水中，获得的水质最差。水泥混凝土集流面应用最多，其中的碱性物质会使雨水的pH显著升高。水窖周围环境（如人为泼洒污染物和家禽代谢物）是直接影响雨水径流水质的关键因素。在水窖储水过程中，窖水长期储存导致的二次污染也是不可避免的风险。另外，对水窖缺乏定期清洗维护和检测监管，也导致水窖水的水质难以得到有效保障。

水窖的分类及参数比较 表1-1

类型	材质	体积（m³）	防渗技术	特点
圆柱形	红砖+混凝土	50	水泥砂浆或胶泥抹面	蓄水体积较大，防渗技术要求较高
瓶形	红砖+混凝土+塑膜	20~50	水泥砂浆或胶泥抹面	施工较简单，深度较大
方窖形	混凝土	50~100	水泥砂浆抹面	施工要求较高，投资大，多服务于果园或经济作物

20世纪80年代后，我国在缺水地区兴修了雨水集蓄工程，对雨水进行收集储存利用。雨水集蓄工程包括家庭水窖（图1-3），解决了缺水农村的生活用水困难。甘肃省实行了"121雨水集流"工程，每户家庭有100m²集流场、两眼水窖、发展1处以上庭院经济；内蒙古实行了"112集雨节水灌溉工程"（即一户人家建一处能够积蓄40m³左右雨水的旱井或水窖，采用坐水点种和微灌等先进节水技术，发展2亩抗旱保收田）；陕西实行了"甘露工程"，修建水窖29.4万眼，解决了593万人和200万头家畜的饮水困难；中国妇

女发展基金会自 2001 年开始实施的慈善项目"大地之爱·母亲水窖"也是一项供水提升工程，重点帮助西部地区农村人口特别是妇女摆脱因严重缺水带来的贫困和落后，截至 2014 年年底，该项目在宁夏、甘肃、山西、内蒙古等 25 个省（区、市）修建集雨水窖近 13.9 万口，小型集中供水工程 1670 处。

图 1-3　家庭水窖

文献资料显示，窖水中的污染物主要指标为浊度、色度、氨氮、高锰酸盐指数（COD_{Mn}）、菌落总数和大肠杆菌等。窖水虽然能在一定程度补给生活用水，但水质普遍存在一定污染，大多水窖容积较大，存水量多，存水周期长，一般使用周期在半年甚至一年以上。加之清洗频率低，水窖内环境差，细菌滋生严重。对西北某地窖水水质进行了详细检测，具体指标如表 1-2 所示。

<table>
<tr><td colspan="2" align="center">西北某地窖水水质检测指标</td><td align="right">表 1-2</td></tr>
</table>

检测方式	检测指标
现场检测	浊度、pH、温度、溶解氧、氧化还原电位、电导率、总溶解性固体
实验室分析	营养物：总有机碳、总氮
	元素：Be、B、Al、Cr、Mn、Fe、Co、Ni、Zn、As、Cd、Ba、Tl、Pb
	阴离子：F^-、Cl^-、SO_4^{2-}、NO_3^-
	微生物：菌落总数、大肠杆菌

对区域内冬、夏两季窖水（以雨水储存为主）的常规指标、17 种全氟化合物（PFAS）和 15 种邻苯二甲酸酯（PAEs）进行了检测，夏季窖水采集时由于正在下雨，可以认为其具有初期雨水的水质特征。

夏季 10 个窖水样品的阴离子检测结果如表 1-3 所示，元素检测结果如表 1-4 所示。

<table>
<tr><td colspan="11" align="center">夏季 10 个窖水样品的阴离子检测结果</td><td align="right">表 1-3</td></tr>
</table>

阴离子	质量浓度（mg/L）									
	1 号	2 号	3 号	4 号	5 号	6 号	7 号	8 号	9 号	10 号
Cl^-	0.78	2.75	3.15	3.02	0.88	1.43	34.58	1.54	1.63	0.46
NO_3^-	6.27	7.50	10.08	8.85	6.38	6.98	11.63	4.97	8.48	3.01
SO_4^{2-}	3.85	7.34	12.62	7.74	3.19	5.01	71.49	6.10	3.36	1.03
F^-	—	—	—	—	—	—	—	—	—	—

注："—"表示未检出。

夏季10个窖水样品的元素检测结果　　　　　表 1-4

元素	质量浓度（μg/L）									
	1 号	2 号	3 号	4 号	5 号	6 号	7 号	8 号	9 号	10 号
Be	0.16	0.11	0.09	0.06	0.06	0.04	0.05	0.03	0.02	0.02
B	22.64	17.48	23.79	31.59	19.42	18.96	75.89	22.58	11.72	5.17
Al	18.08	34.56	30.30	14.39	24.80	65.51	56.33	67.83	66.74	169.65
Cr	0.21	2.82	2.30	1.86	0.33	0.38	17.44	0.59	0.45	1.86
Mn	2.29	0.42	0.40	0.44	2.00	2.32	14.41	6.76	5.03	14.86
Fe	2.37	3.31	4.05	3.86	6.49	61.13	24.84	16.25	17.27	66.85
Co	0.14	0.10	0.13	0.06	0.05	0.07	0.07	0.10	0.08	0.14
Ni	0.38	0.34	0.38	0.30	0.56	0.37	0.63	0.58	0.43	0.45
Zn	25.08	17.92	16.69	22.19	23.01	24.12	51.15	15.92	17.63	99.62
As	3.18	1.60	1.57	1.54	1.13	1.26	2.92	1.36	2.10	0.77
Cd	0.12	0.09	0.06	0.06	0.04	0.07	0.04	0.02	0.03	0.06
Ba	62.99	30.47	53.31	37.55	13.06	49.50	38.23	16.40	37.66	71.68
Tl	0.17	0.11	0.08	0.06	0.04	0.04	0.02	0.02	0.02	0.01
Pb	0.29	0.38	0.42	0.30	0.32	0.68	0.71	0.91	0.67	9.94

　　夏季10个窖水样品的常规指标检测结果如表1-5所示，水温为12.5～21.9℃，浊度为4.7～58.5NTU，溶解氧为2.9～7.6mg/L，氧化还原电位为173.9～235.4mV，总溶解性固体为46.4～238.0mg/L，总有机碳为0.78～3.18mg/L，总氮为0.80～3.27mg/L。10个窖水样品的pH均大于8.0，最高达到9.4。

夏季10个窖水样品的常规指标检测结果　　　　　表 1-5

地点	温度（℃）	浊度（NTU）	pH	溶解氧（mg/L）	氧化还原电位（mV）	总溶解性固体（mg/L）	总有机碳（mg/L）	总氮（mg/L）
1	18.8	30.6	8.8	5.9	193.2	51.3	1.91	2.07
2	21.3	58.5	9.4	6.3	211.7	223.0	3.18	3.27
3	12.5	4.7	9.0	7.6	176.5	62.9	0.78	1.38
4	17.0	18.8	8.5	6.0	204.0	60.0	1.39	0.98
5	21.9	14.1	8.5	4.8	188.2	68.7	1.19	0.80
6	20.2	11.8	8.4	6.5	226.7	61.6	1.18	1.97
7	19.3	15.1	8.6	5.1	189.7	51.7	1.34	0.99
8	21.6	19.6	8.5	4.3	235.4	238.0	1.56	2.45
9	19.5	8.8	8.3	2.9	228.0	46.4	1.22	2.05
10	18.2	19.0	8.2	5.6	173.9	53.7	1.51	1.68

　　夏季雨期采集的窖水样品总溶解性固体（TDS）、总有机碳（TOC）、总氮（TN）、温度和浊度普遍高于冬季。所有窖水样品的浊度均超过《生活饮用水卫生标准》GB 5749—2022规定的限值，这是因为雨期水窖储水后没有经过充分沉淀，悬浮物较多。

　　对窖水中PAEs的组成进行了检测分析，结果如图1-4所示。

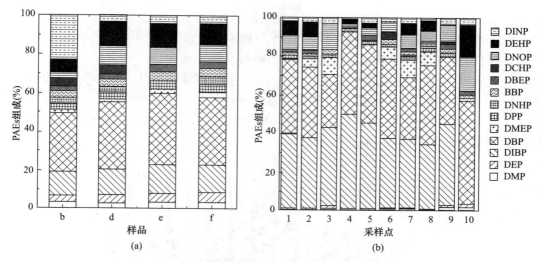

图 1-4 窖水样品 PAEs 检测分析

(a) 冬季；(b) 夏季

DINP-邻苯二甲酸二异壬酯；DEHP-双（2-乙基己基）邻苯二甲酸酯；DNOP-邻苯二甲酸二辛酯；DCHP-邻苯
二甲酸二环己基酯；DBEP-双（2-丁氧基乙酯）邻苯二甲酸酯；BBP-邻苯二甲酸苄酯；DNHP-邻苯二甲酸二己酯；
DPP-邻苯二甲酸二戊酯；DMEP-邻苯二甲酸二甲氧乙酯；DBP-邻苯二甲酸二丁酯；DIBP-邻苯二甲酸二异丁酯；
DEP-邻苯二甲酸二乙酯；DMP-邻苯二甲酸二甲酯

夏季窖水中 PAEs 的总质量浓度平均值为 4.56μg/L，邻苯二甲酸二丁酯（DBP）和邻苯二甲酸二异丁酯（DIBP）是各窖水样品的主要组成部分，质量浓度平均值分别为 1.3μg/L 和 1.2μg/L，两者占 PAEs 总量的 64.5%～92.7%，高于冬季窖水两种物质比例（43.5%～52.1%）。同一采样点，夏季样品中 DIBP 的质量浓度均显著高于冬季，而夏季样品中的邻苯二甲酸二甲酯（DMP）和邻苯二甲酸二乙酯（DEP）的质量浓度则略低于冬季。DIBP、DMP 和 DEP 的疏水参数（$\lg P$）分别为 4.46、1.64 和 2.70，与 DMP 和 DEP 相比，DIBP 表现出更大的疏水性。冬季窖水在长期自然沉淀过程中，疏水性更强的 DIBP 更易于随着颗粒物沉淀，而亲水性较强的 DMP 和 DEP 则在窖水中稳定存在，甚至会因颗粒物的释放导致窖水中的溶解性 PAEs 质量浓度上升，这可能是夏季窖水样品中 DIBP 质量浓度较冬季窖水高，而 DMP 和 DEP 质量浓度低于冬季的原因。

窖水中 PAEs 的可能来源：一是农村常常使用塑料膜来建造温室大棚，塑料膜在使用及降解过程中，其含有的 PAEs 最终以水为介质进入环境中；二是农村卫生状况相对较差，破损的塑料膜、垃圾袋及包装纸等随意丢弃后，其中的 PAEs 可能通过降雨或径流进入集雨水窖中，带来水质污染风险。

通过与相关文献报道的其他水源中 PAEs 质量浓度对比发现，一般地表水中的 PAEs 质量浓度范围波动较大，如三峡库区中 6 种优先控制 PAEs（DMP、DEP、DBP、BBP、DEHP 和 DNOP）的总质量浓度为 0.42～0.77μg/L，小于窖水中这 6 种 PAEs 的总质量浓度（0.85～4.56μg/L），而黄河甘肃兰州段干、湿季 PAEs 的平均总质量浓度分别为 3.24μg/L 和 2.30μg/L，与窖水中 PAEs 总质量浓度平均值相近。此外，窖水中 PAEs 的质量浓度普遍高于地下水，如东莞地区地下水中 6 种 PAEs（DMP、DEP、DNBP、BBP、DEHP 和 DNOP）总质量浓度平均值为 0.93μg/L，湖北江汉地下水中 PAEs 总质量浓度平均值为 0.98μg/L,小于夏季窖水中的总质量浓度平均值。

采用与 PAEs 测定相同的样品进行 PFAS 分析,结果如图 1-5 所示。所有窖水样品中,17 种目标 PFAS 中共有 14 种被检出。夏季 PFAS 总质量浓度为 275.90～405.51ng/L,各窖水样品中的 PFAS 由全氟烷基羧酸(PFCAs)和全氟烷基磺酸(PFSAs)两部分组成。其中 PFCAs 占窖水 PFAS 总量的 80％以上,居于主体地位。PFCAs 和 PFSAs 根据碳链长度可分为长链和短链,短链 PFCAs 占窖水 PFAS 总量的 75％以上,全氟丁酸(PFBA)是短链 PFCAs 中质量浓度最高的污染物。

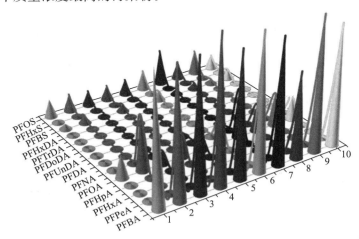

图 1-5　夏季 10 个窖水样品中的 PFAS 组成情况

PFOS—全氟辛烷磺酸;PFHxS—全氟己烷磺酸;PFBS—全氟丁烷磺酸;PFHxDA—全氟十六酸;

PFTrDA—全氟十三酸;PFDoDA—全氟十二酸;PFUnDA—全氟十一酸;PFDA—全氟癸酸;PFNA—全氟壬酸;

PFOA—全氟辛酸;PFHpA—全氟庚酸;PFHxA—全氟己酸;PFPeA—全氟戊酸;PFBA—全氟丁酸

与地表水和地下水中的 PFAS 质量浓度对比可知,相比于上海黄浦江和山东部分区域地表水中 10 种 PFAS(PFBA、PFPeA、PFBS、PFHxA、PFHxS、PFHpA、PFOA、PFOS、PFNA、PFDA)总质量浓度(3.38～362.37ng/L 和 35.71～1236.21ng/L),窖水中 10 种 PFAS 总质量浓度处于中间水平(121.82～395.16ng/L),波动范围相对较小。而地下水中的 PFAS 质量浓度普遍较低,如天津市郊区和北京市部分地区地下水 PFAS 总质量浓度分别为 0.32～8.30ng/L 和 0～165.80ng/L,均低于窖水和地表水中的 PFAS 质量浓度。可以发现,不同水环境中 PFAS 质量浓度的差异与其所处区域周围工业活动以及水体自身特点密切相关。PFAS 在工业发达地区水环境中检出率高,地表水作为工业废水处理后的受纳水体,易受到污染。而地下水由于经过渗流,水质一般较好。水窖中的 PFAS 则可能来自于大气污染物湿沉降和集雨面径流。

综上可见,研究区域初期雨水浊度较高,且含有一定浓度的有机和无机污染物。进入水窖后,初期雨雪水由于没有经过长期的自然沉淀和自净作用,水质明显比冬季经过长期自净的窖水质量差。

1.1.2　苦咸地下水特征

1.1.2.1　地下水污染特征

西北地区大部分为暖温带大陆性干旱气候,地表水资源匮乏,地下水资源相对丰富,地下水利用率达到 66%。同时，西北地区地下水质量状况与全国其他地区相比普遍较差，不可直接利用的地下水分布面积占该地区总面积的 17.7%。

目前西北地区地下水仍面临重重问题：①由于蒸发强烈而导致地下水资源存量逐年减少；②由于天然降水较少及人为超采而导致的地下水埋深变浅，表层潜水中的盐分浓缩析出；③由于不合理地施用农药、化肥，随意地排放生活废水、工业废水而导致的植被退化、土壤盐渍沙化等生态问题。目前西北地区地下水总硬度、总溶解性固体、氯化物、硫酸盐的质量浓度高，具有"三氮"、氟化物、铁、锰和砷污染风险，且污染程度正由点及面、由浅及深地不断扩展。高含盐量的苦咸地下水是西北村镇非常规水源利用面临的突出问题。

文献及实地调研结果显示，西北地区地下水氟、氮等污染问题目前十分突出，这不仅会造成水资源恶化、生态破坏等环境问题，也会给人类健康带来各种不利影响，重者甚至危及生命。地下水高氟问题在西北地区存在较多，长期饮用高氟水会引起地方性氟中毒。地氟病是我国广泛流行的公共卫生疾病，严重威胁着人们的身体健康。在地下水氮污染中，硝酸盐氮是主要角色，它虽然不会直接威胁人体健康，但在人体内会通过某些化学作用转化为具有"三致"作用的亚硝基化合物。低成本、高效率地解决西北地区饮用水中硝酸盐、氟超标问题是目前亟待攻关的重要课题。

1.1.2.2 地下水使用情况

西北地区地下水源地质性污染严重，由于净水技术整体滞后及常规净水技术和装备适用性较差，致使该地区居民用水需求不能得到有效满足，饮用水安全形势依然严峻。

根据中国水资源公报（2021年）数据，内蒙古总供水量为 194.41 亿 m^3，其中地表水源供水量为 105.71 亿 m^3，约占总供水量的 54.4%；地下水源供水量为 81.56 亿 m^3，约占总供水量的 42.0%；其他水源供水量 7.14 亿 m^3，约占总供水量的 3.6%。

山西总供水量为 75.97 亿 m^3，其中地表水源供水量为 42.30 亿 m^3，约占总供水量的 55.7%；地下水源供水量为 29.16 亿 m^3，约占总供水量的 38.4%；其他水源供水量 4.51 亿 m^3，约占总供水量的 5.9%。

陕西各类供水工程总供水量为 90.56 亿 m^3，其中地表水源供水量为 55.69 亿 m^3，约占总供水量的 61.5%；地下水供水量为 30.92 亿 m^3，约占总供水量的 34.1%；其他水源供水量为 3.95 亿 m^3，约占总供水量的 4.4%。

甘肃总供水量为 109.89 亿 m^3，其中内陆河流域 72.23 亿 m^3，黄河流域 35.35 亿 m^3，长江流域 2.31 亿 m^3。按供水工程类型分，蓄水工程 31.61 亿 m^3，引水工程 31.79 亿 m^3，提水工程 16.01 亿 m^3，从黄河流域调入内陆河流域 2.69 亿 m^3，地下水工程 23.56 亿 m^3，其他水源供水 4.23 亿 m^3。

青海总供水量为 24.28 亿 m^3，其中地表水源供水量为 18.93 亿 m^3，约占总供水量的 78.0%；地下水源供水量为 4.84 亿 m^3，约占总供水量的 19.9%，其他水源供水量为 0.51 亿 m^3，约占总供水量的 2.1%。

宁夏全区供水总量为 70.20 亿 m^3，其中地表水源 63.60 亿 m^3（黄河水源 62.77 亿 m^3，约占总供水量的 89.4%；当地地表水源 0.83 亿 m^3，约占总供水量的 1%）；地下水源 6.14 亿 m^3，约占总供水量的 8.7%；其他水源 0.46 亿 m^3，约占总供水量的 0.7%。

总体来说，以地下水为饮用水源的情况在西北村镇十分普遍。西北村镇降水少，蒸发强烈，地下水中水去盐留，加之化肥农药的残留与生活污水的渗漏导致地下水污染现象较为普遍。目前，西北村镇普遍缺乏完善的饮用水处理措施，饮用水来源较其他地区更加依赖地下水，开发相应的地下水水质净化技术十分必要。西北村镇的区域类型、地理气候特征、产业特征、生态环境现状等影响着相应水处理工艺的应用情况。而水处理设施设备的建设、运行与管理都需适应当地的环境。村镇水厂规模、覆盖人口、用水特点等影响着水处理工艺在实际工程中的应用情况、处理效能与经济效能等指标，需要根据西北地区的实际情况，研发相应的适配性工艺技术。

1.1.3 雨雪水利用相关政策

针对雨雪水资源的收集利用，《中华人民共和国水法》在第二十四条中规定，在水资源短缺的地区，国家鼓励对雨水和微咸水的收集、开发、利用和对海水的利用、淡化。自从该法律颁布实施以来，各地陆续发布了实施《中华人民共和国水法》的政策文件，其中《甘肃省实施〈中华人民共和国水法〉办法》中规定，各级人民政府应当多渠道筹措资金，支持对雨水的收集和利用。《青海省实施〈中华人民共和国水法〉办法》中规定，县级以上人民政府应当采取有效措施，鼓励收集利用雨水、雪水，补充生产和生活用水。《宁夏回族自治区实施〈中华人民共和国水法〉办法》中规定，鼓励和支持收集、开发、利用雨水、微咸水和再生水。《陕西省实施〈中华人民共和国水法〉办法》中规定，鼓励和支持利用雨水、洪水和中水资源。《内蒙古自治区实施〈中华人民共和国水法〉办法》中规定，在干旱和半干旱地区开发、利用水资源，应当充分考虑生态环境用水需要，鼓励对雨水进行收集、开发、利用。

在农村地区雨雪水利用方面，部分省份也相继出台了一些文件和技术标准。如《甘肃省人民政府办公厅关于加强脱贫攻坚农村饮水安全工程建设及运行管理的意见》中指出，居住分散无法修建集中供水工程时，可指导群众修建达标的分散工程。长期饮用水窖水的，可根据实际配套水质净化设施。极度干旱年份出现季节性缺水时，组织力量及时定期送水到村。甘肃省在 2020 年发布了地方标准《农村雨水集蓄利用工程技术标准》DB62/T 3180—2020，该标准对于在农村地区建设不同规模的雨水集蓄利用工程从设计、施工安装、验收管理各个方面给出了技术规定。之后，在 2021 年 12 月发布的《甘肃省黄河流域水资源节约集约利用实施方案》中明确要求，加大雨水资源利用。充分利用当地水窖、水池、塘坝等多种手段集蓄雨水，通过集雨补灌、雨水净化处理等技术，发展集雨增效现代农业，巩固农村供水成效，提高雨水利用效率。

1.1.4 地下水利用相关政策

针对地下水的利用，《中华人民共和国水法》规定，地下水资源的开发、利用、保护和管理，应当遵循科学规划、保护优先、兴利除害、综合治理、合理利用的原则。地下水资源的开发利用，应当符合流域或者区域水资源开发利用总体规划，遵守生态保护和污染防治的要求，维护生态环境安全。开采地下水应当符合地下水开发利用规划和地下水超采区治理要求，防止因过度开采地下水导致地面沉降等地质灾害。地下水应当优先用于农业生产和城乡居民生活用水。在地下水超采区禁止开采地下水，不得新增地下水取用水量。在地下水严重超采区应当采取禁止开采或者限制开采地下水的措施。开采地下水应当采取措施，防止地下水污染。人工回灌补给地下水，不得恶化地下水质。开采地下水的单位和个人应当采取防护性措施，防止地下水污染。县级以上人民政府应当采取措施，加强对开采地下水等活动的监管，防止地下水超采和污染。此外，为了加强地下水管理，防治地下水超采和污染，保障地下水质量和可持续利用，推进生态文明建设，根据《中华人民共和国水法》和《中华人民共和国水污染防治法》，我国还制定了《地下水管理条例》，其中规定了地下水调查评价、地下水保护利用和污染防治规划、地下水储备、地下水管理信息系统等制度措施；地下水取水许可和地下水资源税费征收等制度；地下水源地保护、地下水超采区治理和禁止开采区、限制开采区划定、地下水储备、地下工程建设审批程序和要求等管理措施。

我国西北五省（区）及山西、内蒙古也相继出台了地下水的相关管理政策。山西省出台了《山西省地下水超采综合治理行动方案》，明确了地下水超采分阶段治理目标，强化了相关省直部门、各市政府在重点领域节水、坚持"四水四定"、全力推进水源置换、强化地下水管控等方面的部门协调及任务分工。此外，山西省水利厅还提出了加快确定地下水"双控"指标、强化计量监测管理等 10 个方面的主要任务，持续完善地下水管理保护政策保障。内蒙古自治区出台了《内蒙古自治区地下水保护和管理条例》，该条例中明确规定，不可更新或者难以更新的地下水应当作为战略储备或者应急水源，除经批准的应急生活用水、无替代水源地区的居民生活用水、地热水外，禁止开采。地下水利用应当分层开采，不同含水层应当采取止水措施，不得多层混合开采。陕西省出台了《陕西省地下水条例》，其中明确规定，新建、改建、扩建城市道路和地下轨道交通设施，应当统一规划，统筹设计安排地下管线位置。甘肃省出台了《甘肃省取水许可制度实施细则》，其中明确规定，地下水取用应当符合水资源保护规划、地下水开发利用规划、地下水超采区治理方案和有关节约用水政策的要求。青海省也出台了《青海省人民政府办公厅关于进一步加强水资源管理工作的实施意见》，其中明确规定，新建、改建、扩建城市道路和地下轨道交通设施，应当统一规划，统筹设计安排地下管线位置。宁夏回族自治区出台了《宁夏回族自治区水资源管理条例》，该条例坚持统筹规划，节水优先，高效利用，系统治理的原则，加强地下水管理，防止地下水超采和污染，保障地下水质量和可持续利用，推进生态文明建设。新疆维吾尔自治区出台了《新疆维吾尔自治区地下水资源管理条例》，其中明确规定，自治区实行地下水取水许可和水资源有偿使用制度。此外，新疆还采取了分类施策，统筹地表水和地下水，加大对地下水管理力度等措施，初步遏制了地下水超采趋势。

目前尚无关于西北地区广泛存在的苦咸地下水开采利用的政策法规。

1.2 西北村镇非常规水源利用现状

1.2.1 雨雪水利用现状

在西北部分村镇，地表水匮乏，地下水苦咸无法饮用，雨水是唯一有潜力的水资源，收集并利用雨水是解决当地水资源短缺问题的重要途径。雨水作为一种非常规水源，具有易获取、可持续、低硬度和微污染等特点。西北村镇历来将雨水作为主要的饮用水水源，随着农村改水工程的不断推进，以雨水为饮用水的人口已大幅减少，但饮用集雨窖水已成为西北干旱地区的传统习惯，有大量居民目前仍在使用。

通过修建水窖蓄积雨水是保障我国西北村镇居民饮用水需求的主要方式。水窖是该地区特有的一种典型地下埋藏式的蓄水工程,指的是修建于地下的用以集蓄雨水的罐状建筑物。对于地表水、地下水缺乏或开采利用困难,且多年平均降水量大于 250mm 的地区均可以考虑修建水窖。集雨水窖既适用于缺乏地表水、地下水等饮用水资源的地区,又可以作为一个独立供水系统来供给人们的日常用水。利用水窖蓄积雨水的地区具备以下特点:

(1) 水源短缺地区。这些区域范围内没有可供开采的地表水资源,也没有像浅井、深井这样的地下水源,故用水只能依赖于集蓄雨水。

(2) 水源受季节性影响大的地区。为了解决用水矛盾,可以修建水窖,在丰水期储存一定的地表水,待到缺水期再来取用,提高了水源的利用效率。

(3) 制水成本较高的地区。完全依赖浅井、深井,不但基建费用高,水泵的维护费用和电费也很高,导致制水成本高。而且,长期开采地下水,对于水资源的持续利用是十分不利的。

由于水窖的规模较小,且施工简单,专业性较低,在技术人员指导下,村民可以自行建设。另外,水窖的造价低廉,目前大部分农村采用 30m³ 的标准集雨水窖,基建费用仅为 2000 元左右,可被大部分农村家庭接受。集雨水窖的运行管理也较为便捷,经常清扫,定时清淤即可。利用水窖,不仅可以降低成本且水量水质上也有一定的保证。集雨窖水收集的一些现场照片如图 1-6 所示。

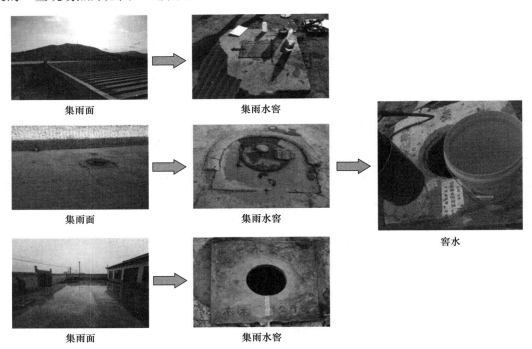

集雨面　　　　集雨水窖

集雨面　　　　集雨水窖　　　　窖水

集雨面　　　　集雨水窖

图 1-6　集雨窖水收集的一些现场照片

1.2.2　苦咸地下水利用现状

1.2.2.1　苦咸水界定技术标准

在水质评价中,我国学者常用矿化度、总溶解性固体、含盐量指标评价水质优劣。

矿化度是评价水质优劣的常用指标之一，其含义与总溶解性固体相同，是指水体中所含无机矿物成分的总量；或者是指水体中所含各种离子、分子与化合物的总量。习惯上以水在 $105\sim110℃$ 时蒸干后所得的干涸残余物总量来表征矿化度，一般用 M 表示，单位为 mg/L 或 g/L。

总溶解性固体是溶解在水里的无机盐和有机物的总称，主要成分包括钾、钠、钙、镁、氯离子和硫酸、硝酸、碳酸及碳酸氢根离子等离子、分子及络合物，但不包括悬浮物和溶解气体。常在 $105\sim110℃$ 下，将水蒸干后所得干涸残余物总量称为总溶解性固体（TDS），单位为 mg/L 或 g/L，它是反映地下水化学成分的主要指标。TDS 质量浓度低的淡水常以碳酸盐为其主要成分；TDS 质量浓度中等的微咸水及苦咸水常以硫酸盐为其主要成分；而 TDS 质量浓度高的盐水和卤水则常以氯化物为其主要成分。

含盐量是指水样各组分的总量，该指标系计算值。含盐量常用于农田灌溉水质评价，单位为 mg/L 或 g/L。目前，对苦咸水没有统一的界定标准，学者多根据现行标准规范进行分析界定。

（1）《地表水资源质量评价技术规程》SL 395—2007 规定：当地表水体的矿化度大于 2000mg/L，或氯化物质量浓度大于 450mg/L，或硫酸盐质量浓度大于 400mg/L 时，称其为天然劣质水，亦称为苦咸水。对于矿化度小于 2000mg/L 的水体按淡水资源进行评价。

（2）《地下水质量标准》GB/T 14848—2017 规定：当地下水总溶解性固体质量浓度介于 $1000\sim2000mg/L$ 时，该水体为Ⅳ类水体，其化学组分质量浓度较高，以农业和工业用水质量要求及一定水平的人体健康风险为依据，适用于农业和部分工业用水，经适当处理后可用作生活饮用水。当总溶解性固体质量浓度大于 2000mg/L 时，该水体则为Ⅴ类水体，属苦咸水，不宜直接作为生活饮用水水源，需经过适宜的淡化工艺处理后才能饮用。

（3）《农村实施〈生活饮用水卫生标准〉准则》规定：受水源选择和处理条件限制的地区，其三级饮用水标准对总溶解性固体指标放宽限值，不得大于 2000mg/L。

（4）《农田灌溉水质标准》GB 5084—2021 对农田灌溉水含盐量限值做出如下规定：在盐碱土地区，农田灌溉水含盐量应等于或低于 2000mg/L。

（5）高校教材《供水水文地质》（第六版）把总溶解性固体质量浓度小于 1g/L 的水体划为淡水，把总溶解性固体质量浓度在 $1\sim3g/L$ 的水体划为微咸水，把总溶解性固体质量浓度在 $3\sim10g/L$ 的水体划为咸水，把总溶解性固体质量浓度在 $10\sim50g/L$ 的水体划为盐水，把总溶解性固体质量浓度大于 50g/L 的水体划为卤水。

从以上五个定义可以得知：不同的水质标准由于其侧重点和用途的不同，对矿化度的具体限值也不尽相同，但各类标准对直接利用水体的矿化度限值均限定不超过 2g/L。一般当水体的矿化度指标超过 1.5g/L 时其用途就会受到限制，当矿化度大于 2g/L 时，不经过淡化处理，就不能直接作为生活饮用水及工农业用水，利用价值会大幅降低。

综上所述，把矿化度大于 2000mg/L 或氯化物质量浓度大于 450mg/L 和硫酸盐质量浓度大于 400mg/L 的水体称为苦咸水。

1.2.2.2 苦咸地下水资源分布

通过收集研究《中国河湖大典》《中国湖泊资源》《中国湖泊志》《中国湖泊分布地图集》《中国地下水资源图》《鄂尔多斯盆地地下水勘查研究》《华北平原地下水可持续利用调查评价报告》《银川平原地下水资源合理配置调查评价》《中国地质调查百项成果》等文

献资料，以及专项调查评价成果、区域专项研究、技术论文等涉及苦咸水资源的相关资料，结合 2019 年第三次全国水资源调查评价成果，研究得出：我国现有苦咸水资源量 2599.508 亿 m^3，其中，浅层地下苦咸水资源量为 169.196 亿 m^3，约占现有苦咸水资源量的 6.509%。2019 年受苦咸水影响用水人口约 5295 万人，占统计分布有苦咸水的省（自治区、直辖市）总人口的 7%。我国西北五省（自治区）及内蒙古苦咸地下水量详见表 1-6。

我国西北五省（自治区）及内蒙古苦咸地下水量　　　　　　　　　　　　表 1-6

序号	省（自治区）	苦咸地下水量（亿 m^3）	合计（亿 m^3）
1	甘肃	10.291	
2	宁夏	5.742	
3	青海	0.710	62.302
4	陕西	3.163	
5	新疆	31.112	
6	内蒙古	11.284	

1.2.2.3 直接利用苦咸地下水的危害

1. 长期饮用苦咸地下水会对人体健康造成严重的危害

苦咸水盐碱的质量浓度较高、硬度较大，氟、砷、铁、锰元素较多，碘、硒元素较少，口感苦涩。其中，多项指标不符合现行国家标准《生活饮用水卫生标准》GB 5749 的要求。流行病学调查结果显示，长期饮用苦咸水会导致人体胃肠功能紊乱、免疫力低下，易得肾结石，甚至可能诱发和加重心脑血管疾病。

2. 苦咸地下水对农业生产有一定的危害

苦咸水中含有较多的杂质和盐类，如果长期用于灌溉耕地，会破坏当地的土壤团块，使耕地质量下降，影响农作物生长，甚至会使某些农作物枯萎乃至死亡，造成当地的农作物产量下降，同时对农产品质量也会产生很大影响。

3. 苦咸地下水对当地的部分工业发展有一定的负面影响

有些行业如化工业、造纸业等需要大量的水，长期使用苦咸水不仅会降低产品质量，还会增加对生产机器的损耗程度，增大工业生产成本，影响当地经济发展。

1.2.2.4 苦咸地下水开发利用现状

1. 苦咸水利用现状

第二次全国水资源调查评价成果和相关区域地下水专项调查评价成果显示，我国每年开采利用地下水总量为 445 亿 m^3，约 80% 的地下水可直接利用，约 13% 的地下微咸水经适当处理后可以利用，约 7% 属苦咸地下水，须采取必要的淡化工艺处理后才能加以利用。多年来，我国开采利用苦咸地下水总量较多的省（自治区、直辖市）主要在华北和西北的缺水地区，如河北、内蒙古、甘肃、陕西等省（自治区）。部分省（自治区）地下水开采利用总量与浅层苦咸地下水开采利用总量详见表 1-7。

2. 微咸水利用现状

根据 2010—2018 年的《中国水资源公报》，分析我国近年来开采地下水供水量、微咸水（矿化度为 1～3g/L）利用量及所占比例等变化趋势，得出近年来平均开采地下水供水量为 1079.2 亿 m^3，其中年平均微咸水利用量为 3.671 亿 m^3，微咸水利用量占开采地下水供水量的比例由 0.40% 降到 0.30%（表 1-8）。

部分省（自治区）地下水开采利用总量与浅层苦咸地下水开采利用总量　　表 1-7

序号	省（自治区）	地下水开采利用总量（亿 m^3/a）	浅层苦咸地下水开采利用总量（亿 m^3/a）	浅层苦咸地下水开采利用总量占地下水开采利用总量的比例（%）
1	内蒙古	76.23	3.25	4.26
2	新疆	32.15	2.43	7.56
3	甘肃	13.24	2.12	16.01
4	陕西	20.36	0.28	1.38
5	宁夏	3.01	0.25	8.31

2010—2018 年我国开采地下水供水量、微咸水利用量及所占比例　　表 1-8

年份	开采地下水供水量（亿 m^3）	微咸水利用量（亿 m^3）	微咸水利用量占开采地下水供水量的比例（%）
2010 年	1108.0	4.432	0.40
2011 年	1109.1	4.436	0.40
2012 年	1134.2	3.629	0.32
2013 年	1125.4	3.376	0.30
2014 年	1117.0	3.351	0.30
2015 年	1069.2	4.256	0.40
2016 年	1057.0	3.382	0.32
2017 年	1016.7	3.253	0.32
2018 年	976.4	2.928	0.30
平均	1079.2	3.671	0.34

注：本表依据《中国水资源公报》，统计 2010—2018 年全国开采地下水供水量、微咸水利用量，不包括矿化度大于 3g/L 的咸水利用量和海水淡化利用量。

从表 1-8 可以看出：2013 年之后开采地下水供水量、微咸水利用量均呈现逐年减少的趋势，这主要有如下四个方面的原因：一是近年来我国农村饮水安全工程覆盖面不断增大，减少了部分地下微咸水开采量；二是随着现代农业和农村饮水提质增效工程、灌区续建配套与节水改造工程的实施，农业灌溉减少了地下微咸水开采；三是在我国社会经济快速发展时期，大量开采利用浅层地下水（多为微咸水），致使地下水开采区形成了比较大的漏斗，可开采的水量逐年减少，开采难度不断增大；四是近年来全面贯彻落实《国务院关于实行最严格水资源管理制度的意见》，加大对地下水的保护措施，严格限制开采地下水，关闭部分开采水源井，使开采利用地下水量（微咸水）快速下降，治理效果明显。

1.2.3　苦咸地下水资源开发利用策略

苦咸地下水淡化技术现在已比较成熟，但仍需对不同技术进行比较，选择合理的技术路线和装备，以适用于我国不同区域苦咸地下水资源的开发利用。淡化成本是关键因素，也是影响淡化技术广泛推广的重要因素。目前，我国在非常规水源开发利用，尤其是苦咸地下水资源开发利用方面，还存在许多亟须政府加强顶层政策设计和管理的问题。

在我国水资源供需矛盾日益突出的今天，一方面淡水资源不足，难以支撑社会经济发展的新需求；另一方面各行业用水浪费现象比比皆是，用水效率不高，节水意识不强。对地表苦咸水河流、苦咸水湖泊开发利用很少，而对浅层地下微咸水、咸水开发利用较多。地下微咸水、咸水的开发利用方式主要有两种。直接开采浅层地下（微）咸水用于农业灌溉，一般其矿化度为 $1\sim3g/L$，在西北平原地区、华北平原地区、中东部平原地区，这种方式非常普遍；咸水淡化用于工业用水和生活用水。根据工业生产对水质的不同要求，对苦咸地下水采取不同的淡化措施，使其满足用水的工艺要求。生活饮用水对淡化处理工艺要求较高，需要达到生活饮用水对水质的要求。对于苦咸地下水资源开发利用的建议有如下五方面：

1. 研究针对苦咸地下水水质特点的淡化方法及设备

苦咸地下水淡化方法很多，按水体淡化技术发展现状及其实用性，主要有电渗析（ED）、反渗透（RO）、纳滤（NF）和蒸馏等。近年来淡化技术进步较大，苦咸水淡化逐步得到认可，但地表苦咸水、地下苦咸水的水质特点差别大，在地下苦咸水淡化工艺设计、设备选型和维护等方面尚未满足针对性和时效性要求，有待进一步深入研究。

2. 加强纳滤技术在苦咸地下水淡化处理中的应用

纳滤技术用于苦咸水脱盐过程的开发是未来趋势。纳滤膜介于反渗透膜和超滤膜之间，反渗透膜对所有溶质都有很高的脱除率，而纳滤膜对不同价态离子的脱除率有所不同。纳滤是一个低压渗透过程，能耗较低，对一价盐的截留率达到 $20\%\sim80\%$，而对二价盐的截留率达到 95% 以上，既节约能耗又能有效脱盐。加强纳滤技术在苦咸水淡化处理中的应用研发，开发优异的国产化纳滤膜，是促进苦咸地下水资源利用的产业需求。

3. 优化水资源配置，加快构建以配额制为核心的非常规水源利用政策体系

国家水资源管理部门应进一步优化水资源配置。一是提高再生水、雨水、苦咸水、疏干水、海水等非常规水源的利用率。近年来，我国非常规水源利用量虽逐年提高，但仅占用水总量的 2% 左右，利用率较低。建议进一步加大配置力度，优先将中水、疏干水、苦咸水配置给工业，退出现有工业项目使用的地下水。二是科学调配各行业用水配额，构建以配额制为核心的非常规水源利用政策体系，即根据不同地区水资源紧缺程度和非常规水源情况，对非常规水源利用量或比例做出强制性规定，并配套相关政策（细化非常规水源利用目标配置，加强非常规水源利用基础设施规划与建设，强化监管），切实推进非常规水源利用。三是严格控制高耗水工业用水，压减农业灌溉用水，适度保障生态用水。

4. 创新经济政策机制，促进非常规水源开发利用

加快推进水价、水权与水资源税改革，完善创新经济政策机制，促进水资源高效利用与有效保护。一是健全科学的农业水价形成机制，水质不同水价也不同（即优质高价，劣质低价），全力落实精准补贴和节水奖励。结合地下水水资源费改税，提高超采地区特别是严重超采地区的地下水水资源税征收标准。二是建立以政府为主导、社会各界广泛参与的投资机制，大幅增加农田节水资金投入，健全节水灌溉工程的运行保障长效机制及节水补偿激励机制，完善非常规水源利用激励机制。

5. 严格水资源开发利用管控，强化地下水水源配额管理与考核

严格水资源开发利用管控，健全法律法规，加强能力建设，形成水资源高效利用与节约保护的长效机制。一是完善管理体制机制、健全管理制度、落实管理责任、细化管理规则、强化监督管理，为地下水管理与水资源节约保护提供法律保障。二是严格落实水资源

开发利用控制红线和用水效率控制红线，建立省、市、县三级水资源管控指标体系，实行最严格的水资源管理，改变粗放型用水模式。三是以水资源承载能力为硬约束，严格水资源用途管制。严格禁止高耗水工业使用地下水，对于新增工业用水使用地下水的项目一律不予审批。四是落实农业项目取水许可管理，严禁新增地下水灌溉面积。灌区建设项目必须取得取水许可，未取得的项目要限期补办。项目取水许可审批必须符合最严格水资源管理的用水总量、地下水用水量、农业用水量以及用水效率要求。五是加强地下水动态监测。进一步提高农业用水计量率及取用水户的监控覆盖面，不断提升工农业用水监控管理水平；加快建立地下水监测信息共享机制，加大投入完善各级信息系统平台建设，加强对地下水位、水质动态分析，提升水资源信息化管理水平。

1.3　西北村镇非常规水源利用存在的问题

1.3.1　雨水资源利用存在的问题

在雨水形成或降落的过程中，大气中的物质，如气溶胶、悬浮性颗粒物等会影响水体水质。雨水中通常含有土壤衍生矿物离子 Al^{3+}、Ca^{2+}、Mg^{2+}、Fe^{3+} 等；海洋附近地区的雨水中存在大量 Na^+、Cl^-、Br^-、SO_4^{2-} 及少量 K^+、Ca^{2+}、Mg^{2+}、I^-；工业化程度较高的地区的雨水中含有大量 SO_4^{2-}、NO_3^-、NH_4^+、H^+，以及重金属 Cr、Zn、Cu、Pb、Hg 等的化合物。同时，雨水中还存在部分有机酸、烷烃、芳烃等有机物，以及光化学反应产物等。因此，大气中常见的污染物都有可能存在于雨水中。由于不同地区工业化、城市化水平不同，排放到大气中的污染物也存在较大差异，如不同地区 SO_4^{2-} 的质量浓度有很大差别。雨水中 SO_4^{2-} 除来自岩石矿物风化、土壤中有机物、动植物和废弃物的分解外，更多的是来自燃料燃烧排放的颗粒物和 SO_2，因此工业区和城市的降水中 SO_4^{2-} 的质量浓度普遍较高。类似这些污染源可能引起雨水中的悬浮颗粒物、pH、氨氮、浊度等指标不符合国家标准。

集雨面是影响雨水水质的另一个重要因素，雨水中污染物质量浓度的高低与集雨面的位置、材料、维护和附近地区土地利用情况等多方面因素有关。一般来说，公路和屋顶是雨水收集过程中最常见的集雨面，从公路收集的雨水大多重金属超标，尤其是铅。而对于屋顶集雨面，由于管理维护问题，在收集过程中往往将枯枝落叶、大气降尘、生活垃圾等收集到雨水储存装置中，使得蓄集雨水中生物需氧量、粪大肠菌和细菌总数超标，而粪大肠菌超标是水体受到粪便污染的重要标志。对于我国西北地区，尤其是黄土高原地区，由于黄土结构性差、抗分散力弱等特殊的地质地貌条件，且该地区植被覆盖稀少、雨季降雨集中，水土流失严重，泥沙经冲刷后进入水窖，导致蓄集雨水的浊度、悬浮颗粒物等增加。

除集雨面外，初期雨水也是决定收集雨水质量的重要因素之一。当降雨开始并出现径流时，集雨面上最初产生的径流可将大量的污染物从集雨面溶解、运输到雨水收集系统中。所以，在降雨初期产生的雨水更为浑浊，且污染程度更为严重。因此，对初期雨水进行弃流是雨水收集过程中的重要环节，对控制雨水质量具有重要意义。从技术上讲，可以通过污染物冲刷曲线来估算初期雨水水量（图1-7），然后设置基于初期雨水体积的弃流装置，以减少初期雨水对收集雨水质量的影响。

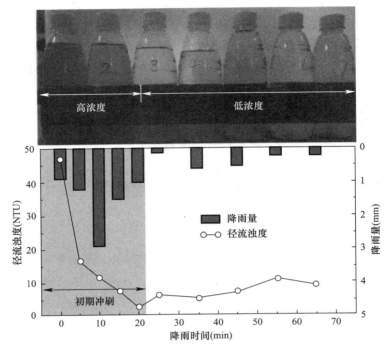

图 1-7　初期雨水径流中污染物变化规律示意图

目前我国西北村镇蓄积的雨水主要来自屋顶、山坡、水泥路面等，由空气沉降、固态废物以及人为作用产生的污染物会伴随着雨水收集过程进入水窖，多数地区雨水收集系统落后，无弃流措施，导致窖水出现水质指标超标现象。雨水在水窖中经过长期的储存，在"熟化"作用下，能够去除部分污染物，但熟化过程历时较长，造成雨水利用率过低，且水中微生物超标，水质难以达到饮用水标准，村民集水后直接饮用，导致腹泻、伤寒等水源性疾病频发，威胁我国西北村镇居民的身体健康。表 1-9 列出了集雨窖水水质检测结果。水窖样品中的浊度、色度以及菌落总数均有超出我国饮用水水质标准限值的情况。其中，80％的水样浊度值超过饮用水标准，90％以上的水样色度值超标，在雨季污染物超标现象更显著。

集雨窖水水质检测结果　　　　　　　　　　　　　　　　　　　　　　　　表 1-9

水质指标		水温 （℃）	溶解氧 （mg/L）	pH	电导率 （μS/cm）	总溶解 固体 （mg/L）	色度 （Pt/Co）	浊度 （NTU）	总有 机碳 （mg/L）	菌落总数 （CFU/mL）
旱季	水窖 1	8.09	4.12	8.16	958	482	31	0.37	1.49	70
	水窖 2	3.51	3.87	9.06	214	107	40	1.62	0.80	33
	水窖 3	4.50	2.66	8.56	284	142	64	4.45	0.27	130
	水窖 4	7.45	8.16	7.99	384	191	45	6.13	1.78	230
	水窖 5	7.48	6.05	7.92	273	136	37	3.38	2.10	190
	水窖 6	7.69	3.44	8.53	277	139	12	0.42	1.00	130

续表

水质指标		水温 （℃）	溶解氧 （mg/L）	pH	电导率 （μS/cm）	总溶解 固体 （mg/L）	色度 （Pt/Co）	浊度 （NTU）	总有 机碳 （mg/L）	菌落总数 （CFU/mL）
雨季初期	水窖 1	6.70	6.32	6.69	130	65	87	13.70	0.68	376
	水窖 2	7.65	6.02	6.95	294	147	60	5.53	1.00	—
	水窖 3	6.41	6.43	8.54	302	151	43	4.21	2.47	—
	水窖 4	6.40	6.43	7.54	247	123	29	4.41	1.44	—
	水窖 5	6.00	7.70	7.88	176	88	117	20.70	2.10	—
	水窖 6	6.00	6.74	8.56	134	67	51	11.10	1.58	—
生活饮用水卫生标准		—	—	6.50～ 8.50	—	1000	15	1.00	—	100

注：“—”表示未检测或无相关标准。

　　对 6 个窖水水样进行水环境质量指数（WQI）分析，结果如图 1-8 所示。通过对比布朗水质指数等级标准发现，无论是旱季还是雨季，窖水水样的 WQI 均大于 50，表明该地区的窖水水质较差，需要经过进一步处理才能作为饮用水。此外，通过对比窖水在旱季和雨季的 WQI 发现，各水窖雨季的 WQI 明显高于旱季。这是由于雨季对集雨面的冲刷作用以及集雨水窖在使用过程中缺乏维护措施，使得雨水在收集过程中泥沙等颗粒物以及动物粪便等伴随着地面径流收集到水窖中进而导致窖水污染。此外，由于水窖的面积较小，水体缺乏流动性，水体自净速度较慢，对污染物的去除速率较慢，水质较差。

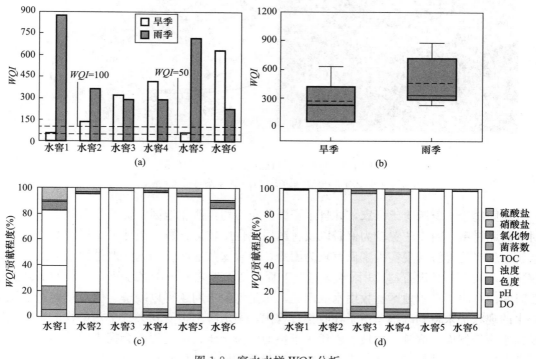

图 1-8　窖水水样 WQI 分析

（a）WQI 柱状图；（b）WQI 箱式图；（c）旱季水质指标 WQI 贡献值；（d）雨季水质指标 WQI 贡献值

此外，对于西北村镇来说，可收集雨水水量是影响当地集雨饮用水安全的另一重要问题。根据我国相关标准中规定的农村生活用水定额，农村家庭最高用水量为 30L/（人·d），按照每户家庭 5 口人计算，每年的最高年用水量：$Q = 30L/（人·d）× 5 人 × 365d = 54.75m^3$。同时，西北地区平均年降雨量为 234mm，每户家庭庭院和屋顶总面积按 300m² 计算，每年的降雨量可达 0.234m × 300m² = 70.2m³，因此该地区年降雨量理论上能够满足当地居民生活用水。但当地标准水窖总容积仅为 30m³，导致实际收集的雨水总量极为有限。同时，由于当地雨季降雨较为集中，而旱季时间较长，因此通过数次降雨即可将水窖蓄满，而在旱季用水量增加后，存储雨水总量无法满足当地居民的用水需求。因此，当地部分有条件的居民可在庭院外建造额外的水窖，而部分经济落后、更为偏远的村镇，在自家窖水不足时，仅能通过集中式的大型水窖获取雨水。

对于上述小型集中式的雨水收集系统来说，以收集山坡雨水为主。我国西北地区以干旱或半干旱气候为主，广阔的天然坡面分布广泛，可作为良好的天然集水面大量收集雨水径流用于集中饮用（图 1-9）。然而，该地区土壤以黄绵土为主，土层深厚，质地均匀，对降雨有很好的渗透性，蓄水性和保水性好。实验表明，每米厚的黄土可蓄集 200～300mm 的降雨，导致很难产生坡面径流，无法收集足量雨水用于饮用。所以，在这种情况下，应首先选择适合的山坡集雨面，然后对土壤进行夯实，减少入渗率。同时，在山坡集雨面上构建用于收集坡面径流的沟渠，以便在雨水入渗前迅速将其输送到水窖中。

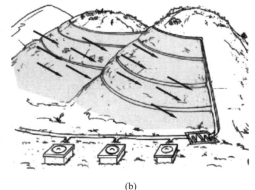

(a)　　　　　　　　　　　　　　　(b)

图 1-9　西北地区自然山坡雨水收集方式

（a）选择合适的集雨场地；（b）夯实集雨场地土壤

我国属于水资源匮乏国家，并且水资源分布不均，西北地区水资源严重缺乏。尤其是对于西北村镇，由于位置较为偏僻以及村镇居民住所较为分散，当地又干旱缺水，建造给水管网就当地经济与现实因素而言较为困难，导致这些地区长期处于严重缺水的状态。为解决缺水问题，甘肃省"121 雨水集流"工程和"大地之爱·母亲水窖"工程的实施在较短时间内解决了村镇地区畜牧用水的问题，水量型缺水问题得以缓解。但村镇居民水质型缺水的现状仍未得到改善，由于在收集过程中，雨水降落会受到大气中污染物的影响，以及雨水流经屋面、庭院、山坡、农田等下垫面汇流于水窖的过程中会携带集流面上一些地表杂草、粪便、动植物遗体等进入水窖，对收集的雨水产生污染，导致窖水浑浊度、高锰酸盐指数、氨氮等多项指标超标，成为西北村镇典型的微污染水。而对于一些严重缺水村镇，窖水是当地唯一的饮用水源，长期饮用这种未经处理的微污染窖水对当地居民的身体健康存在安全隐患。为解决这类水质型缺水问题，提高西北村镇居民饮用水品质，应对收集的雨水处理之后再饮用。在综合考虑当地经济及发展的基础上，研发对窖水中污染物具有高效去除作用的关键技术及其组合工艺，对保障西北村镇饮用水安全十分重要。

1.3.2　苦咸地下水利用存在的问题

一般来讲，含盐量为 $1\sim5g/L$ 的水称为低盐度苦咸水，含盐量在 $10g/L$ 以上为高盐度苦咸水。在青海、甘肃、宁夏、内蒙古、陕西等地和黄河流域，低盐度苦咸水占苦咸水总量的 84.7%，中、高盐度苦咸水占苦咸水总量的 15.3%，因而西北村镇的苦咸水淡化的水源以含盐量为 $1\sim5g/L$ 的低盐度苦咸水为主。西北村镇地下水水质属于苦咸水，绝大部分地区地下水含盐量超标，长期饮用会造成脱发、腹泻等现象。一般苦咸水中硫酸盐和氯化物的质量浓度较高，所以造成饮用时口感差。另外，苦咸水主要表现为含盐量高、氟化物质量浓度高的特点，长期饮用这样的水会造成身体不适。我国虽然淡水资源缺乏，但是苦咸水资源蕴藏量巨大，可以开发的微咸水为 144.02 亿 m^3，半咸水为 56.46 亿 m^3，如果可以把这部分苦咸水资源都得到合理的利用，将在很大程度上解决我国的水资源缺乏问题。

苦咸水淡化就是将苦咸水中的大部分盐、有机物质和其他杂质去除，来满足生产或者生活用水需求。目前淡化的主要水源是海水和苦咸水，苦咸水淡化规模仅次于海水淡化，这是因为海水淡化装机容量大且多为大规模淡化水厂，苦咸水淡化占到了淡化总规模的 20%。由于用于淡化的水源主要依赖于淡化地区的水资源情况，比如一些干旱的内陆地区，地表或者地下苦咸水是唯一可利用的淡化水源。我国西北地区常年干旱少雨，年降雨量不足 $250mm$，但是蒸发量却是降雨量的好几倍甚至几十倍，水源只能是地下水和少量的地表水，并且这些水源大多数存在含盐量高、氟化物超标的特点。另外，在我国西北地区，消化系统疾病十分常见，主要是因为这些地区的饮用水含盐量过高，硫酸盐、硬度和有机物超标。由此可见，苦咸水淡化对于解决西北地区水资源缺乏和保障饮用水安全是十分重要的。

苦咸水淡化的关键就是要对其进行脱盐处理，进而达到工业用水、农业灌溉用水以及生活饮用水等水质要求。近几年来大量的海水和苦咸水被开发利用，2020 年 2 月，全球脱盐生产淡水的产能已达到 9720 万 m^3/d。随着越来越多的苦咸水资源得到淡化，苦咸水脱盐技术也得到了飞速发展。苦咸水脱盐技术主要分为膜法和热法两大类。

热法是早期应用的脱盐方法，最主要的热法脱盐技术为多级闪蒸（MSF）和多效蒸馏（MED）技术。目前，MSF 和 MED 分别仅占全球脱盐规模的 17% 和 7%。在中东和北非地区，MSF 和 MED 为主要的脱盐技术，两者的产能占到总产能的 85%。

膜法脱盐技术主要有电渗析、膜蒸馏、纳滤、反渗透、正渗透。伴随着各种膜法脱盐技术的出现，其已广泛应用于生产生活的各个领域。应用最广泛的脱盐技术有电渗析、纳滤和反渗透。与膜法脱盐相比，热法脱盐的能耗相对较高，这是由于膜法脱盐过程中不发生相变。另外，由于能源价格上涨，膜法脱盐具有越来越明显的优势，更便宜的膜材料和系统开发的膜法脱盐技术正变得越来越有吸引力，膜法脱盐被认为是最有前景的脱盐方法之一。

1.4 非常规水源净化技术简介

1.4.1 雨水收集净化技术

雨水作为一种水资源，其收集利用有着悠久的历史，尤其在干旱和半干旱地区。4000年前的中东地区，人们就开始收集雨水用于生活和灌溉。在印度的塔尔沙漠，当地人通过水池、石堤、水坝、水窖等多种形式收集雨水作为生活用水。在美国的亚利桑那州，印第安人利用漏斗状的长堤，将雨水集中到土地上用于种植。我国在雨水收集方面也有着悠久的历史，早在秦汉时期就有修建池塘拦蓄雨水的记录。随着社会进步与人类发展，国内外雨水收集技术种类也越来越多，涵盖了传统技术方法和现代的智能化收集系统。常见的雨水收集技术见表1-10。

常见雨水收集技术 表1-10

技术类型	内容描述
屋顶雨水收集	通过屋顶的排水系统将雨水引导至储水罐或水箱中
地面雨水收集	通过在地面上设置集水区，如渗透性铺装、绿地等，使雨水自然渗透或引导至储水设施
绿色屋顶	在屋顶上种植植物，不仅可以收集雨水，还可以降低城市热岛效应，提高建筑物的能源效率
生物滞留	模仿自然水文过程，通过设置植物群落和土壤层，使雨水在渗透过程中得到净化
雨水花园	一种特殊的生物滞留设施，通过种植特定的植物来净化雨水，同时可提供生态友好的城市景观
雨水渗井	通过设置渗透井或渗透管，将雨水直接补充到地下水中
雨水储存和释放系统	通过建造储水设施，如地下储水库、雨水罐、水窖等，将雨水储存起来，待需要时随时取用
智能雨水收集管理系统	利用物联网、传感器等技术，实现雨水收集和分类利用的自动化和智能化管理

收集的雨水根据使用目的不同，可采取不同的净化技术。在偏远的干旱村镇地区，利用雨水净化制备饮用水仍有很大的需求。雨水降落或收集、储存过程中不可避免地会受到污染，需通过一定的处理工艺才能将雨水转化为符合饮用标准的清洁水，特别是去除雨水中的悬浮物、泥沙、微生物等是最基本的要求。一般来说，常规给水处理技术都可以用于雨水处理。但是，针对偏远村镇地区必须考虑所用技术的适用性和经济性，根据特定地区雨水的水质特征和雨水利用系统的特点来选择、设计雨水处理工艺。

1.4.1.1 常规处理技术

常规净水工艺主要包括混凝、沉淀、过滤和消毒，处理对象主要是水中悬浮物和胶体杂质。在原水中加入无机或有机混凝剂，经混凝剂的吸附电中和与网捕卷扫作用，使水中的悬浮物和胶体形成大颗粒絮凝体，然后通过沉淀池进行重力分离。过滤是利用滤料或膜截留水中杂质的工艺，常置于混凝和沉淀工艺之后，用以进一步降低水的浑浊度。运行良好的混凝、沉淀和过滤，不仅能有效降低水的浊度，对水中某些有机物、细菌及病毒等的去除也有一定效果。根据原水水质不同，在常规工艺系统中还可适当增加或减少某些处理构筑物。例如：处理高浊度原水时，往往需设置泥沙预沉池或沉砂池；原水浊度很低时，可以省去沉淀构筑物而在原水加药后直接过滤。在生活饮用水处理中，过滤是必不可少的重要环节。消毒的目的是灭活水中致病微生物，保障水的生物安全性，通常在过滤之后进行，主要消毒方法是在水中投加消毒剂以杀灭致病微生物，当前我国普遍采用的消毒剂是液氯，也采用漂白粉、二氧化氯及次氯酸钠等，小规模净水工程也可以考虑紫外线消毒和臭氧消毒。

1.4.1.2 生物慢滤技术

慢滤是以极低的滤速（一般 0.3m/h 以下）利用滤料表面形成的生物滤膜的截留和降解作用等实现对水中多种污染物的去除。生物慢滤在自流供水情况下不需要电力，运行维护也相对简单，因此投资少、运行成本低，较适合村镇的供水。但生物慢滤的缺点也很明显，如要求的滤速低，过滤面积大（为快滤的 30 倍左右）；对运行环境条件有较多要求，如需要阳光直接照射、环境温度不能太低、有自流的水源条件等；进水浊度不能太高，耐冲击负荷能力差；出水微生物指标难以直接达标；生物滤膜形成前，水质有较大的波动等。这些因素会影响生物慢滤技术的使用。慢滤一般采用工程措施，只有 10m³/d 及以下的慢滤设备才有一定经济性。尽管目前在一些偏远村镇有砂滤装置的使用，但往往因不能控制滤速、维护成本大等原因，其规模化应用还存在困难。

1.4.1.3 膜分离技术

膜分离技术作为一种新型的流体分离技术，近几十年来取得了巨大进步。在水处理领域，膜分离技术可以去除水中的悬浮颗粒、真菌、胶体和大分子以及其他污染物。膜是分离过程的核心，其孔径规格及筛分范围较宽，不同的膜材料及制备方法通常根据膜分离的目标物质来选择，不同规格的膜可用于对水中颗粒物、细菌以及不同性质离子或分子的有效分离。膜分离技术通常以压力差、浓度差及电位差等为推动力，使溶剂或特定溶质选择性透过，从而实现溶液中组分的分离。根据分离的物质不同，目前主要用于水处理领域的、以压力驱动分离过程的膜有微滤膜、超滤膜、纳滤膜和反渗透膜。膜的选择性及渗透性与膜孔结构和表面特征等有关，主要包括孔径大小、孔径分布、孔隙率、孔道结构、表面电荷和亲疏水性等。总体来说，膜分离技术具有可以实现自动化、占地面积小、投药量低等优点，具有广阔的应用前景。

超滤技术具有结构简单、分离效率高、出水水质稳定、能耗较低且能有效去除细菌等优点，已经在工业水处理、饮用水净化等领域得到了广泛应用，有望成为低浊度水（10NTU 以下）处理的最佳选择。但膜需要经常反洗，替换费用高，易受天然水中的藻类和胶质堵塞，在偏远的村镇应用时一般需要有预处理，或与其他净水设备结合使用。

当前，超滤技术在给水处理中应用最为广泛，其在处理湖泊、水库水源时，对浊度、有机物、病毒等都有较好的处理效果。大量研究表明，超滤的出水浊度可以在 0.1NTU以下，能有效去除细菌、病毒、"两虫"（隐孢子虫和贾第鞭毛虫）以及藻类等。另外，超滤技术可以减少消毒剂的用量，在某些情况下也可以不使用消毒剂，以有效减少消毒后产生的有害副产物，提高水的生物和化学安全性。

1.4.1.4 常用消毒工艺

在饮用水消毒剂中，游离氯是应用最广泛的一种。除了小微孢子虫卵囊和分枝杆菌物种外，游离氯对几乎所有的水传播病原体的灭活有效。加药（包括加氯和次氯酸钠等多种方式）是我国普遍使用的生活饮用水消毒工艺，特别是加氯。但氯是易爆物品，采购、仓储和使用等管理均较复杂；药液一般需要现场配制，投资大、运行成本高，而且需要专业人员管理；制药和加药装置较为复杂，设备成本较高；运行成本包括电费、药剂和复杂的管理费用，综合成本较高，在农村分散供水中使用受到一定的限制。

紫外线杀菌是利用 254nm 波长的紫外线对微生物的损伤能力来进行杀菌的。紫外线杀菌能力强，可以在相对较低的照射剂量下广泛灭活耐氯原生动物，如小隐孢子虫卵囊和贾第鞭毛虫孢囊，且不需要投放额外的药剂。紫外线杀菌技术已经研制成功 100 多年，得益于紫外线灯制造技术和电子控制技术的发展，紫外线杀菌技术和设备在我国的应用较为普及。目前，我国已制订了紫外线灯和城市给水排水紫外线杀菌的国家标准。农村分散供水的消毒设备有使用时间少和间歇性工作的特点，如果水流停止后紫外线灯长时间不关闭，容易造成过热和高温，从而可能导致塑料管软化甚至破裂等设备安全事故，以及高温水烫伤人的人身安全事故。总的来看，与加氯消毒相比，紫外线杀菌具有投资少、运行成本低、运行管理方便、不改变水的口感等优点，其缺点是没有持续杀菌能力，因此在大型集中供水中不宜单独使用，但在农村分散供水中可以推广使用。紫外线消毒也有一些缺点，如有机物、颗粒物和某些溶解的污染物会干扰或降低微生物灭活的效率，以及紫外线灯需要定期清洁等。

臭氧消毒也是目前常见的一种消毒技术，但其投资和运行成本均相对较高，消毒所需时间较长，目前在农村供水中仅有少量应用。

1.4.2　苦咸地下水处理技术

苦咸地下水处理的目标物质为水中的大量盐分和其他杂质，处理技术主要为膜技术，包括反渗透技术、纳滤技术和电渗析技术等。

1.4.2.1　反渗透技术

反渗透技术是利用半透膜将水中的溶质和溶剂分离，从而去除水中的盐分、重金属、有机物等。反渗透膜的孔径通常在 0.1～10nm 之间，一般为 1nm 左右。由于水分子尺寸约为 0.28nm，反渗透膜的孔径可以让水分子通过，能够截留住分子量为 100～10000Da 的物质，可有效去除水中的大部分有机物质、重金属离子、微生物等，同时也可以去除多种一价、二价溶解盐和胶体颗粒。该技术具有高效、稳定的优点，是苦咸地下水净化的主要手段之一。反渗透技术按照压力分为低压反渗透、高压反渗透和常规反渗透三种。不同膜的材质、脱盐率、使用寿命和维护成本不同，其使用场景和应用范围也各不相同，可根据目标水质要求、原水特征、能源成本和系统投资预算等进行合理选择。

1.4.2.2　纳滤技术

纳滤膜的孔径介于反渗透膜和超滤膜之间，为几纳米，能够截留分子量为 80～1000Da 的物质，包括一些二价离子（如钙、镁离子）和有机分子，而对单价离子（如钠、钾离子）和小分子物质的截留率较低。这种选择性使得纳滤技术在处理含有特定离子和有机物的水时非常有用。与反渗透技术相比，纳滤技术通常在较低的压力下（0.2～0.7MPa）操作，这有助于降低能耗和运行成本。纳滤技术对水中的矿物质保留更多，也被认为更适合人体饮水需要。该技术适用于处理含盐量较低的苦咸水，其运行成本也相对较低。

1.4.2.3　电渗析技术

电渗析技术是一种利用电场力驱动溶液中离子通过离子交换膜进行迁移的膜分离过程。电渗析装置由阴、阳离子交换膜，电极，隔板，电解槽等部分组成。电渗析技术能够高效分离水中的离子，对于含盐量高的水处理效果显著。电渗析过程可以连续进行，过程中不需要添加大量的化学药剂，对环境友好。与反渗透技术相比，电渗析技术可在较低的电压下运行，因此能耗相对较低。

本章参考文献

[1] 王凌梓，苗峻峰，韩芙蓉. 近 10 年中国地区地形对降水影响研究进展 [J]. 气象科技，2018，46（1）：64-75.

[2] 姚俊强，杨青，刘志辉，等. 中国西北干旱区降水时空分布特征 [J]. 生态学报，2015，35（17）：5846-5855.

[3] 郑明星，张富. 西北地区降雨侵蚀力时空变化规律分析 [J]. 甘肃农业大学学报，2022，57（1）：154-160.

[4] 郝明明，胡好天，陈儒雅，等. 甘肃某县窖水水质分析及健康风险评价 [J]. 环境化学，2023，42（8）：2576-2585.

[5] 贾路，于坤霞，邓铭江，等. 西北地区降雨集中度时空演变及其影响因素 [J]. 农业工程学报，2021，37（16）：80-89.

[6] 侯丽陶，蒲旭凡，李哲，等. 1980—2019 年中国西北地区降雪和融雪时空变化特征 [J]. 地理研究，2022，41（3）：880-902.

[7] 赵求东，赵传成，秦艳，等. 中国西北干旱区降雪和极端降雪变化特征及未来趋势 [J]. 冰川冻土，2020，42（1）：81-90.

[8] MAO JIAN, XIA BOYU, ZHOU YUN, et al. Effect of roof materials and weather patterns on the quality of harvested rainwater in Shanghai, China [J]. Journal of Cleaner Production，2021，279（10）：123419.

[9] 卢晓岩，朱琨，梁莹，等. 西北黄土高原地区雨水集流的水质特点 [J]. 兰州交通大学学报，2004，23（6）：15-18.

[10] SUN RUI, WU MINGHONG, TANG LIANG, et al. Perfluorinated compounds in surface waters of Shanghai, China: Source analysis and risk assessment [J]. Ecotoxicology and Environmental Safety，2018，149（3）：88-95.

[11] ZHANG GUIZHAI, PAN ZHAOKE, WU YAOMIN, et al. Distribution of perfluorinated compounds in surface water and soil in partial areas of Shandong Province, China [J]. Soil and Sediment Contamination，2019，28（5）：502-512.

[12] 高杰，李文超，李广贺，等. 北京部分地区地下水中全氟化合物的污染水平初探 [J]. 生态毒理学报，2016，11（2）：355-363.

[13] QI YANYIE, HUO SHOULIANG, HU SHIBIN, et al. Identification, characterization, and human health risk assessment of perfluorinated compounds in groundwater from a suburb of Tianjin, China [J]. Environmental Earth Sciences，2016，75（5）：1-12.

[14] 中华人民共和国水利部. 中国水资源公报 2021 [R]. 北京：中华人民共和国水利部，2022.

[15] 刘兆昌，李广贺，朱琨. 供水水文地质 [M]. 北京：中国建筑工业出版社，1998.

[16] 武福平，夏传，王艳琴，等. 西北典型村镇集雨窖水水质变化及特性 [J]. 环境工程学报，2014，

8 (9)：3541-3545.

[17] 杨浩，张国珍，杨晓妮，等. 粗滤/生物慢滤技术在集雨窖水处理中的生产应用 [J]. 中国给水排水，2013，29 (23)：47-47.

[18] 杨浩，张国珍，杨晓妮，等. 16S rRNA 高通量测序研究集雨窖水中微生物群落结构及多样性 [J]. 环境科学，2017，38 (4)：1704-1716.

[19] 宋小三，张国珍，王三反，等. 中国西北地区集雨窖水水源地水质评价 [C] //2010 年环境污染与大众健康学术会议论文集，2010.

[20] ZHU QIANG, GOULD J, LI YUAN, et al. Rainwater harvesting for agriculture and water supply [M]. Singapore：Springer, 2015.

第
2
章

雨雪水收集技术

2.1　雨雪水收集利用现状

集中式供水和城乡一体化供水是我国农村供水模式的发展趋势。到 2021 年底，全国共建成农村供水工程 827 万处，农村自来水普及率达到了 84%，比 2012 年提高了 19 个百分点。2021 年，《中共中央　国务院关于全面推进乡村振兴加快农业农村现代化的意见》提出，实施农村供水保障工程。加强中小型水库等稳定水源工程建设和水源保护，实施规模化供水工程建设和小型工程标准化改造，有条件的地区推进城乡供水一体化。但对于西北地区的大量分散村镇，受地形、气候和水源等因素的制约，利用非常规水源的分散式供水仍将长期存在，特别是雨雪水的收集利用需要有更适用的技术和管理措施加以保障。

西北村镇可用水量非常少，特别是偏远村镇地区，地表水匮乏，而地下水苦咸，无法直接饮用，集中供水又难以覆盖，对雨雪水收集并加以利用几乎是解决当地水资源短缺问题的唯一途径。近些年来，我国西部地区通过兴建水窖等小型、微型水利工程，有效解决了生产生活用水短缺问题，大大缓解了当地的用水危机。然而，与此相关的水质问题也随之产生。在"十一五"及"十二五"期间，通过国家重大专项及其他项目的支持，已经研发了一批相应的小型处理装置和设备，初步形成了集雨水源处理技术体系。但在实际使用过程中，这些处理装置、设备及设施仍然存在能耗高、成本高及维护复杂等问题，进一步研发集成化、智能化控制的前端高效收集与污染物拦截技术，并研发相应配套装备，对当前西北村镇居民饮水安全保障具有重要意义。

水窖是在缺水地区挖建的用于蓄存雨雪水的地窖，窖水主要来自降水，部分是地下水及人工注入的河流水。降水在集流入窖的过程中受到一次污染，尤其是地面杂质、悬浮物、细菌等，是窖水感官性状较差的主要原因。在农村，为方便集水，大部分水窖建在低洼地，但这使得微生物、农药和化肥污染窖水的可能性增大。而大部分窖水来自于雷阵雨雨水，短时雨量大，能形成径流，但因一时雨量较大，对地面冲刷作用较强，即便住户在雨前对地面提前进行清扫，仍有一定量的泥沙、柴草甚至牲畜粪便随水流进入窖水中。集雨设施不健全，缺乏有效的可实现初期弃流与污染物拦截的技术与装备，农民缺乏卫生科学知识的有效指导，是窖水水质难以保证的重要原因。

2.2 雨雪水的高效收集技术

2.2.1 技术背景

2.2.1.1 国外的雨雪水资源化利用

随着世界范围内水资源短缺和污染形势的日益严峻，20世纪后期，一些国家开始了雨雪水资源利用技术的研究，目前已进入标准化和产业化阶段。其中最具代表性的国家有德国、日本、美国等，均已形成较为完善的水资源利用体系。

自1989年制定屋顶雨水利用设施相关标准以来，德国经历了三大变革：进入工业化、标准化以及逐步向一体化发展。德国采用的雨水利用系统主要包括屋面雨水收集与储存系统、屋顶花园雨水利用系统、雨水截渗系统和生态社区综合利用系统等。通过屋面收集的雨水主要用作家庭、市政和工业领域的非饮用水，道路集流的雨水则主要排入下水道或用于涵养地下水。此外，德国以法律等形式加强对自然环境的保护和对水资源的可持续利用。

日本政府和非政府组织通过多种努力促进城市雨水资源的利用，特别是通过制定雨水利用补贴制度，根据雨水利用设施的规模和类型提供补贴，以促进城市雨水资源化利用。

美国强调非工程生态技术的开发和应用。许多城市已经建立了由屋顶蓄水池、原位渗水池、渗井、生态草沟和透水地面组成的地表补给系统，并作为土地规划的一部分应用在新的开发区。此外，美国联邦和各州政府通过税收总量控制、补贴、贷款和发行强制性债券等经济手段，鼓励雨水的合理处理和利用。美国北部的一些地方采用下凹绿化带设计，使用机械将路面积雪转运到路旁的下凹绿化带，雪水自然融化后直接入渗，补充地下水资源。

法国针对其冬季多雪的气候特点，通过铲雪机械将室外地面积雪集中并堆积，通过覆盖一定厚度的碎木屑，保持积雪的固体形态，避免雪过快融化后以地面径流的形式进入排水系统后流入河流里。当雪季结束后，法国主管部门开始有计划地进行解冻引流，可以有针对性地对农田和牧场进行灌溉。此外，还可以利用融化的雪水进行冲厕或直接回灌地下水，或作为城市再生水的水源进行利用。

2.2.1.2 国内的雨雪水资源化利用

20世纪末，上海、北京、大连和哈尔滨等地相继开展了城市雨雪水资源化利用技术的研究。经过多年的探索和发展，我国雨雪水资源化利用进程正在加快，但总体来看技术还相对落后，基本处于探索阶段，缺乏系统性，更缺乏法律法规保障体系和完善的管理体系。

雨雪水资源化利用是一个多目标、综合复杂的系统工程，其实施过程大体分为雨雪水收集、储留、处理和回用四个阶段。具体实现途径包括雨雪水渗透和雨雪水收集利用两个方面。

我国对积雪的利用处于起步阶段，尚没有引起足够的重视，虽然多数北方地区有大量雪资源，但是在雪资源的开发利用上做得不够，很多雪资源被浪费。以往人们利用雪资源的意识普遍薄弱，但是随着地区水资源短缺的加剧，对雪资源的利用开始被人们采纳。例如在雨水利用工程中，设计人员把屋顶积雪融化后的融雪水作为天然降水的一部分回收利用。在设计中主要利用已有的雨水利用设施，待积雪融化后依靠重力使融雪水流入雨水收集系统加以利用。另外，对庭院积雪的处理措施一般是将积雪导入绿化带，待积雪逐步融化下渗涵养水源。

2.2.1.3　屋面雨水收集利用技术类型与现状

降水（包括雨和雪）被人为收集经处理达到相关水质标准后，可用于生活饮用、冲厕、养殖、农业浇灌等，还可以利用透水地面、生态池等设施拦蓄汛期雨水，补充地下水，避免因地下水过度开采而造成的地面沉降等一系列问题，可以在一定程度上满足日益增加的用水需求，缓解我国水资源严重短缺的问题。西北村镇雨水收集主要包括两种方式：屋面雨水收集系统和地面雨水收集系统。

屋面雨水因人为影响程度小，径流量大且相对清洁，是雨水收集的主要对象。屋面雨水水质主要受大气质量、屋面材料、降雨量和降雨间隔等因素的影响。屋面雨水可通过屋面的雨水斗、预留孔洞等雨水收集装置，经过落水管接入雨水收集装置。雨水收集装置可以是多户共用，设置在房屋相对密集的区域，可采取集中利用系统，也可以采用设置在单体建筑庭院内的分散利用系统。经处理后，雨水主要作为生活用水的补充水源，用于生活和生产中。屋面雨水收集利用主要有以下几种类型：

1. 屋面雨水蓄渗利用技术

屋面雨水蓄渗是把屋面雨水收集起来通过排放下渗，丰富地下水。随着我国经济发展和城镇化水平的不断提高，村镇建筑屋面总面积和硬化地面面积的比例也在不断增加，在降雨频发期会形成大量地面径流，排水系统压力增大。通过建设高效的雨水收集和蓄渗系统能够快捷高效地缓解降雨时期的积水问题，对雨水水质起到净化作用、补给地下水、节约水资源，生态效益和经济效益显著。但其投资大，针对这一系统在农村应用的研究比较欠缺，技术参数也不完善。

2. 屋面雨水收集技术

屋面雨水利用是通过管道、雨水池以及处理设施对雨水收集并处理回用，能够直接代替部分自来水。该方法适合于建筑屋面面积较大的区域，系统包括汇水区、收集设施、除污设施及供水设施等，若降雨量较大时，还需将调蓄池溢流的雨水外排。在屋面雨水收集过程中，雨水集水池容积的确定尤为重要，需要考虑许多因素，如初期雨水弃流时间、采用的降雨资料是否准确等。既要确保收集的雨水水质、水量满足使用要求，还不能引起内涝风险。

3. 绿色屋顶雨雪水收集系统

绿色屋顶是指全部或者部分被植物和其生长基质所覆盖的建筑物屋顶，一般安置在一层防水膜之上，主要包括植物和人工基质两部分。目前国际上没有关于绿色屋顶分类的统一标准。按照植物的类型、覆盖范围以及绿色屋顶所起到的景观和生态效应，绿色屋顶大体可以分为3类，即开敞型、半密植型和密植型屋顶。

开敞型绿色屋顶也称简单型绿色屋顶，是指在很薄的土壤种植介质层上（一般为200mm以内），种植一些地被类的轻型植物所形成的屋顶。这类屋顶种植成本较低，施工较简单，不需要专门的维护和灌溉，但是植物的选择受到局限，不太适合作为人们的休憩场所使用。

半密植型绿色屋顶是指适用于种植瓜果蔬菜或者采用模块式种植的屋顶绿化模式。这类屋顶一般介于开敞型屋顶和密植型屋顶之间，投入和管理维护的成本均较高，但是在植物的选择上更加广泛，屋面的视觉造型和结构功能也更加灵活多样，对屋顶的荷载要求也较高。密植型绿色屋顶也称花园式绿色屋顶，是一种供人们休憩和作为景观使用的屋顶形式，这类屋顶一般成本高、施工难度大，屋顶需要经常性的维护和灌溉，对屋顶的结构和荷载要求也非常高，适用于一些公共建筑和对景观要求较高的建筑。

通过收集屋面雨水来补充生产及生活用水已经在很多国家实施，在国外，屋面雨水利用已经达到产业化与标准化阶段。美国的屋面雨水资源收集以入渗为主，屋面汇水、下渗池井、草地及渗透地面构成地表回灌系统。美国某地区地下水回灌量达 $3.38 \times 10^8 m^3$，占该地区平均年供水量的 20%。另外，一些地区特制订了相关规范以充分回收利用雨水资源。这些规范规定：新建区域必须在区域内实施就近排洪，并且，开发后区域的峰值流量要减小。

作为大力支持回收雨水资源的国家，德国在 1989 年就出台了有关规范，如今其雨水利用技术发展已相当成熟，并逐渐模式化、综合化。德国雨水利用大体可分为以下形式：①屋面雨水蓄积系统，基本用在生活、绿化、道路等对水质要求较低场所。②绿地雨水拦截及渗透系统，借助地面入渗、截污挂篮等形式对雨水进行截污处理，然后补充地下水系。③生态宜居区雨水收集利用系统，雨水可通过在小区雨水管道附近修筑浅渠等设施快速流出路面，当降雨量较大时，来不及排泄的雨水可进入水景、湿地等作为小区室外水景补水。德国大力支持雨水回收利用，并出台了相关政策。对于新建的住宅，强制性安装雨水收集设施，否则会加收雨污排放费用。

日本更倾向于进行屋面雨水收集利用。日本的淡水总储量与人均占有量非常低，为解决这一问题，日本不仅大力鼓励节约用水、深层次用水，还尤其重视对雨水的回收利用。现阶段，日本已出台了完善的规章制度，并研发了多种利用模式，提高对雨水资源的回收利用率。东京的许多建筑上安装了雨水利用系统，将收集到的雨水回用于绿化、洗车、冲厕等，或者经简单处理后补充生活用水及其他方面。

与国外相比，我国对于雨水收集的意识出现得更早，明朝时期就出现过针对分散式单体建筑的渗透——下凹式绿地；古代黄土高原挖掘的瓶状土窖收集的雨水可供人畜饮用；我国古代传统庭院的"四水归堂"，就是对院落式住户雨水有组织收集排放的一种形式。虽然我国早就开展了屋面雨水收集利用，但针对西北村镇雨水收集开展研究的时间不长。海绵城市建设推广以来，针对雨水控制与回收利用的效果逐渐显现。全国建成多个雨水利用示范项目，新、老排水系统均考虑了雨水收集及利用，大多是通过小区景观水面、储水池等设施补充绿化灌溉用水或排入河湖径流系统恢复地下水系。国内众多海绵城市建设的试点城市、片区、小区通过开展雨水收集利用的试验研究，经过一定时间的跟踪调查后发现具有良好的经济效益与社会效益。山东黄岛曾经因大量抽取地下水造成海水入侵，淡水资源极度缺乏，为此，该地开展了屋顶、楼顶面及硬化路面的雨水回收研究工作，大大缓解了缺水状况。此外，国内也有将农业种植大棚上的雨水资源收集储存，经过沉淀和过滤处理后作为农业用水的案例。

雨水资源收集利用作为一项新的工程，能够有效缓解现阶段水资源短缺问题，具有广阔的应用前景。但是当前我国建筑屋面雨水回用仍存在以下问题：①雨水回用没有得到足够的重视。大多数人认为雨水存在污染，且需要复杂的雨水收集系统和储存系统。此外，国家有关部门在农村雨水利用研究方面投入资金较少，造成研究进展缓慢，很多用户还停留在早期的自建水窖阶段。②缺乏相应的法律法规。虽然我国对雨水收集利用非常重视，但是发展时间较短，雨水利用方面的政策措施还不完整。③人们节水意识不强。随着国民经济的迅速发展，人均收入水平也在不断上升，人们的生活水平也随之提高，且农村集中供水价格相对不高，人们的节水意识薄弱，对雨水利用不重视，导致其发展较为缓慢。

2.2.1.4　地面雨水收集技术

与屋面雨水的水质相对较好的情况不同，地面雨水的水质存在着各种问题。合理收集西北村镇住户院落内、村镇公共空间地面的雨水，能够有效增加雨水收集量，有利于提高雨水收集利用率，这对于集中供水开通较困难、输送成本较高的地区，能够有效填补村民生产生活用水的不足。然而，公共空间地面作为村镇交通的一个重要渠道，来往人员、车辆较多，雨水受污染程度要高于屋面，尤其是在降雨初期。因此，应该采取必要措施对集流面的雨水实施有效的初期弃流和污染物拦截。可以在地面上使用透水砖，过滤装置也可选择多介质填料或生物土壤。

公共空间地面雨水收集比较常用的一种方式是透水性铺装。在以道路等硬化地面作为集流面的雨水收集系统中，较常见的路面雨水收集模式是"透水性铺装＋渗透渠"，此模式也适用于次要交通道路或者小型道路。该系统中的透水性铺装材料主要为混凝土块、砂子、砾石等，辅助材料主要为透水性沥青以及透水砖等。其结构主要为基层、垫层和面层，除了基层之外均有透水性，而基层的作用是储水。这一技术应用也可结合村镇的景观设计开展。

绿地作为收集雨水的重要单元，能够在收集雨水的同时对雨水进行净化。一方面，绿地能够拦截雨水中的污染物，在降雨过后，雨水在径流过程中势必会携带不同量的污染物，经过土壤的过滤，污染成分有效降低，草皮能够滞留重金属等有害物质，植物根系则能够吸收雨水中的溶解质，因此，经过绿地的净化之后，雨水的清洁度也就有了明显的提升。另一方面，绿地本身就是一个以自然形式而存在的雨水汇集处，尤其是随着绿地覆盖面积的不断增加，雨水渗入指数也会随之不断提升。雨水在流经植被的过程中，其中的污染成分逐渐被去除，雨水的流速也在植被的缓冲作用下得以降低；加之缓冲带植被区的影响，雨水亦被大面积分散。因此，植被浅沟的存在能够担负起一定的雨水运输功能，尤其适合长距离的雨水引流，若地势良好，则能够借自然绿地替代雨水管。

以往作为景观功能的绿地绝大多数为平地或凸起式绿地，下凹式的绿地很少见。海绵城市建设推广以来，采用下凹式绿地消纳和净化雨水的方式得到大力推广。下凹式绿地本身具有很好的蓄水优势，能起到有效收集雨水的作用，尤其是对于短期、小量的降雨收集效果更佳。对于下凹式绿地的深度可以进行必要控制，若下凹深度过大，则可能积水过多，渗水过于集中；下凹深度恰到好处，则能够起到有效改善渗入等作用，有利于更好地发挥蓄水和渗水的优势，同时更能满足暴雨期的雨水收集和排水要求。在此过程中应当处理好绿地和周边道路雨水溢流处之间的高矮衔接关系，要确保路面高于绿地，并设置雨水溢流口的合理标高，保证道路雨水溢流处低于路面的同时又能够高于绿地。对雨水径流的引导流程为：将地面径流雨水直接汇集到绿地，绿地蓄满水之后经过溢流排出。

结合现有诸多研究成果综合分析可知，下凹式绿地设计的雨水入渗量能够达到平地或凸起式绿地的 3 倍或 4 倍。若下凹式绿地与路面的落差达到 10cm，那么对于一年一次的暴雨径流能够起到较彻底的拦截作用，蓄渗效果尤其明显；若落差能够达到 20cm，则每年可蓄渗更多的暴雨量。从结构方面来看，下凹式绿地也可以起到沉砂池的作用，通过绿地的过滤作用，还能对受到污染的径流雨水进行有效的净化，从而改善土壤微生物结构，有利于通过土壤肥力的增加进一步提升绿地功能，使整个空间形成一个良性的生态系统，为创造更好的乡村生态环境服务。采用透水铺装或结合下凹式绿地会增大建设投资成本，加大维护管理难度，在经济不够发达的西北村镇推广应用存在一定的难度。

2.2.1.5 雪水收集技术

屋顶积雪一般无人为扰动，融雪水受污染程度小，由于太阳辐射与建筑物散热等原因，屋顶积雪融化较快。对于西北村镇屋顶积雪，其利用形式一般可参照屋面降水，不须机械收集。根据屋顶的形式，有两种不同的收集方式，坡屋顶一般多采用无组织排水，融雪水随屋面散流降落到地面；也可采用屋檐设集水槽收集融化的雪水，即屋顶集流方式。平屋顶既可以采用屋顶集流方式，也可以采用屋顶滞留方式。

1. 屋顶无组织排水

一般坡屋顶常采用无组织排水方式，积雪覆盖到屋顶后，太阳辐射及建筑传热使其融化，产生的融雪水随屋檐下落。这时在建筑与地面接触的散水之处到硬化地面之间应采用透水性地面（如绿地、透水砖铺装等），不仅可以作为建筑附近道路的积雪消纳区，也可以使降落的融雪水迅速渗透到地下，减少在地面蓄积产生径流，并且可以涵养地下水源。

2. 屋顶集流

屋顶集流是通过落水管把屋面收集的融雪水引流到草坪或蓄水池中，对融雪水进行入渗或回用。

3. 屋顶滞留

屋顶滞留主要有屋顶滞蓄和屋顶绿化两种途径。屋顶滞蓄是将融雪水直接留在屋顶，作为非饮用用途的水加以利用。屋顶绿化是在平顶或坡度小于 1：15 的屋顶铺上人工垫层，种植花草，既能美化环境，又能避免积雪与屋顶面层直接接触，减少积雪的污染。因此，屋顶绿化可提高融雪水水质并大大减小融雪水屋面径流系数。

屋面积雪可采用加热的方式促进融化，然后将雪水收集、储存在水窖或储水箱中。根据对水质要求的不同，对融化后的雪水还可进一步进行过滤、吸附等处理。针对收集的路面积雪也可以采用加热方式促进其融化，然后再加以处理利用。在积雪加热融化方面目前已有较多的研究和专利技术。

在西北村镇，有水窖的住户往往将雪收集后堆积在水窖进水口附近，待雪融化后自流进入水窖，目前几乎没有专门针对雪水收集的措施。

2.2.2 技术原理

2.2.2.1 集流雨雪水的水质特点

首先，降雨降雪具有随机性、非连续性等特征，集流雨雪水水质受集雨雪水源地所处地域、季节、降雨特征、集流雨雪水源地类型及性质、地表径流过程、融雪过程中的人为因素等诸多因素的影响，任何因素的不同都会导致集流雨雪水水质产生很大差别并呈现出不同的变化。雨水降落过程和地表径流过程会携带尘土、粪便等污染物质。另外，雨雪径流污染的一般规律是初期降雨雪径流的污染比较严重，随着降水历时的延长，各类污染物的质量浓度逐渐下降并最终趋于一个相对稳定的数值。再次，窖水水质受人为因素影响，农民饮水卫生意识淡薄，水窖管理不善，设施使用不规范，集雨面上人类和畜禽活动导致窖水产生二次污染。最后，水窖水在取水饮用时，基本没有进一步的处理措施，水质安全存在隐患。利用传统技术处理，难以有效保障水质安全达标，而现有工艺亦不适于西北村镇的实际状况。

在水量保障方面，降水收集过程中由于屋面及地面的特性差异、汇集装置设备效率低等引起的水量损失较严重。因此，应从水量和水质两个方面开展雨雪水收集的适宜技术及设备研发，形成适用于分散村落及家庭的低成本、易维护、智能化、集约化的雨雪水收集技术及设备。

在降雨过程中，初期雨水中含有大量的泥沙、黏土等悬浮物，降雨开始时段雨水浊度较高，随着降雨历时延长，雨水中的悬浮物减少，浊度也随之减小。集流雨水中的有机物主要为天然有机物，高锰酸盐指数（COD_{Mn}）达 4～7mg/L。集流雨水中氨氮的来源主要为水中含氮有机物受微生物作用的分解产物，氨氮虽然对人体健康没有直接的影响，但是也反映了集雨水的污染程度。氨氮的质量浓度高会促使集雨水中的亚硝化细菌滋生，导致细菌超标。集雨水中氨氮的质量浓度介于 0.2～1.0mg/L 之间。随着环境污染现状的加重，集雨水受到了不同程度的重金属污染。根据对集雨水中重金属的检测，铬的质量浓度为 0.05～0.10mg/L。微生物是集雨水污染的主要污染物之一，因为集流场周围的卫生条件普遍比较差，如经常有牲畜和家禽活动，或者有的距离厕所、垃圾堆较近，集雨水会受到不同程度的微生物污染。据检测，集雨水中细菌总数为 1000～3700CFU/mL，大肠菌群数为 20～110MPN/mL。

从工程应用上来讲，初期雨水一般是指初期径流，而根据《建筑与小区雨水控制及利用工程技术规范》GB 50400—2016 中的规定，初期径流是一段降雨初期产生一定厚度的降雨径流。从广义的定义来看，初期雨水又可以从四个不同的标准来界定，主要包括：

（1）以水质界定，认为随降雨开始后径流水质达到某个值之前的降雨或径流为初期雨水。

（2）以时间界定，认为开始降雨后某段时间内所形成的径流为初期雨水。

（3）以降雨量界定，认为降雨量达到一定值时所形成的径流为初期雨水。

（4）以径流量界定，认为降雨形成的径流累积到一定深度时的径流量为初期雨水。

对于降落在屋面的初期雨水，有研究者对其水质开展调查研究，认为污染主要来自以下几个方面：

（1）直接降雨的污染。降雨冲刷和淋洗大气，携带大气中的气溶胶、粉尘颗粒物和污染性气体落在屋面。

（2）屋面沉积物的冲刷污染。降雨对沉降在屋面的沉积物进行冲刷所造成的污染。

（3）生物活动的污染。鸟类粪便以及树叶腐烂等带来的污染。

（4）屋面防水材料的分解污染。屋面材料在降雨冲刷过程中分解，融入径流导致的污染。

村镇雨水水质特性研究与回用模式分析，是通过对降水过程天然雨水、屋面雨水、庭院地表雨水、场地雨水径流的特点收集梳理，并根据雨水的特性以及目前村镇采用的雨水收集拦截措施情况，对西北村镇雨水的收集、污染物拦截、回收利用模式进行分析研究，形成西北村镇适合的雨水收集和污染物拦截措施和设备。

在雨水收集过程中，初期雨水弃流与污染物拦截是首先要解决的核心问题。目前，国内外对初期雨水弃流的研究一般从水质和雨水利用的角度进行。我国在雨水回收利用的工程应用上，初期径流弃流量一般按照下垫面实测的雨水水质确定。当无资料时，屋面弃流可采用 2~3mm 的径流厚度，地面弃流可采用 3~5mm 的径流厚度。但此数据仅仅给出了参考值，且结果的适用性也未得到验证。现行的雨水弃流装置均基于城市雨水管网特征开发，在管网中途或末端上设置不同类型弃流装置，根据市场调研，有容积型、雨量型、流量型等不同类型弃流装置，均是从管网上连接，通过控制进水端的阀门、溢流堰等设施，实现对初期雨水的弃流。

在进水口拦截方面，通过在箅子下面设置截污挂篮，对其侧壁开孔，可以拦截较小尺寸的污染物，但是对悬浮物和其他污染物几乎没有拦截和去除效果，也无法实现对初期雨水的弃流，被滤网滤除的杂物聚集会将滤网堵塞影响泄水，雨水口达不到设计要求的泄水能力。另外，雨水口是敞开的，落入雨水口和雨水连管内的树叶、烟头、纸屑等生活垃圾在雨水浸泡下腐烂发酵，阴暗潮湿的环境易导致细菌的滋生，雨水管道内长期聚集的异物会通过雨水口向外排放，造成水窖的污染。

根据对西北地区多年的降水量和地表径流量演变分析可以看出，该地区缺水情况逐年加剧。特别是近五年间，在总降水量减少的情况下，该地区地表径流增加，一方面是由于地面硬化，使得下渗量减少，导致地下水补给量不足；另一方面是由于绿化面积减少，植物截留能力降低，导致水土流失严重。因此，对雨雪水进行资源化回收利用，是改善西北村镇缺水现状的迫切需求。

2.2.2.2 西北村镇雨雪水高效集流研究

针对西北地区的自然条件、气候特点、经济发展水平以及人们的生活习惯等，开展了集约式雨雪水高效收集、初期弃流、污染物拦截等研究工作。已有的针对农村特别是西北村镇研究形成的收集和拦截设备，虽然具有较好的集流、除砂等功能，但普遍结构复杂，占地较大，或者需要对屋面进行改造。对于经济条件较差的村镇或住户，推广应用较为困难。此外，由于结构复杂，设备运行中需要手动启闭多个阀门或构件，后期的使用和清理维护对使用者提出了较高的要求，这与西北村镇中以老年人为主且普遍文化水平不高的人口构成不相适应。在前期调研中也发现，以往有过政府资助或者项目资助投入使用的户用饮用水储存、净化设备，由于后期需要有能源费用支出或者操作复杂等问题，导致被闲置弃用。因此，西北村镇雨雪水的集流应主要将研究重心转向高效、集约、易操作维护、能耗较低或无能耗等方向。

2.2.2.3 径流系数因素

对于西北村镇，雨雪水的利用不仅取决于降雨雪量及降雨雪强度，是否能有效地对降落的雨雪水进行收集也至关重要。对于不同类型的屋面材料，可参照现行国家标准《建筑给水排水设计标准》GB 50015、《建筑与小区雨水控制及利用工程技术规范》GB 50400 中给出的屋面径流系数，不同类型的屋面和地面对降雨的集流效果也存在较大的差异。不同类型下垫面的雨量径流系数见表 2-1。

不同类型下垫面的雨量径流系数　　　　　　　　　　　　　表 2-1

下垫面类型	雨量径流系数
硬屋面、未铺石子的平屋面、沥青屋面	0.80～0.90
铺石子的平屋面	0.60～0.70
绿化屋面	0.30～0.40
混凝土和沥青路面	0.80～0.90
块石等铺砌路面	0.50～0.60
干砌砖、石及碎石路面	0.40
非铺砌的土路面	0.30
绿地	0.15
透水铺装地面	0.29～0.36

屋面是雨水的集水面，其做法对雨水的水质有很大影响。雨水水质如果因为受屋面污染变差，会增加雨水入渗和后续净化处理的难度或造价。因此，对由于屋面材质及特性导致的雨水污染需要进行有效的控制及干预。在对西北村镇调研中发现，西北村镇普通民居屋面的面层以砖瓦、水泥为主。根据已有对西北村镇屋面降雨污染的研究成果可知，屋面雨水水质受屋面材料、季节、温度、空气质量、降雨强度、建筑物的地理位置等多种因素的影响，但其受人为因素的干扰较小。屋面因素导致出现的污染物主要包括大气沉降物和屋面材料的分解产物等。已有研究对天然雨水的测定结果表明，在天然雨水中各污染物的质量浓度明显偏低，这也说明屋面在形成雨水径流时可将污染物冲刷带走，从而导致屋面收集的初期雨水中污染物的质量浓度较高。

调研和已有研究资料表明，西北地区的土地面、学校土操场降雨径流中污染物的质量浓度明显高于砖地面和水泥地面。而对于土质地面来说，由于其表面更加松散，与砖地面及水泥地面等硬化地面相比，其更易粘附和积累污染物，这也导致在降雨过程中土质路面形成的地表径流污染物的质量浓度较高。此外，由于不同类型场地的人员活动强度和密度存在差异，由此导致的地面污染物积累也存在较大差异。

庭院土地面、砖地面、瓦屋面、水泥地面初期降雨径流的污染均较严重，各种污染物的质量浓度均随降雨历时的延长而逐渐降低并趋于稳定。由于砖瓦屋面、水泥屋面地面、砖地面的降雨径流水质优于土地面，更适用于作为西北村镇住户的集雨水源地。降雨径流的悬浮物（SS）与浊度、SS 与 COD、浊度与氨氮、UV_{254} 与 COD_{Mn}、浊度与细菌总数均呈线性关系。

综上所述，当对西北村镇的屋面和地面雨水进行收集用于饮用水源水时，初期径流雨水必须进行有效的弃流和对污染物初步拦截，降低后续净化处理工艺负荷。

2.2.2.4　使用场景因素

前期调研表明，西北村镇的户型基本为平层建筑，无保温，每户 100～150m²。住户庭院内设有集雨水窖的，水窖大多由政府资助完成，但是雨水收集口基本为住户结合现场实际情况自建。

自建的雨水收集口部形式主要可分为两大类：直通式口部和收集式口部。直通式口部即在集雨水窖的上方设置一个洞口，洞口四周做成坡向洞口的硬化地面。降落在屋面的雨水或融雪水流至地面后，与地面雨水或融雪水汇合形成径流，直接经洞口流入水窖内，直通式口部见图 2-1 中类型 1～类型 3。这种口部可实现最基本的地面雨水收集，没有对初期雨水和融雪水的弃流功能，也没有对初期污染物的拦截作用。收集式口部一般结合场地实际情况设置，在口部设有一定坡度和容积，并通过管道引至水窖，收集式口部见图 2-1 中类型 4～类型 6。与直通式口部相比，收集式口部的排水能力更好，排水速度更快。在降水强度较大的情况下，可以减少庭院场内积水情况的发生。

| 类型1 | 类型2 | 类型3 |
| 类型4 | 类型5 | 类型6 |

图 2-1　自建的不同类型雨水收集口部

由调研可知，目前西北村镇以中老年人为主，因此，考虑在原有收集方式上，增加过滤、沉淀功能，同时设置方便弃流和收集切换操作的功能，提高窖水水质，改善装置易用性。

2.2.3　技术特点

2.2.3.1　初期弃流

雨水的收集利用受到许多因素的制约，如气候条件、降雨季节分配、雨量大小、雨水水质情况、地质条件、地形地貌、建筑的布局和结构等。雨水利用主要是通过合理的规划，在技术合理和经济可行的条件下对可利用雨量加以充分利用。

调研区域的降雨量主要集中在汛期（6～9 月），而其他月份不仅雨量少而且降雨的强度一般也比较小，有的降雨过程甚至不能形成径流，也就无法充分收集利用。考虑气候、季节等因素后，可利用雨量可按雨水资源总量 R_e 乘上季节折减系数 α 计算，即 $Q=R_e \times \alpha$，α 可取 0.8。

通过对雨水资源总量和可利用雨量的分析计算并结合前期调研表明，建筑物屋面和硬化的庭院地面径流是西北村镇家庭住户可利用雨水资源的重要组成部分。而且西北村镇家庭住户屋面材质多为水泥、水泥瓦或砖瓦等，调研中发现超过 80% 的住户庭院地面进行了硬化处理，并对地面雨水进行收集。因此其径流水质相对稳定，受污染程度较轻，容易收集、处理和利用，费用相对较低。计算屋面和地面可利用雨量时，雨水的季节折减系数 α 同样可按 0.8 折算。

由于屋面材料和大气污染的原因，屋面径流受到不同程度的污染，尤其是降雨间隔期较长的初期径流的水质较差，所以屋面径流利用应该考虑一个初期径流的去除量（即初期弃流量），以除去初期污染较为严重的雨水，从而减轻对后续设施的影响，提高安全性。

考虑雨量和水质两个影响因素后，屋面可利用雨量可按下式计算：

$$Q = H_N \times A \times \psi \times \alpha \times \beta \tag{2-1}$$

式中　Q——屋面年平均可利用雨量，m^3；

　　　H_N——年平均降雨量，mm；

　　　A——屋顶水平投影面积，m^2；

　　　ψ——径流系数，取 0.85；

　　　α——季节折减系数，取 0.8；

　　　β——初期弃流系数。

根据屋面雨水水质变化规律，初期弃流量的理论计算取值可由降水量和水质变化关系来确定。卢晓岩等人通过对甘肃定西地区三个集流系统的水窖进行采样发现，石灰抹面或覆瓦的屋顶和水泥硬化的庭院作集流场，集水通过管道流入水窖，这种方式集流场受污染轻，集水水质较好，集水效率高，集水系数可达 0.9 以上。屋顶庭院集水方式收集的雨水中各类有机污染物的质量浓度明显低于路面集水方式收集的雨水。不同的集水方式对集流雨水水质影响显著，屋顶庭院集水方式收集的雨水除大肠杆菌数量超标外，基本符合饮用水水质要求，而路面集水方式收集的雨水水质较差。

由于初期冲刷效应的存在，大部分学者认为应对初期径流进行弃除。有学者研究后发现，对北京地区屋面产流后弃除 2mm 降雨量可削减 20%～45% 的污染负荷，弃除 1～3mm 降雨量后，其污染负荷可削减 60% 以上；当降雨量达 3mm 后，济南市屋面径流水质较好且趋于稳定。虽然西北村镇降水径流中的污染物种类比城市更简单，但是其差异性仍不能按照以往研究中给出的 1～3mm 弃流厚度或者径流量的 30% 进行弃流。而且根据前期调研结果，西北村镇的屋顶面积与庭院硬化地面面积之和在 200～350m² 范围内，且设有水窖的住户基本都有在雨前清扫院落的习惯。因此，在如此小的汇水面积上，以集流回收而不是调蓄为目的，通过控制 2mm 弃流厚度或者径流量的 30% 进行弃流，实际操作较困难。以往研究中研发的初期弃流设备结构复杂，需要通过启闭多个阀门进行进水、排泥等操作。对于住户大多为中老年人的西北村镇，推广应用也存在一定困难。因此，技术研究与设备开发着重考虑如何在提高收集效率的基础上，能使住户更加便捷和准确地操作使用，以达到初期弃流和高效集水的需求。

2.2.3.2　集流口部选择

根据调研资料，调研地的典型院落平面布局如图 2-2 所示。雨水收集下垫面包括屋面（瓦片）、地面（庭院混凝土地面），汇水面积为 250～350m²，屋面雨水经过檐沟汇集，通过雨水立管排至庭院混凝土地面，最终汇流进入地面的雨水收集口。雨水收集口通常采用 $DN100$ 的聚氯乙烯（PVC）管，或者通过混凝土上预留 $DN100$～$DN150$ 的孔洞收集。

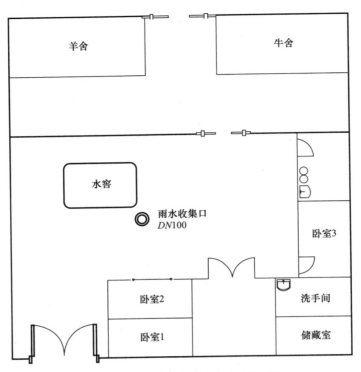

图 2-2　调研地的典型院落平面布局图

　　根据西北地区的降雨特点，取青海、甘肃两个具有代表性省份的各 5 个典型城市的降雨量进行分析（表 2-2）。取 5 年重现期，5min 降雨历时的暴雨强度数据，降雨量最大为天水 $[284.40L/(hm^2 \cdot s)]$，按汇流面积 $350m^2$ 计算，下垫面为屋顶瓦片和混凝土地面，径流系数取 0.9，最大流量为 8.9L/s。

青海、甘肃典型城市的降雨量　　　　　　　　　　　　　表 2-2

省份	地市	1 年重现期 $[L/(hm^2 \cdot s)]$	3 年重现期 $[L/(hm^2 \cdot s)]$	5 年重现期 $[L/(hm^2 \cdot s)]$
青海	西宁	119.00	175.61	201.93
	同仁	78.51	132.80	158.04
	民和	85.63	155.35	187.77
	德令哈	53.49	114.25	142.50
	大柴旦	29.77	55.33	67.23
甘肃	兰州	55.18	158.32	206.28
	敦煌	20.05	93.21	127.23
	环县	133.60	194.68	223.08
	天水	174.60	249.55	284.40
	张掖	42.43	84.13	115.66

　　雨水收集口应设置在地面的最低点，四周向中间汇流，由于农村雨水收集没有可直接参考使用的收集口，借鉴城市雨水口与管道收集排水的组合方式，综合考虑西北村镇

每户的屋面和庭院面积，选用标准化雨水算子（400mm×400mm），结合过滤效果，确定雨水算子的开孔形式，如图 2-3 所示。

降水时雨水收集口收水是一个水量逐步增大的过程，雨水首先由雨水算子边缘流入到雨水口内，随着雨量增大雨水算子逐渐被雨水淹没，水流直接从雨水算子孔隙进水，此时雨水算子处于最大流量状态。根据雨水算子孔隙厚度与雨水算子上水深的比值关系，

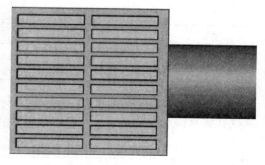

图 2-3　雨水算子与排水管结合示意

可知雨水算子被雨水完全淹没时为薄壁大孔口自由流，孔口流量系数因孔口的形状、孔口边缘情况以及雨水算子厚度（即孔口厚度）的不同而取值不同。

$$Q = WC\sqrt{2gh}\,K \tag{2-2}$$

式中　Q——雨水收集口流量，m^3/s；

W——雨水算子的进水孔口面积，m^2；

C——孔口系数，椭圆孔取 0.6；

g——重力加速度，m/s^2；

h——雨水算子上的水深，通常取 0.04~0.06m，雨水口设置在最低处，计算时取 0.05m；

K——孔口堵塞系数，一般取 2/3，考虑农户对设备的维护及时性，计算时取 1.0。

若使用标准化雨水算子（400mm×400mm），开孔率为 8%，则孔口面积为 $0.013m^2$。

2.2.3.3　集流进水

考虑雨水算子作为第一级过滤孔，为了拦截树枝、树叶等大的污染物，故选用长宽比较大的条状进水孔，按照进水孔宽度不大于 20mm、孔口面积不小于 $0.048m^2$ 设计（开孔率 30%），开孔宽度分别选取 20mm、16mm、12mm、8mm，开展对比试验研究。因为雨水收集口在最低点，四周进水，对开孔方向不产生影响，故不研究条状孔开孔方向对满流状态下雨水收集口流量的影响。

为保证构件强度，避免试验时和日后使用中因变形导致对集水流量的影响，采用 2.0mm 不锈钢板加工试验用进水算子样件，进水算子的条状进水孔采用随机不同长度，既能保证雨水算子的结构强度，避免使用中由于脚踏或重物压迫导致变形，同时也兼顾设计美观性。雨水收集口雨水算子开孔尺寸见表 2-3。

雨水收集口雨水算子开孔尺寸　　　　　　　　　　　　表 2-3

序号	开孔形式	开孔尺寸	特征说明
1	水滴、长圆形孔	开孔宽度 20mm 孔口面积：$0.051m^2$	开孔率 31.8%
2	水滴、长圆形孔	开孔宽度 16mm 孔口面积：$0.0504m^2$	开孔率 31.5%
3	水滴、长圆形孔	开孔宽度 12mm 孔口面积：$0.049m^2$	开孔率 30.6%

续表

序号	开孔形式	开孔尺寸	特征说明
4	水滴、长圆形孔	开孔宽度 8mm 孔口面积：0.05m²	开孔率 31.2%

针对四种开孔形式的不锈钢雨水收集口雨水算子，在进水水头稳定在 0.05m 时分别测试其集水流量，见表 2-4。

不同开孔形式雨水收集口雨水算子集水流量　　　　　表 2-4

序号	开孔宽度（mm）	进水水头为 0.05m 时的进水流量（L/s）
1	20	22.25
2	16	18.55
3	12	18.25
4	8	12.22

由表 2-4 可知，当孔口的开孔宽度为 12～16mm 时，进水流量变化不大，基本稳定在 18L/s 以上；当开孔宽度为 20mm 时，进水流量可以达到 22.25L/s，但是雨水算子的结构强度在这四种形式中最低；而当开孔宽度为 8mm 时，进水流量为 12.22L/s，作为第一级拦截措施，虽然拦截能力最好，但是进水流量偏小，对后续的拦截和进水会造成一定限制。因此考虑采用开孔宽度为 12mm。

现状自建的雨水收集口，80% 以上的农户采用直通式口部，直接预留 DN100 PVC 管作为进水口，另外大多采用预留 DN200～DN300 不等的孔洞，通过 DN100 PVC 管接入水窖。

农户采用的两种形式的雨水收集口，暂时无法实测其流量。通过对两种形式的雨水收集口进行水力计算，分析得出其进水能力，并与完成定型的成品雨水收集口雨水算子进水量进行对比，见表 2-5。

现状雨水收集口与成品雨水收集口雨水算子性能对比　　　　表 2-5

序号	雨水收集口形式	流量（L/s）	备注
1	直通式口部	2.3	80%农户采用的收集方式
2	收集式口部	14.6	按孔洞直径为 250mm 计算
3	成品雨水收集口	18.25	最终按 12mm 选定宽度

由表 2-5 可知，成品雨水收集口雨水算子进水流量为现状采用的直通式口部的 5 倍以上，比收集式口部的进水能力提高 25% 左右。与现状雨水收集口基本没有考虑集水效能与拦截污染物相比，成品雨水收集口雨水算子的截污效果显著提升。

2.3 雨雪水的污染物拦截技术

2.3.1 技术原理

与原有集雨水窖的收集功能相比，笔者研发的设备具有过滤、沉淀功能，同时设置方便弃流和收集切换操作的功能，提高窖水水质，改善装置易用性。

雨雪水集约化收集设备基于雨水可初期弃流并具有对较大的污染物进行拦截功能，采用半侧进水方式，分为弃流过滤井室和雨水收集井室；采用低标高管道弃流，高标高管道收集，实现重力弃流；在弃流装置中设置三级过滤及浮渣挡板，以保证大颗粒和漂浮物不进入雨水窖，同时下端进水可以进一步对固体悬浮物进行沉淀。在集水初期，污染物较多、水质较差，雨水进行简单的二级过滤后立即从弃流口排出。经过二级过滤的雨水弃流后会有部分杂质沉淀至沉淀箱中，沉淀箱可取出清理。通过中央联动式导流分隔板，实现弃流和收集的切换。

弃流口处于常开状态，随着降雨的持续，当汇集雨水水质明显好转后，由住户进行模式切换，手动开启进水闸板（根据产品标识提示滑动弃流切换挡板），转换成收集模式。此时降雨后期较洁净的雨水翻过限位隔板，并通过隔板过滤，沉淀杂质及悬浮物被阻隔在排口内部，将较为纯净的水排至雨水窖。如遇到连续降雨，可将装置直接设于收集模式。

该装置结构简单，具有过滤杂物、沉淀泥沙、拦截漂浮物功能，有效提高收集雨水水质，规范现有雨水窖的雨水收集。雨水收集时，达标雨水优先进入雨水窖进水管，进水管略低于排水管。雨水窖收集满后多余的雨水由排水管排出。降雨结束后，箱体内残余雨水通过渗透层渗入地下，关闭进水闸门，防止蚊虫爬入雨水窖。

2.3.1.1　研究方案的确定

调研中发现，农户虽有降雨前清扫地面的习惯，但仍难免有落叶、农作物等会随水流进入雨水窖，影响水质。因此，利用雨水收集口雨水算子（20mm 条状开孔，以提高集水效率）进行初步拦截后，研究在雨水算子后端分级采用孔洞滤网、溢流挡板与漂浮物挡板相结合的方式，将多级拦截在集水设备中集成，以实现雨水收集过程中污染物强化拦截的功能。

根据要实现的雨水收集口进水流量及污染物拦截效果，需要对孔洞滤网、溢流挡板与漂浮物挡板等构件确定的主要参数有：各滤网的孔径及滤网过滤面积、溢流挡板高度及与浮渣挡板之间的过流断面间隙等。

2.3.1.2　测试与结果分析

1. 滤网的孔径及滤网过滤面积

作为二级过滤工艺，为了后期维护清理便利，将截污挂篮安装于雨水算子下方。由于雨水算子条状进水孔宽度为 20mm，故截污挂篮的过滤孔径不大于 15mm，并按最大可设置截污挂篮的尺寸确定合理孔径。

分别选择 5mm、8mm、10mm 三档作为截污挂篮的过滤孔径进行对比测试。测试条件为不增加雨水算子，雨水直接进入截污挂篮，进水水头稳定在 0.05m，测试结果见表 2-6。

不同过滤孔径下的滤网流量　　　　　　　　　　　　　表 2-6

序号	过滤孔径（mm）	流量（L/s）
1	5	9.5
2	8	11.2
3	10	12.5

由表 2-6 可以看出，随着过滤孔径的增大，流量呈现增加趋势，但是增加幅度小于过

滤孔径增大的趋势，分析原因可能是侧面滤网与水流方向存在切角，虽然侧面与底部开孔条件一样，但是侧面滤网的过水能力小于底部滤网，因此随着过滤孔径的增大，过水能力并未得到有效提高。

为了提升进水流量，将滤网侧面改为条状滤孔，底部采用圆孔，增加侧面排水能力，为了增大侧面过流面积，采用双截污挂篮形式，并且可以降低截污挂篮的加工厚度，降低设备成本。经计算，此时过流断面面积增加了 20%，测试结果见表 2-7。

不同条状过滤孔径下的滤网流量   表 2-7

序号	条状过滤孔径（mm）	流量（L/s）
1	5	11.5
2	8	13.6
3	10	15.2

经过对上述测试流量进行分析，考虑采用 5mm 过滤孔径，底部为圆孔，侧面为条状孔。采用双截污挂篮设计时，可实现底部开孔率 27%，侧面开孔率 15%，单个孔隙面积为 0.0235m^2。

2. 溢流挡板高度及与浮渣挡板之间的过流断面间隙

通过计算确定满足排水能力下的薄壁堰堰上水头高度，溢流堰宽度按 400mm 计算，则需要的堰上水头为：

$$Q = m_0 b \sqrt{2g} H^{\frac{3}{2}}$$ (2-3)

式中　m_0——薄壁堰流量系数，取 0.67；

　　　b——薄壁堰宽度，本次计算取 0.4m；

　　　H——堰上水头，m。

通过计算可知，堰上水头为 0.05m 时，流量为 9.3L/s，可满足设计要求，过流断面间隙按不小于堰上水头高度 0.05m 设置，并结合截污挂篮与设备底部的距离考虑。为保证溢流降低流速和沉淀、浮渣拦截效果，确定最高的溢流堰高度。分别选择 120mm、150mm、180mm 三种尺寸作为溢流堰高度进行测试，测试条件为截污挂篮后端增加溢流挡板和漂浮物挡板，进水水头稳定在 0.05m 时的流量。不同溢流堰高度的流量见表 2-8。

不同溢流堰高度的流量   表 2-8

序号	溢流堰高度（mm）	流量（L/s）
1	120	25.6
2	150	22.5
3	180	17.7

由表 2-8 可知，挡板越高则拦截效果越好，但综合考虑堰上水头和设备的整体高度，既要保证流量又要避免设备高度过大，以降低现场施工难度，尽量提高溢流堰高度，经对比后选择 150mm 作为溢流堰高度。

目前雨水收集口中大部分不设置拦截格栅，采用 DN100 的 PVC 管道和 DN200～DN300 的孔洞收集，直接进入雨水窖。有的设有拦截措施，一种为钢筋，间隙约为 60mm，基本不具备污染物拦截能力，从实际效果也能看出，雨水收集口内存有大量树叶等杂物；另一种为地漏形式，其污染物拦截能力较好，但排水能力较差，且极易堵塞。

现状常用雨水收集口污染物拦截措施与集约化雨水收集装置的拦截性能对比见表 2-9。

现状常用雨水收集口污染物拦截措施与集约化雨水收集装置的拦截性能对比　　表 2-9

序号	功能类别	钢筋形式	地漏形式	集约化成品雨水收集装置
1	污染物拦截能力	拦截粒径 60mm 的颗粒，树叶等杂物可进入	拦截粒径 10mm 的颗粒，拦截效果较好，拦截后在表面形成堵塞面，降低收集效率	拦截粒径 8mm 的颗粒，拦截效果较好，采用底部圆孔，侧面长条孔方式，不易堵塞，且清掏方便，采用溢流挡板设置，有效降低流速，悬浮物去除率达 60%；设置漂浮物挡板，进入的少量漂浮物去除率达 80%
2	沉淀效果	少量沉积，沉淀效果一般	无	
3	漂浮物拦截能力	无	无	

根据对雨水箅子及分级拦截滤网的开孔类型、开孔尺寸、面积比等进行计算及测试，通过合理的过滤拦截及漂浮物拦截措施，集约化成品雨水收集装置可有效实现对雨水收集过程中较大污染物的拦截，并可进行高效的降水收集。集约化成品雨水收集装置的设计充分结合农村的特点，采用方便清掏的挂篮及可拆卸的挡板形式。

2.3.2　技术特点

目前技术成熟的雨水弃流与收集控制的智能化设备主要在城市中应用，其主要有三种类型：电动式、离心式、浮力式，见表 2-10。而针对西北村镇用于户用雨水窖的，且具有弃流和污染物拦截功能的集约化、智能化设备，调研中暂未见成熟应用。

雨水收集控制装置的类型与特征　　表 2-10

装置类型	主要特征	缺点
电动式	由 PLC（可编程逻辑控制器）控制，通过设定降雨量、累计流量控制弃流阀门的开启或关闭	电控设备较多，易发生故障，维修复杂
离心式	进水口有一定角度，雨水流量较小时，从中间弃流口跌落弃流；雨水流量较大时，产生旋流，经侧壁滤网后收集	降雨量较小时无法收集，弃流量较大
浮力式	利用浮球的浮力在水位不同时开启或关闭弃流管道	弃流与收集雨水有混合，需及时排掉弃流水

上述技术成熟的弃流装置的问题主要是设备电控构件较多，易出现故障，无过滤沉淀功能，并且调整弃流量的过程复杂，弃流量较大，收集水质不稳定，不适合在西北村镇推广使用。

考虑西北村镇的使用人群特征、经济发展水平、使用习惯和操作能力等多方面因素，基于前期对集流性能研究和污染拦截性能的研究，研发基于初期弃流与多级污染拦截功能的集约化成品雨水收集装置，并在此基础上研发适用于较大公共汇水面积的、可实现智能化控制的集约化设备。

目前，保障雨水水质的主要措施是对初期雨水进行弃流，并对收集后的雨水进行再处理。针对弃流功能这一核心要求，采用两种弃流形式：控制装置弃流和容积式弃流。控制装置弃流主要是通过电动或手动方式控制弃流端口，控制初期雨水弃流量，达到设定弃流量或降雨量后，关闭弃流阀门，实现对雨水的收集；而容积式弃流则是根据使用需求固定弃流容积，达到设定值后通过溢流方式实现雨水收集，降雨结束后，再开启放空管将初期雨水放空。考虑农村地区使用设备的特点与习惯，采用分散式便于操作的弃流设备，不采用电动机械设备，以减少故障率，操作简单且易于维护。

设备采用分散重力式弃流原理，通过低端口弃流、高端口收集，并设置过滤、沉淀功能。于进水端处设置漂浮物拦截框，拦截较大的杂质。腔室内构建三级拦污措施，逐级拦截颗粒污染物；设置互锁式弃流和收集切换口，可确保弃流和收集通道的唯一性；弃流后的雨水，再次经过过滤和沉淀进入雨水窖。基于弃流与拦截功能的收集装置原理图如图 2-4 所示。

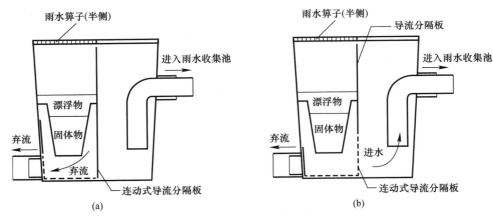

图 2-4 基于弃流与拦截功能的雨水收集装置原理图
（a）弃流工况；（b）收集工况

样品采用 304 不锈钢及透明亚克力玻璃制成，并且定制了不同高度的弃流限位挡板和三级过滤挡板，以测试过滤精度和过滤速率。搭建模拟降雨集水试验台，通过设定不同降雨条件下装置的水深参数，对装置的收集量、弃流效果、操作切换的稳定性等进行测试，优化各级过滤滤径，以达到最优效果。

2.3.3 技术适用范围

该雨水收集装置的应用场景分为两种：西北村镇住户（含院落）和西北村镇公共场所（如学校、村委会等）。

1. 西北村镇住户（含院落）

根据前期调研可知，西北村镇住户多为一层平屋顶建筑，水泥或砖瓦屋面。设有雨水窖的住户庭院地面基本已做水泥硬化。屋面加地面总汇水面积按不小于 $100m^2$ 计，雨水窖容积按 $30m^3$ 考虑。

2. 西北村镇公共场所

该应用场景的汇水面积较大，并且配套了较大规模的储水池，可提供周边用户用水。一般储存时间较长，需要保证收集雨水的水质。此应用场景没有住户场景的人为频繁操作，因此可实现操作智能化，通过控制集雨量、雨水浊度等实现自动弃流，并实现数据的远传。

本章参考文献

［1］侯志康，许民，康世昌，等. 中国西北地区降水相态分离及其变化分析［J］. 农业工程学报，2023，39（8）：120-132.

［2］宋小三，张国珍，王三反，等. 中国西北地区集雨窖水水源地水质评价［C］//2010 年环境污染与大众健康学术会议论文集，2010.

［3］王文. 城市雨水资源化利用分析［J］. 中国资源综合利用，2022，40（4）：100-101，105.

［4］凌长. 屋面径流处理装置净化效果及储存雨水水质变化特性研究［D］. 南京：南京信息工程大学，2022.

［5］贾路，于坤霞，邓铭江，等. 西北地区降雨集中度时空演变及其影响因素［J］. 农业工程学报，2021，37（16）：80-89.

［6］蒋勇翔. 简谈环境保护工作中初期雨水的收集与管理［J］. 能源研究与管理，2022，14（3）：113-118.

［7］卢晓岩，朱琨，梁莹，等. 西北黄土高原地区雨水集流的水质特点［J］. 兰州交通大学学报，2004，23（6）：15-18.

［8］张斌，胡晋茹. 干旱区路面雨水集流与综合利用技术研究［J］. 公路工程，2019，44（5）：53-56.

第3章

雨雪水净化制备饮用水技术

3.1 生物慢滤技术

3.1.1 技术发展简介

生物慢滤技术作为一种古老而有效的水处理方法，其发展历程可以追溯到19世纪初期。这一技术的起源与人类对清洁饮用水的不懈追求密不可分。在工业革命时期，随着城市人口的急剧增长，水质问题日益突出，促使工程师们开始探索更有效的水处理方法。1804年，苏格兰工程师John Gibb在佩斯利（Paisley）为自家的漂白工厂设计并建造了一个实验性的慢砂过滤器（Slow Sand Filter，SSF）。这被普遍认为是现代意义上的第一个SSF设备。John Gibb的设计来源于对埃及、罗马和法国已有水处理系统的改进。他的创新不仅解决了工厂用水问题，处理后的水还成为当地居民的饮用水源。这一成功实践为后续的技术发展奠定了基础。

继John Gibb的开创性工作之后，SSF在19世纪初期得到了进一步的发展和完善。Robert Thorn在John Gibb的基础上对SSF进行了改进，提高了过滤效率和水质。然而，真正将SSF推向大规模应用的是James Simpson。1829年，James Simpson在伦敦切尔西水务公司（Chelsea Water Company）建立了第一个公共SSF。这标志着SSF从实验室走向了实际应用，为解决城市供水问题提供了可行的解决方案。

19世纪中期，伦敦暴发了严重的霍乱疫情，这场公共卫生危机成为推动SSF广泛应用的催化剂。调查发现，霍乱疫情与受污染的饮用水密切相关。为了应对这一危机，英国政府颁布了一项法律，要求对泰晤士河河水进行处理。该法律明确规定，在圣保罗大教堂5英里范围内，所有从泰晤士河取水的供水系统必须使用SSF进行处理。这一举措不仅有效控制了疫情，还大大提高了公众对SSF的认识。

SSF的工作原理是基于生物和物理过程的结合。在SSF中，水流缓慢地通过一层细砂，在此过程中，悬浮物被物理截留，同时在砂层表面形成一层生物膜，称为"Schmutzdecke"（德语意为"污垢层"）。这层生物膜由各种微生物组成，包括细菌、藻类、原生动物等，它们能够有效去除水中的有机物、病原体和其他污染物。随着时间的推移，SSF不断得到改进和优化。20世纪初，研究人员开始深入研究SSF中的生物过程，提出了"生物慢滤器"（Bio-Slow Sand Filter，BSSF）的概念，强调了生物作用在水处理中的重要性。这一认识的转变促使工程师们开始关注如何优化生物膜的形成和维护，以提高处理效率。

20 世纪中后期，随着水处理技术的多元化发展，BSSF 在发达国家的应用有所减少，但在发展中国家仍然广泛使用。这主要是因为 BSSF 具有操作简单、维护成本低、无需添加化学品等优点，尤其在解决水源的"两虫"（隐袍子虫和贾第鞭毛虫）问题上具有极为显著的效果，特别适合经济能力有限、基础设施相对落后的地区。同时，研究人员也在探索 BSSF 的新应用，如将其与其他处理技术结合，以应对新型污染物的挑战。

进入 21 世纪，面对全球水源水质污染问题，BSSF 再次受到关注。研究人员开始探索如何将现代生物技术与传统 BSSF 相结合，如利用基因工程改造微生物群落，以提高对特定污染物的去除效率。此外，BSSF 在小规模分散式水处理系统中的应用也得到了广泛研究，特别是在农村地区和发展中国家。

总的来说，BSSF 从 19 世纪初的简单砂滤发展到今天的复杂生物处理系统，经历了两个多世纪的演变，不仅在技术上不断进步，还在应用范围上不断扩大。从最初的城市供水处理，到今天的地下水处理、雨水收集系统，甚至废水回用，BSSF 都发挥着重要作用。随着对微生物群落动态和生物膜形成机制的深入理解，以及新材料、新工艺的引入，BSSF 有望在未来的水处理领域继续发挥重要作用，为全球水安全作出贡献。

3.1.2　主要净化原理

3.1.2.1　生物化学过程

在 BSSF 中，生物化学净化过程是其主要的净水机制，能够在滤床的任何部位发生。该过程机制复杂，包括微生物的自然死亡、捕食、毒素分泌以及食物竞争等生物作用，这些作用在滤床顶部的生物活性（Schmutzedecke）层和深层滤床中同时发生，从而实现水质净化。

1. 微生物吸附与生长

当水流通过滤床时，微生物和有机物首先被顶部介质吸附。微生物利用营养物质附着生长，并在介质颗粒周围分泌胞外聚合物（Extracellular Polymeric Substances，EPS），形成生物膜。EPS 是生物膜的主要成分，起到凝聚和稳定的作用。EPS 的其他功能包括保持水分、附着生物酶以及保持酶活性。这些特性共同创造了一个有利于微生物生存的微环境，使微生物得以繁衍生息。

2. 生物膜的形成与作用

BSSF 去除污染物的主要部位是滤床顶部形成的 Schmutzedecke 层，这是一层位于滤床顶部约 5cm 处的生物活性层或生物膜。由于细菌体积小、生长快、吸附能力强且能够分泌 EPS，细菌在生物膜中占绝大多数。然而，藻类、真菌、螺旋体、微型甲壳动物、原生动物、轮虫和一些昆虫幼虫也可能存在。随着系统运行，生物多样性逐渐趋于平衡，形成一个对于 Schmutzedecke 层至关重要的食物网。

3. 生物竞争与捕食

在 Schmutzedecke 层和深层滤床中，微生物之间的竞争和捕食行为是净水过程的重要组成部分。细菌、原生动物和其他微生物通过捕食和竞争食物，抑制了病原微生物的繁殖。此外，某些微生物能够分泌特征性有机物，进一步抑制病原微生物的生长。

4. 微生物过程的净水效率

微生物过程直接影响系统的净水效率。通过创造一个微生态系统，BSSF 不仅阻碍病原体的繁殖，还会导致其死亡。研究显示，当生物去除过程和物理去除过程相结合时，细菌、原生动物以及病毒的去除率能提高 3～5log[①]。

5. 生物膜的吸附作用

生物膜的吸附作用并不是针对特定的成分，除了微生物外，其他成分也能被吸附，如营养物、硝酸盐、铁、铝、钾、氯化物、酶以及毒性物质等。这种多样化的吸附能力使 BSSF 能够高效地净化水质，去除水中的病原微生物和其他污染物。

通过上述多种生物化学过程的共同作用，BSSF 能够高效地净化水质，去除水中的病原微生物和其他污染物。

3.1.2.2　物理化学过程

在 BSSF 尚未完全成熟时，物理化学过滤机制占据主导地位，这些机制包括拦截、沉淀、惯性、离心力、扩散和静电吸引等。

1. 拦截和沉淀

拦截和沉淀是物理化学过滤机制中最基本的过程。当水流通过滤床时，较大的悬浮颗粒物由于重力作用沉降在介质表面或孔隙中，从而被去除。较大的颗粒（约 $50\,\mu m$）更容易被系统中的拦截作用去除，而较小的胶体颗粒则主要依赖于其他机制。

2. 惯性和离心力

惯性和离心力在去除较大颗粒物方面也起到重要作用。当水流速度较大时，颗粒物由于惯性作用偏离水流路径，撞击并附着在滤床介质上。此外，离心力使得颗粒物在水流转弯或流速变化时被甩向介质表面，从而被去除。

3. 扩散和静电吸引

扩散作用使得水中的颗粒物在质量浓度梯度的驱动下向低浓度区域移动，最终被介质表面吸附。静电吸引则是由于介质表面和颗粒物之间的电荷相互作用，导致颗粒物被吸附在介质表面。水中二价离子（如 Ca^{2+}，Mg^{2+}）的存在可促进络合凝聚反应，增强吸引能力。

4. 吸附和解吸附

吸附现象是静电作用和化学吸引的结果，吸附效率取决于悬浮颗粒的种类、材料的多孔性、溶液的化学性质以及滤床深度。吸附和解吸附机制在物理化学方面影响水的浊度、细菌、病毒以及原生动物的去除。当水力因素的作用大于粘合因素的作用时，解吸附现象会发生。化学因素（如 pH、温度、离子强度）以及水力因素（如流速、水力停留时间）共同影响解吸附现象的发生。

5. 过滤器成熟与孔隙度变化

随着颗粒沉降，过滤介质间的孔隙度逐渐减小，系统出水中颗粒的质量浓度逐渐降低。最开始因吸附作用被去除的颗粒物会堆积在孔隙中，随着过滤器的不断成熟，过滤作用得到强化。

通过以上多种物理化学过程的共同作用，BSSF 能够高效去除水中的悬浮颗粒物、细

[①]　在微生物学和水处理领域，"log" 用于表示微生物的减少程度，1log 表示微生物的数量减少 90%，3log 表示微生物的数量减少 99.9%，5log 表示微生物的数量减少 99.999%，以此类推。

菌、病毒以及其他污染物,从而显著改善水质。

3.1.2.3 BSSF 对非生物污染物的去除机制

BSSF 在去除非生物污染物方面具有显著的效果,例如,对浊度、有机物和金属的去除率可达 90% 以上,对含氮化合物的去除率为 5%～53%,对新污染物的去除率为 20%～99%。BSSF 对非生物污染物的去除机制主要依赖于生物和物理化学过程的协同作用,以下将详细说明 BSSF 对浊度、有机物、金属、含氮化合物以及新污染物的去除效果。

1. 浊度

近年来,研究人员在 BSSF 去除浊度方面进行了大量研究。研究结果表明,过滤器的平均去除率为 75%,通常可以达到 90% 以上的去除率。然而,也有一些研究报告了较低的去除率(即≤50%),这种结果往往出现在进水浊度较低时,如地下水和经预处理的地表水等。通过生物慢滤技术可以得到浊度为 5NTU 甚至低于 1NTU 的出水,满足世界卫生组织建议的标准限值要求。

2. 有机物

BSSF 对有机物的去除效果可以通过 TOC、色度以及其他水质参数进行间接评估。由于 BSSF 去除溶解性有机物(如腐殖质)的能力较弱,因此其对有机物去除的整体效率相对较低,相关文献中报道其对 TOC 平均去除率为 2%～30% 之间。在之前的研究中,较高的 TOC 去除率往往是在较低的滤速时达到的,这可能是由于有机物在体系中停留时间较长,吸附或降解较充分所致。尽管如此,添加改性滤料的 BSSF 可以显著提升 TOC 去除率(高达 91%),其主要机理为强化微生物挂膜和增强介质自身吸附能力。除了采用混合介质系统,也可以在生物砂过滤器中加入富含氧化铁涂层的砾石(IOCG),通过聚集和絮凝去除溶解性有机物(图 3-1)。

3. 金属

重金属类污染物具有质量浓度低、毒性大、难去除等问题,去除水中的重金属类污染物一直是近年来饮用水安全的难点问题。加拿大 CAWST 曾指出,BSSF 对溶解性金属离子的去除效率较低。然而,也有一些研究通过对 BSSF 进行简单的改进就能得到较好的效果。水体中金属的去除率与过滤器的设计参数有关,但主要取决于原水本身的化学性质。

Palmateer 等人采用 Manz 间歇式慢砂过滤器(图 3-2),根据 Microtox 试验,过滤含汞水后毒性至少降低了 75%,$HgCl_2$ 去除率超过 92%。

由于砷广泛存在于全球范围内的地下水中,BSSF 除砷的研究相对较多。然而,不同的研究中砷的去除率差异较大,从 39% 到 95% 不等。向过滤器中添加一层碎砖屑,在砂子或扩散器中添加钉子以及使用氧化的纤维等措施,可促进砷的吸附和/或沉淀,显著提高 BSSF 的除砷效率。此外,水中的其他共存离子在过滤除砷中起着重要作用。当水中存在 Fe(Ⅱ)时,在 pH=8 的条件下可快速氧化为胶体 Fe(Ⅲ)氧化物,从而提高过滤器中砷的去除率。然而,当水中存在磷酸盐时,磷酸盐可能会竞争吸附位点,阻碍砷的去除。

4. 含氮化合物

BSSF 中的硝酸盐去除率在 5% 至 53% 之间变化。然而一些研究也表明,BSSF 出水中硝酸盐和亚硝酸盐的质量浓度升高(特别是当进水中氮的质量浓度较高时)。Murphy 等人对 BSSF 中硝酸盐和亚硝酸盐质量浓度升高的原因进行了简单的总结:这可能是因为过滤

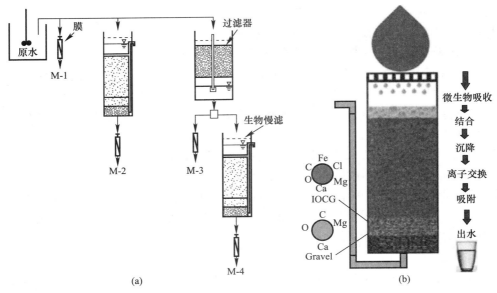

图 3-1　改性后的生物砂过滤器

（a）混合系统；（b）IOCG 改性

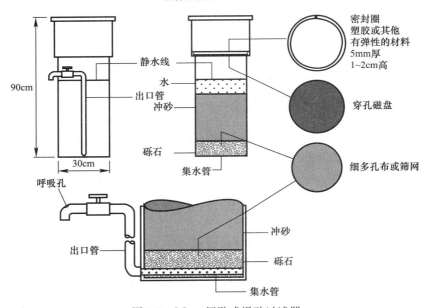

图 3-2　Manz 间歇式慢砂过滤器

介质内发生了动态氮循环（即硝化、反硝化和氨化）。

目前，仅有 Snyder 等人在添加醋酸的厌氧生物砂滤池中实现了完全脱氮（初始质量浓度为 50mg/L），所有出水的硝酸盐质量浓度均低于 0.2mg/L。因此，硝酸盐的去除效果可通过调节碳源、强化反硝化来实现。

5. 新污染物

目前关于 BSSF 去除新污染物的研究还很少。最近的研究表明，BSSF 可有效去除药品和个人护理产品（PPCP）（例如扑热息痛、双氯芬酸、萘普生、布洛芬、对羟基苯甲酸甲酯和二苯甲酮-3)。然而，也有研究表明，PPCP 可能会影响生物层的发育和微生物群落，从长远来看可能会影响 BSSF 的效率。

此外，BSSF 系统对内分泌干扰物双酚 A 和雌激素的去除率较低。Sabogal-Paz 等人发现，实验室规模的 BSSF 仅能从雨水中去除 3%～8% 的双酚 A。而 Kennedy 等人发现，较大规模 BSSF 对雌酮、雌三醇和 17α-乙炔雌二醇的去除率为 11.4%～15.6%。

3.1.2.4　BSSF 系统对生物污染物的去除机制

BSSF 因其结构简单、易于维护、可高效去除微生物的特征而受到广泛关注。BSSF 中复杂的微生物群落关系对病原微生物的去除起到了重要作用。BSSF 对各类生物污染的去除效果及其影响已有较为广泛的研究。

1. 细菌

有关细菌去除的研究在 BSSF 生物污染治理领域最受关注，绝大多数研究显示 BSSF 对细菌的平均去除率为 1～2log。然而综合来看，由于多样的环境参数，相关文献报道的细菌去除率波动较大。影响 BSSF 去除细菌的因素被归结为以下几个方面：过滤介质粒径、过滤介质改性、滤床深度、过滤器成熟度、过滤器维护、水头损失、停留时间、运行模式、进水水质、温度等。

首先，过滤介质粒径对细菌去除效果有显著影响，较小粒径的过滤介质由于其更小的孔隙能够更有效地截留细菌。Jenkins 等人的研究表明，使用有效粒径小于 0.24mm 的过滤介质，随着系统的成熟，细菌去除率可从 1.17log 提高到 3.90log。Ghebremichael 等人指出，过滤介质改性也是提高 BSSF 细菌去除率的重要方法，通过调整过滤介质表面电荷来增强相互作用，例如在砂床中引入铁改性石英砂层，可将大肠杆菌去除率提高至 3.1log。此外，Kennedy 等人发现，滤床深度对细菌去除也有影响，顶部 5～10cm 的砂层对细菌去除的贡献最大，但为了确保出水水质，整个滤床仍需达到一定深度。Singer 等人和 Maciel 及 Sabogal-Paz 的研究同样证明过滤器成熟度和维护会影响细菌去除率，成熟后的过滤器去除率显著提高，而维护操作会暂时降低去除率，需经过一段时间运行后恢复。

其次，停留时间、运行模式、进水水质和温度等运行参数和环境因素也对 BSSF 的细菌去除率有重要影响。Ghebremichael 等人和 Jenkins 等人的研究表明，适当延长停留时间可促进微生物捕食和自然消亡，从而提高细菌去除率，但过长的停留时间（大于 24h）则无显著效果。Arnold 等人发现，连续流 BSSF 由于生物层更稳定，细菌去除率通常高于间歇流 BSSF。另外，较高的进水浊度和温度也有助于细菌的去除，但低温环境会暂时限制系统性能，随着运行时间的增加，系统去除率可逐步恢复。

综上所述，BSSF 的细菌去除率受多种因素综合影响，优化这些因素是提高系统性能的关键。

2. 病毒

由于病毒的尺寸远小于细菌，BSSF 中病毒的去除主要依赖于病毒颗粒与过滤介质之间的化学和静电相互作用。BSSF 对不同病毒的去除率各不相同，这取决于病毒颗粒的等电点。在 pH 中性的自然水体中，与等电点较高的轮状病毒相比，等电点较低的病毒（如 MS2）表现出负电荷，并与 BSSF 中的过滤介质之间存在较高的排斥力，导致其去除率相对较低。因此，进水的 pH 和离子强度的变化直接影响病毒的电荷特性，进而影响病毒的去除效率。

Wang 等人的研究发现，在处理阳离子质量浓度较高的地下水时，BSSF 对 MS2 实现了大于 5log 的去除率，而在没有阳离子存在的对照溶液中去除率仅为 1.20log。阳离子强化病毒去除同样在一些过滤介质改性的研究中被观察到。在这些研究中，通过对过滤介质进行功能强化，成功促进了病毒的去除。方法如下：①砂床中添加铁颗粒；②砂床中添加铁钉；③使用沸石作为过滤介质；④使用破碎的花岗石碎屑。

与细菌的去除类似，滤床顶部介质在病毒的去除中起到了主要作用。Young-Rojans-chi 等人发现大约 2.50log 的病毒去除率发生在顶部 30cm，而 0.5log 的去除率发生在底部 25cm。Bradley 等人也强调了滤床深度的重要性，更深的滤床为病毒提供了更多机会附着到砂表面。

运行时间在病毒去除方面也起到一定的作用，这与 BSSF 是否成熟有关。长周期运行有利于提高 BSSF 去除病毒的能力。Wang 等人的研究结果表明，在未成熟的 BSSF 中滤床深度和病毒去除率呈线性关系，而在成熟的 BSSF 中，滤床深度与病毒去除率呈指数关系。

过滤器的成熟促进了病毒在砂表面的吸附，并通过捕食、蛋白酶分解等生物过程实现病毒去除。成熟的过滤器中完善的微生态系统可能是 BSSF 中病毒减少的原因。Elliot 等人的研究证明，使用叠氮钠对微生物活动进行抑制后，MS2 和 PDR-1 去除率降低。此外，较长的停留时间也增强了病毒在砂中的附着机会以及蛋白分解酶的作用。

3. 原生动物

Palmateer 等人评估了 BSSF 在一次大规模水污染事件后去除隐孢子虫和贾第鞭毛虫包囊的效率。结果显示，隐孢子虫的去除率超过 3log，在运行 22 天后，出水中未能检测到隐孢子虫，而在这一期间，贾第鞭毛虫包囊被完全去除，去除率超过 5log。这表明了 BSSF 在应对大规模水污染事件时的有效性。

Napotnik 等人的研究进一步支持了这一发现，他们证明了 BSSF 对卵囊的平均去除率为 4log。值得注意的是，不同滤床深度（10cm、15cm 和 50cm）的 BSSF 对原生动物的去除效果基本相同。在连续运行的 BSSF 中，将过滤介质深度从 50cm 减少到 25cm 对原生动物的去除率没有显著影响。这表明，在合理设计和操作的条件下，BSSF 能够保持对原生动物的高效去除能力，而不必过于增加过滤深度。然而，Adeyemo 等人在使用 15cm 砂床的 BSSF 时，观察到较低的原生动物去除率（1.10～1.40log）。这种差异可能是由于进水中的原生动物浓度、其他水质参数以及过滤器设计不同所导致的。

尽管不同研究中滤床深度和操作条件存在差异，但 BSSF 在去除各类病原体（包括隐孢子虫、贾第鞭毛虫和其他原生动物）方面普遍表现出高效性。未来的研究可以进一步探索影响去除效果的各种因素，并优化过滤器设计，以增强其在不同应用场景中的性能。

4. 藻类

BSSF 在去除水中的藻类方面具有显著效果。Bojcevska 和 Jergil 于 2003 年发现，BSSF 可去除水体中 95%～100% 的蓝藻。在适当的砂粒径范围内，微藻的去除效率可达到 90%；BSSF 在连续流和间歇流条件下，铜绿微囊藻的去除率分别为 2.39log±0.34log 和 2.01log±0.43log。此外，微囊藻毒素 LR 在过滤后出水中的质量浓度低于 WHO 推荐的最大值（1.0μg/L）。

BSSF 主要通过颗粒拦截和砂滤料的物理过滤作用去除微藻，同时 BSSF 中的生物滤层通过附着和生物降解可进一步除藻。研究还发现，控制过滤速度和滤床深度对藻类的去除率有显著影响，维持适中或较低的过滤速度（如 5m/h），通常具有更高的去除率。根据相关研究可知，优化滤料特性是提高去除率的关键。使用粒径分布合适的砂滤料（如 100～300μm，平均 256μm）可以显著提高去除率。选择合适的双层滤料（如砂和无烟煤）组合也能提升过滤效果。

为了提高藻类的去除率，还可引入生态控制的方法。例如，引入螺类、贝类等可以去除水中的藻类并控制其繁殖，避免滤床表面形成藻类垫。Hee-Jong Son 发现，在 BSSF 中引入王螺后，滤床表面仅有少量藻类垫生成，而未引入王螺的池子则出现大量悬浮和附着的藻类垫，导致 BSSF 无法正常工作，同时出水中藻类大幅增加。这是由于 BSSF 主要依靠表层生物滤层对藻类颗粒进行拦截，水中大量未被降解的藻类可长期在滤床表面生长繁殖，而引入的王螺通过摄食附着和悬浮的藻类，显著减少了藻类的数量，并使其在 BSSF 中能正常生长和繁殖，进一步控制藻类。这一方法不仅可有效控制藻类，降低维护清洗频率，还避免了使用化学药剂灭藻对生物滤层微生物的潜在损害。

3.1.3　生物慢滤运行效能的影响因子

3.1.3.1　结构特征

1. 过滤器结构

HSSF（Household Slow Sand Filters，HSSF）是一种改良的家用型 BSSF。与传统的 BSSF 相比，HSSF 的过滤速度显著提高，最高可提升约 30 倍，且所需砂层深度更小。HSSF 的基本组成包括过滤罐、反冲洗结构、压力流量监控设备、进出水管、阀门配件和过滤介质等，主要部件包括进出水口、滤料、集水箱和滤料支撑板等，此外，过滤罐顶部设有填砂孔和检修孔等辅助设备。图 3-3 显示了 HSSF 标准模型的横截面和装置内的水流情况。过滤层是水处理的主体，而分离层和排水层用作支撑，以防止过滤介质向下移动并

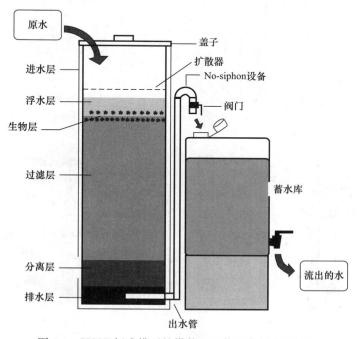

图 3-3　HSSF 标准模型的横截面和装置内的水流情况

堵塞出水管。滤后水由出水管从下层分离和排放，并输送到储水池。

HSSF 中生物层的形成对于确保其净水效率至关重要。生物层是一个稳定而高效的生态系统，由微生物、有机物、无机颗粒物、细胞外聚合物等物质组成。这些成分组合在一起创造了一个理想的微环境，能够支持与水处理协作的微生物生存和生长。

除过滤器主要结构外，还有一些辅助装置可协助操作和净化过程。放置盖子可防止害虫的进入。进料池储存原水，并靠重力通过滤床排出。扩散器（例如穿孔金属板或带有小孔的装置）用作能量耗散系统，以防止生物膜扰动并保持过滤层稳定。扩散器必须足够大，应覆盖至少 80% 的砂表面，以确保所有进入过滤器的水通过扩散器。此外，在扩散器中添加钉子并控制其与水的比例，可显著提高大肠杆菌和浊度的去除率。出水管顶端的小孔（即无虹吸装置）可以减少虹吸和 HSSF 可能排空的影响，而管端的阀门可以平衡水头以保持最大过滤速率，限制液压头。

与 HSSF 标准模型不同，HSSF 设计还可以有不同尺寸、结构材料、过滤介质深度、流态的变体，如图 3-4 所示。

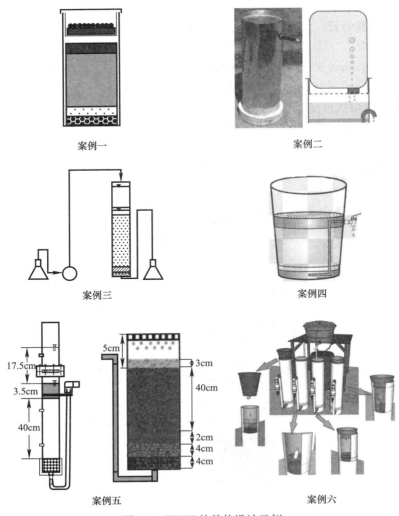

图 3-4　HSSF 的其他设计示例

2. HSSF 构筑材料

标准 HSSF 采用带有塑料出水管的混凝土结构，填充有砂和砾石层，在细砂顶部可形成生物层。因其设计简单、易于使用、维护成本低，以及建筑材料易获取等特点成为家用水处理系统中一种合理的替代方案，在多地得到了推广和现场测试。其对大肠杆菌和浊度的去除效果都很明显，大肠杆菌的平均去除率为87.9%，其中，75.7%的滤液样品中大肠杆菌小于10CFU/100mL，81.2%的滤液样品浊度小于5NTU。

多项问卷调查和测试结果表明，用户对 HSSF 的接受度很高。然而，作为 HSSF 结构外壳的混凝土存在较大的局限性。除了原料水泥价格昂贵且对环境不友好，生产速度较慢，外壳过重，难以运输外，在运输组装过程中还可能发生干扰（例如运输引起的意外碰撞和冲击），混凝土容易出现裂缝和泄漏，造成砂层流失和流量降低。

HSSF 内的砂和砾石介质除了可容纳在混凝土中，还可容纳在液压塑料体内。液压塑料体具有便携性、耐久性和预期的可扩展性。因此，研究开始评估除出口管外，其他 HSSF 部件中塑料的使用情况，如阀体、盖子、扩散器等。这些新型设计有的设计尚未进行过现场测试，而一些旧的 HSSF 在不同的现场环境中显示出高的持续使用率。

此外，塑料可能会释放有毒有害物质。例如，生产聚碳酸酯和环氧树脂的原料双酚 A（BPA）是一种内分泌干扰物，研究表明摄入一定剂量的 BPA 会对人体健康造成不良影响。近年来，通过使用改性聚氯乙烯（MPVC）解决了这种塑料毒性。MPVC 是一种用于饮用水分配系统的无毒塑料材料。然而，MPVC 管道价格相对较高。因此，在选择材料和确定研究 HSSF 结构时，需要谨慎考虑目标社区的社会经济特征。

3. 过滤介质

过滤介质通常包括从不同来源提取的砂子（如土壤、采石场和河流），而分离层和排水层是大小卵石和砾石的组合。过滤介质特性，如有效尺寸（d_{10}）、均匀系数（UC=d_{10}/d_{60}）、细颗粒百分比（即通过150号筛的百分比）、密度和孔隙率，是影响 HSSF 性能的重要参数。d_{10} 在估算过滤介质中较小颗粒的尺寸时尤为重要，因为较小颗粒往往占据较大颗粒之间的空隙，从而限制通过过滤器的流动。建模分析表明，使用细砂（d_{10}=0.17mm）可显著提高 HSSF 对细菌的去除率。无论水头或其他条件如何，细砂与长水力停留时间（HRT）操作预计会产生 0.63log（细菌）和 0.41log（病毒）的平均去除率，高于粗砂与短 HRT 操作的平均去除水平。建议使用细砂（$d_{10} \leqslant 0.15$mm）作为过滤层，以增加悬浮固体和微生物的去除。

尽管文献中对过滤介质特性已有共识，过滤层深度仍然是一个可以进一步研究的变量。CAWST 建议标准 HSSF 的过滤层深度为53.4cm，然而文献中该值一般在10cm到80cm之间。综合对不同深度过滤层条件下生物过滤器的评估分析，得到如下结论：介质深度的减少不会妨碍 HSSF 的连续性能；滤层深度的减少不会影响整体过滤水的质量或数量，这表明紧凑的 HSSF 模型是分散水处理的可行选择。但采用新型 HSSF 设计的实验室研究必须经过现场测试，且应注意砾石分级的质量控制，以评估其性能的可持续性。此外，为了提供适当的支撑并防止砂子冲刷到出水管中，支撑层的建议厚度为从10cm到18cm不等。

3.1.3.2　运行模式

HSSF 在全球范围内广泛采用间歇流（I-HSSF）模式。在生物慢滤工艺运行过程中，由于生物膜一旦干燥就会死亡，因此在 I-HSSF 模式下，运行过程中需在过滤器表面保留一层水，使顶部砂层始终保持湿润。故在 I-HSSF 设计时将出水管的一端置于砂层高度以上 5cm 处（图 3-5），这样可在生物层顶部形成保护水层，即使静水仍能保持生物层的湿润。此外，生物层也需要氧气，水层高度在 4~6cm 时氧气能到达生物层，从而避免生物层因缺氧而死亡。I-HSSF 模式不需要外部供电单元，占地面积约 0.1m²。

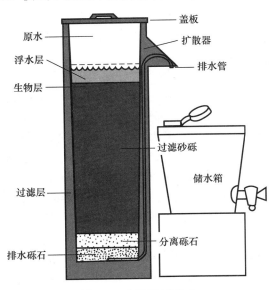

图 3-5　生物砂层净水

对 I-HSSF 模式进行一些改进后，HSSF 也可以在连续流态（C-HSSF）模式下运行。该模式需要一个 HSSF 外部的水箱，并对过滤速率进行控制，在连续流中可以通过直接泵送恒定地输入和控制水流量，或利用重力进料，在不依赖供水泵送的情况下满足要求，从而不需要电能。持续运营需要更大的基础设施，然而用户可以通过减少间歇注水的工作量而受益。尽管连续流模式不考虑暂停期，但与 I-HSSF 模式相比，其更低的流速使装置在浊度和微生物去除方面均具有更高的效率。

3.1.3.3　设计参数

1. 过滤速率

过滤速率（简称滤速）是指单位时间内通过单位面积滤床的水量，通常以米每小时（m/h）或米每天（m/d）来表示。滤速是影响污染物去除效果的主要因素，且滤速与污染物的去除效果负相关。当滤速为 0.1~0.4m/h 时，反应器内氨氮去除效果较好且变化不显著；但当滤速超过 0.4m/h 时，氨氮去除率随滤速的增加而降低，细菌去除率也下降，且反应器运行阻力增大，容易发生堵塞。I-HSSF 具有相对较高的过滤速率，在过滤速率达到最大值后会随着过滤周期的延长逐渐降至零。HSSF 的运行方式通常有两种模型，一种是扩散容器（HSSF-d），另一种是重力浮动容器（HSSF-f），平均最大过滤速率分别为 0.5m/h±0.03m/h 和 0.375m/h±0.01m/h。在无最大水位控制（HSSF-d）和有最大水位控制（HSSF-f）的情况下，随着流量的衰减，滤速分别在 40min 和 20min 后会下降（图 3-6）。生物砂过滤器施工手册规定最大滤速为 0.40m/h，同时也采用了接近 1.50m/h

的滤速。I-HSSF 的滤速小于等于 0.4m/h，且在住宅中所占面积较小，每天的产水量小于等于 80L。

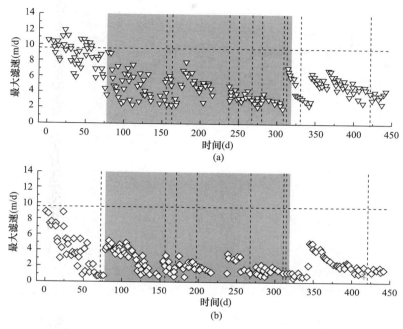

图 3-6　运行时的最大滤速（MFR）

（a）HSSF-d；（b）HSSF-f

注：垂直虚线——完全维护（简化维护未显示）；水平虚线——参考值 9.6m³/(m²·d)；

白色背景——旱季；灰色背景——雨季。

综上所述，滤速是 HSSF 中关键的控制参数，适当的滤速不仅能提高污染物去除率，还能延长反应器的运行周期，减少清洗频率。最佳滤速的确定需要综合考虑污染物去除效果、反应器运行阻力和实际应用场景，以实现高效、稳定的水处理效果。

2. 给水体积

在 HSSF 中，给水体积也是一个关键的参数，其直接影响过滤器的运行效率和水处理性能。给水体积指的是每次注入滤料的水量，也称为进料体积或装料体积。研究表明，给水体积的大小对 HSSF 的运行效果有显著影响。首先，给水体积的大小会影响滤料的充填情况。当给水体积小于等于滤料和支撑层的孔隙体积时，微生物去除效率更高。这是因为适当的给水体积可以确保水在滤料中停留的时间足够长，从而增加微生物与生物膜的接触和去除效果（图 3-7）。示踪剂研究也表明，过滤器中普遍存在平推流模式，进一步验证了水在过滤器中的停留时间对微生物去除效果的影响。其次，给水体积还与静水压有关。较小的静水压会导致较低的滤速和生物膜剪切力，从而提高水处理效率。因此，在设计过滤器时，需要考虑最大提升高度，以确定合适的给水体积。降低标准扬程可以减少分批过滤开始时的生物膜剪切力，进一步提高水处理效率。此外，给水体积的大小还会影响过滤器的操作周期。合适的给水体积可以确保过滤器在每个操作周期内充分运行，保证水处理效果。因此，在实际应用中，需要根据滤料的孔隙结构、过滤器的设计参数和用户的需求来确定合适的给水体积。I-HSSF 的储水层体积通常与一次可注入过滤器的最大水体积相对应。例如，混凝土制成的过滤器可容纳 12L 进料，而塑料材质的过滤器则可容纳 20L。

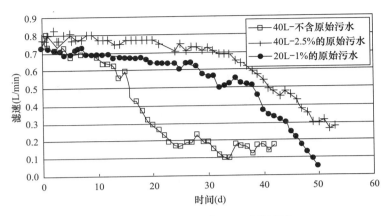

图 3-7　初始注水量为 20L 时的滤速

　　综上所述，给水体积作为 HSSF 的重要参数，对过滤器的运行效率和水处理性能具有重要影响。合理选择和控制给水体积，可以提高过滤器的微生物去除率，确保水质安全。因此，在 HSSF 设计和运行过程中，需要充分考虑和优化给水体积，以实现高效、稳定的水处理效果。

　　3. 停留时间

　　停留时间对 HSSF 的微生物去除效率、生物膜的形成与稳定、水质净化效果及运行稳定性均有影响，合理控制和调节停留时间对 HSSF 的稳定运行具有重要作用。首先，适当的停留时间能够增加微生物与生物膜的接触时间，促进微生物的有效去除。特别是对于需要较长接触时间才能被去除的病原体囊团等微生物，延长停留时间尤为重要。研究表明，停留时间对细菌去除率和浊度有显著影响，但对病毒去除率无显著影响。其次，合适的停留时间有助于生物膜的形成与稳定，从而提高过滤器的水质净化效果。通过延长停留时间，促进物质的沉淀和吸附，可提高水质净化效果。这对于悬浮物、有机物和微生物等污染物质的去除具有重要意义。最后，适当的停留时间可以确保过滤器在每个操作周期内都充分运行，保持稳定的水处理效果。过短或过长的停留时间都可能影响过滤器的运行稳定性和水处理效果。因此，在设计和操作 HSSF 时，需要合理控制和调节停留时间，以确保过滤器的高效运行。

3.1.3.4　周期性维护

　　运行维护是影响 HSSF 性能的关键因素。研究表明，不同的维护方法对滤速和微生物去除率有显著影响。例如，表面搅拌部分更换滤料能够恢复大部分滤速，但完全更换滤料虽然能显著提高滤速，却可能导致生物膜被破坏，进而影响微生物去除率。合理的维护频率和方法对于保持生物膜的稳定性和过滤器的高效运行至关重要。

　　为了优化 HSSF 的维护策略，需要建立有效的监测与评估体系。通过实时监测过滤器的运行参数（如滤速、浊度、微生物去除率等），评估维护操作的效果，及时调整维护频率和方法，以确保过滤器的高效运行。此外，引入新型维护技术，如使用非织造布覆盖滤料表面，可以有效延长过滤器的运行周期，减少维护频率。这些材料能够截留部分颗粒物，防止杂质直接进入滤料，从而提高过滤器的运行效率和维护便捷性。

在 HSSF 的实际应用中，用户的操作技能和维护意识对过滤器的性能有重要影响。因此，开展用户培训与教育，提升用户的操作技能和维护意识，是确保 HSSF 长期稳定运行的重要措施。通过优化维护频率和方法、引入新型维护技术以及加强用户培训与教育，可以显著提升 HSSF 的运行效率和使用寿命，为偏远地区提供安全可靠的饮用水处理方案。

3.1.4　技术应用范围与存在的问题

3.1.4.1　技术应用范围

1. 地表水处理

BSSF 是许多现代水处理厂中的重要环节，尤其适用于处理低浊度、低有机物含量的地表水。在发展中国家，BSSF 被广泛应用于小型社区供水系统中，其优势在于操作简单、维护成本低，不需要添加化学药剂，能有效去除水中的颗粒物、微生物和有机物。例如，在印度的一些农村地区，BSSF 被用作社区供水系统的核心处理单元，通常由当地居民自主管理，大大改善了饮用水质量，降低了水源性疾病的发病率。

2. 地下水处理

对于铁、锰等金属离子质量浓度较高的劣质地下水，BSSF 可以通过微生物的氧化作用有效去除这些污染物。在滤床表面和内部，特定的铁细菌和锰细菌能够将溶解态的二价铁和锰氧化成不溶性的三价或四价氧化物，从而实现去除。在孟加拉国，许多地区的地下水含有高质量浓度的砷和铁。研究人员开发了一种改良的 BSSF，通过在滤料中添加特定的铁氧化细菌，显著提高了对砷和铁的去除率。

3. 雨水处理

在一些缺水地区，BSSF 被用于处理收集的雨水，以提供安全的饮用水源。这一技术特别适合那些降雨量相对充沛但缺乏地表水和地下水资源的地区。例如，在泰国的一些岛屿上，政府推广了结合雨水收集和生物慢滤的家庭供水系统。这种系统不仅解决了淡水短缺问题，还大大降低了对昂贵的海水淡化技术的依赖。

4. 应急水处理

在自然灾害或人道主义危机期间，BSSF 因其简单、可靠的特性，成为应急水处理技术的重要选择。它不需要复杂的设备和专业技术人员，可以快速部署并提供安全的饮用水。在 2010 年海地地震后，国际救援组织在受灾地区安装了大量便携式生物慢滤器，有效缓解了当地的饮用水危机，并在随后的霍乱疫情中发挥了重要作用。

5. 家用和小型社区水处理系统

改良的家用 HSSF 为家庭和小型社区提供了一种经济实惠的水处理解决方案，特别适合缺乏集中供水系统的地区。这种技术的推广极大地改善了发展中国家农村地区的饮用水质量。一项长期研究表明，在肯尼亚的农村地区使用 HSSF 的家庭中，5 岁以下儿童的腹泻发病率比对照组降低了 50% 以上。

3.1.4.2　存在的问题

截至 2015 年，超过 80 万套 BSSF 在全球 60 多个国家和地区被使用，解决了 500 多万贫困居民的生活饮用水短缺问题。为了评估其在实际应用过程中的表现，一些实地考察工作在肯尼亚、柬埔寨、尼泊尔等国家进行（表 3-1），评估了超过 1900 套家用生物慢滤装置的使用情况以及性能。

BSSF 使用情况评估研究涉及国家及评估年份　　　　　　　　表 3-1

国家	年份
柬埔寨	2010 年，2012 年，2015 年
喀麦隆	2011 年
多米尼加共和国	2006 年，2009 年，2011 年
埃塞俄比亚	2009 年
加纳	2012 年
海地	2006 年，2013 年，2016 年
洪都拉斯	2012 年
肯尼亚	2001 年，2004 年，2009 年
尼泊尔	2001 年
尼加拉瓜	1993 年，2009 年，2010 年
巴基斯坦	2011 年，2016 年
乌干达	2011 年，2012 年

所考察的 BSSF 建造成本符合当地居民的收入情况，绝大多数都由混凝土以及塑料等廉价材料构成。人们对 BSSF 的出水普遍有较高的接受度。BSSF 不仅能够得到符合国际饮用水质量标准的水，而且经 BSSF 处理过后的水具有更好的观感，其用户普遍表示对 BSSF 感到满意。

BSSF 出水的浊度以及菌落数是这些考察工作的重点关注对象，这两项水质指标极大影响饮用水的观感以及安全性。以生物作用作为净水核心的 BSSF 极易受到外界环境影响，存在的问题主要包括以下方面：

1. 对浊度的去除不够稳定

高浊度水体不仅影响水的感观，还可能通过悬浮颗粒吸附大量有害物质，威胁人的健康。理论研究已证明 BSSF 对浊度具有优异的去除效果，但实地考察显示其去除率从 5% 到 98% 不等，这主要由于各装置的运行环境不同。大多数 BSSF 的浊度去除率超过 80%，在系统结构和运行参数符合要求的前提下，BSSF 能够生产出浊度小于 5NTU 甚至小于 1NTU 的过滤水。

2. 对微生物的去除不够稳定

水中病原微生物的去除是饮用水处理领域的热点问题。未处理的含病原微生物的水会导致严重的腹泻（每年有超过 100 万人死于腹泻）。尽管全球因腹泻的死亡数在下降，但死亡率仍无显著变化。BSSF 对微生物的高效去除是其显著特点之一。研究表明，间歇性生物砂过滤器可以去除超过 96% 的粪大肠菌群，达到 2.9log 和 3.7log 的去除率。大多数被评估的 BSSF 能够产出菌落数符合饮用水标准的净化水（<10CFU/100mL），且在进水菌落数为 600CFU/mL 左右的情况下，产出低于检出限（1CFU/100mL）的净化水。但是，仍有一些报道中 BSSF 出现了过滤后未去除细菌甚至细菌滋生的情况，其原因主要有：

（1）进水中微生物数量极少或极多：进水微生物数量极少时，可产出符合饮用水标准的水，但微生物去除率相对低；进水微生物数量极多时，导致过滤器超负荷运行。

（2）不正确的操作与维护：系统未包含水流分散器，注水过程中破坏滤床表层生物膜；长期使 BSSF 的覆水水位高于推荐值，导致溶解氧无法传递到滤床表层，影响生物膜生长；频繁清洗，严重破坏滤床表层生物层；系统未做好防护，附近小动物、昆虫等进入其中；系统运行环境卫生情况不理想，藻类、蚊虫大量繁殖。

BSSF 是一种适合农村地区的有效家用水处理技术，使用 BSSF 后，腹泻的患病率可减少 47%～74%，腹泻持续时间也有所降低，水源性疾病的发生概率降低了 23%。因此，应开发更加精细的方法以准确评估 BSSF 的性能，同时对已投入运行的系统进行长期监测，及时发现问题、尽快修复，是解决上述问题的关键所在。

3. 微生物二次污染

保障饮用水安全涉及多个环节，即使过滤器出水符合相关水质标准，水在储存过程中仍可能会被二次污染。由于 BSSF 的产水量较低，设置储水罐是必要的。然而，经过滤器处理后的水中存在残余有机物和微生物，储水罐中的微生物滋生是不可避免的。采取相应措施，如加氯处理可有效避免二次污染。

4. 产水效率相对较低

除了水质外，BSSF 的产水量也是家庭水处理系统的一个重要方面。用户对水量的需求多种多样，从基本的饮用水到日常洗澡和洗碗等，都需要足够的清洁水。产水量是否满足实际需求很大程度上取决于家庭成员的数量和用水习惯，以及家庭中是否有高峰用水时段，如早晨的洗漱和晚间的烹饪，用水需求会骤然增大。相对于集中供水系统而言，BSSF 在产水效率方面仍有一定的差距。集中供水系统通常依托于大型水处理设施，能够以更高的速率和稳定的压力供水，满足大范围、多用户的用水需求。而 BSSF 则因其独特的过滤机制和流速限制，往往需要较长的时间来完成水质净化，因此在处理大流量需求时可能出现产水能力不足的情况。

5. 持续使用率低

研究表明，BSSF 的持续使用率有很大差异。一些研究报告称，85%～100% 的 BSSF 仍在使用，时间长达 8 年，而其他研究则显示，BSSF 的废弃率很高，如尼加拉瓜仅 2 年就有 93% 的 BSSF 被废弃。研究人员或用户共同分析了废弃的原因，总结如下：过滤器的部件损坏或出现裂缝，导致水或砂子的泄漏；教育培训和后续工作的不足或缺失。

根据 Sisson 等人的研究，最影响现场 BSSF 可持续和有效使用的因素包括以下几个方面：①教育培训不足或不充分；②对水质和卫生之间的关系理解不深；③水质恶劣导致过滤器堵塞；④人或动物导致水的再污染；⑤装置破损；⑥产水量低以及维护不足。

综上所述，BSSF 在分散式水处理领域显示出独特潜力，然而其应用依然面临诸多挑战。浊度和微生物去除率不高、储存水体二次污染、产水效率低下以及持续使用率欠佳等问题，制约了 BSSF 的广泛应用。针对这些挑战，未来的研究和发展应重点关注技术创新与系统优化。开发更加高效的过滤介质、精细化调控过滤工艺、升级储水系统的卫生管理以及提升自动化程度均为亟待探索的方向。通过跨学科融合和持续的技术进步，这些问题有望得到有效解决。随着性能的全面提升和用户体验的显著改善，BSSF 在家庭和社区水处理中的应用前景将更为广阔。它不仅能为缺水地区和偏远社区提供可靠的清洁水源，还将在全球水资源管理中发挥重要作用，推动社会向更可持续的水资源利用模式迈进。

3.2 超滤技术

3.2.1 技术简介

目前超滤技术在饮用水处理中已经得到了大规模应用。以超滤为核心的组合工艺被称为"第三代城市饮用水净化工艺",成为未来饮用水处理的重要发展方向。与传统工艺相比,超滤技术应用于水处理主要具有以下优势:一是可更高效地去除水中颗粒物和病原微生物等污染物;二是可以节省水处理药剂的使用;三是受环境影响小,适用温度范围广;四是工艺流程短,占地面积小,易实现自动化控制。

超滤技术在市政给水处理领域的应用已超过 30 年。1987 年,世界上第一座采用超滤技术的水厂建于美国科罗拉多州,处理规模为 225m³/d;1988 年,欧洲第一座应用超滤技术的水厂在法国建成,处理规模为 250m³/d。而后超滤技术在世界各国水厂中被广泛应用。据统计,北美地区已有 250 座水厂采用超滤技术,处理水量达 300 万 m³/d;英国也有超过 100 座水厂采用该技术,总处理水量达 110 万 m³/d;新加坡、澳大利亚、荷兰、美国和英国采用超滤技术的产水量占自来水总供给量的比例分别为 12%、4.0%、3.1%、2.5%和 2.1%。相比之下,我国超滤技术起步较晚,规模化应用始于 2004 年建成于慈溪市杭州湾的航丰水厂,处理规模为 3 万 m³/d;2009 年,山东省东营市一座 10 万 m³/d 的以超滤技术为核心的水厂投产运行;2014 年,北京郭公庄水厂建成并投入运行,其产水量可达 50 万 m³/d,是当时世界上规模最大的采用超滤技术的水厂。我国采用超滤技术的水厂最典型的组合工艺形式为混凝—沉淀—砂滤—超滤—氯消毒。对于溶解性有机物质量浓度较高的水源,可将超滤与颗粒或粉末活性炭吸附联用,该工艺中活性炭可有效吸附水中的有机物,提高了系统对有机污染物的去除效率,减小了需氯量,降低了出水中消毒副产物的生成势。对于含藻类较多的水源,在超滤之前也可以增加预氧化工艺以提高对藻类的去除效率,减轻藻类对膜的污染。

针对不同的水源污染特征和出厂水质的要求(如考虑到管网输配过程中水的化学和生物稳定性),超滤技术还可以与纳滤、反渗透等技术组合,实现对不同类型污染物的高效去除,并保障龙头水的水质。对于本书关注的西北村镇的雨雪水净化,超滤技术的适用性也迫切需要开展相关研究。

3.2.2 超滤膜污染机制

膜污染是膜过滤技术在实际应用中面临的一个突出问题,在很大程度上阻碍了膜技术的大规模推广应用。膜污染导致膜通量下降或跨膜压差升高、分离效果降低、膜使用寿命缩短,进而增加运行成本,影响出水水质。对各种膜污染过程机理的研究一直是国内外学者关注的焦点,不同类型的膜在处理不同的水源水时产生的膜污染特征也不尽相同,特别是水中的污染物成分复杂,有天然有机物(NOM)、颗粒物、无机物和微生物及其胞外分泌物(EPS)等。NOM 又有不同种类、不同分子量大小和不同化学性质,其对膜污染的影响尤其值得关注。

对于超滤膜的污染机制，尽管已有较多的相关研究，但至今仍不够明确，特别是NOM 导致的膜污染情形非常复杂。除了 NOM 外，影响膜污染的因素还包括水的物理化学性质（如 pH、离子强度、硬度、温度）、膜材料特性（如孔径尺寸、孔径分布、表面润湿性、表面电性、表面粗糙度）、工艺运行参数（如流速、压力），等等。目前关于超滤膜污染机制的研究多基于观察膜通量及截留率等宏观指标的改变，而对污染物在膜界面的累积形态以及膜特性变化的研究相对较少。利用先进的技术手段对膜污染的界面过程进行跟踪监测，并精确识别不同污染组分的影响效应，揭示膜污染动态过程机制，对优化过滤和膜清洗的工艺参数并采取有针对性的膜污染预处理方法、提升超滤工艺效能具有重要意义。

3.2.2.1　超滤膜污染的类型

根据污染物尺寸、特性及其与膜发生相互作用形式，超滤过程污染机理通常分为吸附污染、膜孔堵塞污染和滤饼污染。

1. 吸附污染

吸附污染指污染物因理化作用吸附在膜表面或孔内部。吸附污染与污染物自身荷电性、亲水性、溶解度以及膜材料表面电性、亲水性、吸附活性点等因素有关。水体中的蛋白质、腐殖酸、多糖、脂肪酸等有机污染物大分子中多含有羧基、羟基、氨基、苯环等化学官能团，与超滤膜间存在范德华力、静电力、氢键力、疏水力等物化作用力。当污染物迁移到超滤膜表面微距离范围时，如果二者之间各种作用力的合力表现为吸引力，则污染物易于吸附在超滤膜表面及膜孔壁。随着过滤的进行，污染物不断在膜表面吸附累积，最终膜表面完全被污染物覆盖。此时，当污染物再次靠近膜表面时，污染物与污染物之间的相互作用力控制着污染物在被污染物覆盖的膜—溶液界面的行为。通过吸附形式沉积在超滤膜表面及膜孔的有机物大多不能通过物理清洗得到有效的去除，因而多被归为不可逆污染。吸附污染涉及界面间复杂的相互作用，影响因素较多，是超滤污染机制的研究重点。

2. 膜孔堵塞污染和滤饼污染

膜孔堵塞污染通常是指污染物进入膜孔内时导致的膜孔堵塞或窄化，膜通量降低，过滤阻力增大。膜孔堵塞污染主要发生在过滤初期。滤饼污染是指随着过滤的进行，污染物在膜表面不断累积变厚的过程，其形成的滤饼层进一步增大了溶剂分子的迁移阻力。滤饼污染被认为是长期运行过程中主要的膜污染机制。形成滤饼的污染物性质决定了膜渗透性能的变化，惰性胶体形成的滤饼层可有效减缓后续膜污染，同时提高膜分离精度。而活性污染物形成的膜面污染层不易通过物理清洗去除，且促进了其他污染物的进一步吸附沉积。因此，滤饼层的特性及形态结构决定了超滤膜宏观分离性能的变化，也决定了滤饼层自身的可逆性。凝胶污染层通常被认为是滤饼污染的一种特殊形式，其形成原因是大分子胶体污染物在膜—溶液微界面累积形成浓差极化层，当膜表面与浓差极化层中污染物间的吸引力大于排斥力时，浓差极化层逐渐转变为凝胶层污染。

Hermia 建立了最基本的表征膜污染的数学模型，其将超滤膜污染机制分为四种：完全堵塞、中间堵塞、标准堵塞和滤饼层过滤。表 3-2 为采用恒压过滤模式超滤膜污染方式和示意图。

污染方式	示意图
完全堵塞	
中间堵塞	
标准堵塞	
滤饼层过滤	

采用恒压过滤模式超滤膜污染方式和示意图　　表 3-2

3.2.2.2　造成膜污染的污染物分类

1. 无机污染物

无机污染物主要包括硫酸钙、碳酸钙、磷酸钙、金属氧化物和氢氧化物（尤其是铁和铝），以及胶体物质和其他无机颗粒物等。无机物对超滤膜的污染机制主要为膜表面结垢及形成滤饼层。随着过滤的进行，无机污染物不断在膜面沉积，形成的污染层增加了水分子的过膜阻力。无机污染层通常可通过水力反冲洗结合化学清洗得以去除。无机颗粒物对超滤膜的污染机制主要为可逆污染。

2. 天然有机物

地表水中的天然有机物（NOM）及污水处理厂二级出水中的有机物被认为是导致膜污染产生的主要物质。NOM 是由不同有机分子构成的复杂异质体系，其分子量分布极宽（几百 Da 到几百 kDa），主要包括腐殖质类（腐殖酸和富里酸）和非腐殖质类（蛋白质、多糖、脂类、小分子亲水酸等）。已有研究表明，蛋白质和多糖是导致严重膜污染的主要大分子有机物，其他小分子有机物对超滤膜污染的贡献较小。地表水中存在的 NOM 中最主要的成分是腐殖质类，水中超过 50% 的溶解性有机物是由腐殖质类有机物构成的。而蛋白质和多糖等非腐殖质类有机物的质量分数为 20%～40%。腐殖酸（Humic Acid，HA）通常呈现棕色或者黑色，是分子量从几百到几千的复杂分散物质，因携带羧酸、羟基等负电基团而在水体中显负电性。目前，关于 HA 的污染类型，研究结论仍不一致。Lin 等人采用 100 kDa 的聚砜超滤膜过滤腐殖酸溶液，发现 HA 主要构成不可逆污染，其吸附在膜孔内导致膜通量下降达 50% 以上。Lahoussine-Turcaud 等人使用 1kDa 的聚砜膜进行试验也得到了类似结论。然而，Nyström 等人采用截留分子量（MWCO）为 50 kDa 的聚砜膜进行试验，发现 HA 并未导致明显的膜污染现象。因此，仍需对超滤过程中 HA 的污染机制及演化规律进行进一步研究。

随着膜污染研究的逐步深入，越来越多的研究证明 NOM 中的蛋白类和多糖类组分是导致膜污染发生的重要因素，其比腐殖酸造成的膜污染更为严重。Speth 等人将这一现象归结为多糖和蛋白质自身的负电性弱，其中具有较大分子量的多糖容易沉积在膜表面形成凝胶层，而分子量较小的蛋白质容易吸附在膜表面及孔内，导致较严重的不可逆污染。另外，水体 pH 和离子强度会对蛋白质的污染行为产生较大影响，这些条件的变化致使蛋白质自身特性和存在状态发生改变，进而影响了沉积在膜表面的滤饼层特性。研究人员采用树脂分级方法基于污染物亲疏水性对 NOM 进行了分类，包括憎水性组分、过渡性组分和亲水性组分。有研究表明，NOM 中的亲水性组分严重影响甚至决定着超滤膜污染过程。Fan 等人的研究也得到了相似的结论，他们对 NOM 中各个组分导致膜污染的潜势进行排序，认为亲水中性类（Hydrophilic Neutral）＞疏水酸类（Hydrophobic Acid）＞过渡亲水酸类（Transphilic Acid）＞带电亲水类（Hydrophilic Charged）。

3. 生物污染

生物污染主要指粘附在膜表面的细菌、藻类等微生物在膜表面大量繁殖从而导致膜污染。Henderson 等人的研究表明，富营养化水源水中的藻类细胞会分泌大量胞外聚合物（EOM），其带有的黏性特征致使膜表面污染物粘结团聚，而进一步增加膜过水压力，加剧膜污染。目前，EOM 导致的膜污染多被认为是不可逆污染。

3.2.2.3　水质特征对膜污染的影响

1. 水体化学性质的影响

进水 pH、离子强度以及硬度均是影响膜污染的重要因素。有研究表明，高 pH 条件下 HA 分子中羧基离子化（COO^-）可明显增大其在水中的溶解度。另一方面，溶液的离子强度是影响污染物物化特性及其与膜表面之间相互作用的重要因素。有学者提出增大溶液的离子强度使 HA 大分子在离子架桥作用下呈现出一种完全缠结的状态，其表观相对分子量明显增大。已有研究表明，在低 pH、高离子强度及高价离子存在的条件下，HA 对超滤膜的污染能力增大。出现上述现象的原因是：离子强度的增大导致溶质分子间的静电排斥作用受到屏蔽，进而促进了污染物团聚，HA 与超滤膜之间的静电排斥作用也因此而降低，HA 易于吸附在膜表面，导致膜污染加剧。而如 Ca^{2+}、Al^{3+} 等高价阳离子会在水中 HA 大分子间起到架桥作用，促进 HA 团聚形成高分子聚集体，从而更容易沉降在膜表面。另外，对于蛋白质来说，离子强度对其污染行为的影响尚存在争议，多数学者认为蛋白质导致的膜污染程度随着离子强度的增大而加重，原因是压缩双电层及电荷屏蔽效应随着离子强度的增加而加剧，蛋白质与蛋白质之间的静电排斥力被削弱，进而促进了蛋白质分子在膜内外的吸附累积。随着研究的深入，Salgin 等人又得出了与上述相反的结论，他们发现蛋白质对聚醚砜超滤膜污染程度随着离子强度的增加而降低，推测其原因是水溶液中的抗衡离子中和了膜表面以及蛋白质表面的电荷，减小了膜表面与蛋白质分子以及蛋白质分子之间的静电吸引力。She 等人考察了不同 pH 条件下离子强度对聚丙烯腈超滤膜过滤蛋白质的污染行为的影响，结果表明当蛋白质分子表现为负电时，膜污染随着离子强度的增大而减小，推测原因是高离子强度下蛋白质溶解度增加或构象发生变化所致。目前的研究结论多是根据宏观膜通量变化或理论计算给出的推测性解释，膜污染加重或减轻的本质原因并没有被直接的数据证实，仍有待进一步研究。

2. 混合污染物污染效应

明晰原水中不同污染物组分的复合污染效应对于认清实际应用中复杂水体导致的污染机制及建立有效的控制策略十分必要。Jermann 等人考察了超滤过程海藻酸钠（Sodium Alginate，SA）和 HA 混合污染行为，发现 SA 与 HA 相互影响，复合膜污染效应并不仅仅是简单的叠加。另外，当高岭土、SA 和 HA 同时存在时，具有协同污染效应，其混合污染的程度远大于单独高岭土和单独 SA-HA 所造成的膜污染的加和，他们认为该现象可能是由于 SA 和 HA 填充了膜表面高岭土污染层的空隙，增加了污染层的水力阻力，同时 SA 和 HA 起到架桥作用，使膜表面高岭土滤饼层不容易被洗掉。实际水体中成分十分复杂，单一的模型物质所导致的膜污染行为不能完全反映实际工程中真实的膜污染过程，因而有必要对不同组分污染物的复合膜污染效应进行更深入、系统的研究。

3.2.2.4　膜材料特性对膜污染的影响

膜表面润湿性是影响膜渗透性能和抗污染能力的重要因素。以水作润湿剂，润湿性越好的膜，通常称为亲水性膜，越有利于水分子在膜两侧的迁移，而难被水润湿的膜，也称疏水性膜，则阻碍了水分子传导。提高膜的水润湿性可以有效提高膜的渗透通量（相同孔径下），同时膜表面与水分子相互作用使得污染物在膜内外的吸附累积减少，膜的抗污染能力提高。因此，水处理领域多用亲水性膜材料或亲水化的疏水性膜材料。膜材料表面电性是影响膜抗污染能力的又一重要因素。表面带正电性的污染物在静电吸引力作用下更容易快速沉积于带负电的膜表面，导致膜污染加重。Schafer 等人指出，由于道南排斥效应，膜表面电性会影响膜分离性能和分离精度。Elimelech 等人发现膜渗透通量和截留能力的极值出现在其等电点处。此外，膜表面粗糙度也会影响膜污染程度。学者们普遍认为粗糙的膜表面会产生更为严重的膜污染，原因是粗糙的膜表面结构削弱了错流对沉积的污染物的冲刷作用。然而，一些学者通过实验发现膜表面粗糙度与膜通量呈正相关，推测其原因是粗糙度大的膜具有较大的有效过滤面积。此外，有研究表明膜表面粗糙度对其表面形成的污染层形态产生影响，较为粗糙的膜表面形成的污染层通常更为疏松，容易通过反洗或表面冲刷去除。

3.2.3　超滤膜污染清洗

化学清洗是目前实际工况中最主要也是最有效的控制不可逆膜污染的方法，当物理清洗不能将膜通量恢复到可接受的程度时需要进行化学清洗。常用的化学清洗剂有如下几种：

（1）碱性清洗剂。氢氧化钠（NaOH）是最常见的碱性清洗剂，主要用于去除有机污染。将 NaOH 与其他类型清洗剂（如次氯酸钠氧化清洗剂）混合使用，可以强化清洗效果。NaOH 可以使有机物的羧基官能团失去质子而导致其负电荷的增加，增强了污染物溶解性，有利于氯到达污染层更深处。此外，大多数膜清洗工艺遵循先碱后酸的清洗步骤，碱类清洗剂会首先破坏生物膜表面，使其更易去除。已有研究表明，次氯酸钠对污染物的影响主要发生在接触最开始的几分钟。

（2）酸性清洗剂。酸性清洗剂主要用于膜表面无机污染物和金属氧化物污染物的去除。在乳制品行业的应用中，盐酸（HCl）及硝酸（HNO$_3$）是最早被广泛应用在膜清洗工艺中蛋白质类污染物去除的酸性试剂，低 pH 为多糖和蛋白质等有机化合物的水解提供了条件。近年来柠檬酸也越来越受到人们的重视，在去除氧化铁沉淀等污染物方面得到了广泛应用。

（3）氧化性清洗剂。强氧化物可将有机污染物氧化为含氧官能团类物质（如酮类、醛类和羧酸），使污染物的粘附性降低，同时增加了负电荷，从而将污染物从膜表面去除。在水处理领域，一般会先使用氧化性清洗药剂去除有机成分，再使用有机酸和无机酸去除氢氧化物。次氯酸钠（NaClO）是最常用的化学清洗剂/消毒剂，其价格合理，方便易得，普适性强且高效。但是另有研究发现，使用质量分数超过 0.4% 的 NaClO 浸泡聚砜膜组件后，其通量恢复超过 100%，原因可能是膜的特性及完整性发生了变化。另外，许多学者对次氯酸盐溶液中羟基自由基的产生机制进行了深入研究。Wienk 等人指出只有当溶液中 HClO 和 ClO⁻ 共存时才能生成羟基自由基，因此 pH 对次氯酸盐溶液中羟基自由基的产生具有至关重要的影响。Causserand 等人考察了不同 pH 及不同金属离子质量浓度条件下 NaClO 溶液对聚砜膜机械性能的影响，推测自由基（·ClO 和 ·OH）的存在导致膜材料降解。由于次氯酸钠清洗剂应用最广泛，且其对膜材料的影响最显著，因此深入研究次氯酸钠作为化学清洗剂对超滤膜老化的影响是必要的。

3.2.4　超滤膜的生物污染与控制研究

3.2.4.1　超滤膜的生物污染

在长期使用过程中超滤膜的生物污染是不可避免的，但相关研究目前相对较少。当超滤技术用于西北村镇净化雨雪水时，超滤膜的使用周期一般较长，且存储雨雪水的窖水中细菌含量往往较高，而细菌可能对超滤膜产生生物污染，使得超滤膜性能下降。因此，本节研究了超滤膜的生物污染机理并探讨了紫外线杀菌处理对超滤膜生物污染控制的效果。

目前常使用污染模型进行膜污染研究，然而仅通过污染模型很难完全解释生物污染机制，因为生物污染机制是复杂的，受到许多因素的影响。另外，先前的工作大多关注不同的微生物和膜表面之间的关系，而对粘附在膜上的微生物个体之间的相互作用及其对生物污染的影响还没有深入研究。多糖和蛋白质在滤饼层中的三维分布如何影响膜的生物污染目前也尚不清楚。

此外，细胞外聚合物（EPS）可以分为松散结合的 EPS（LB-EPS）和紧密结合的 EPS（TB-EPS）。EPS 的不同成分对超滤膜生物污染的贡献不同，其对生物污染的贡献程度与具体的污染机理仍然是未知的，而且少有研究关注。同时，很少有人关注 EPS（如成分、特性）对相互作用能量的影响。尽管紫外线杀菌处理已作为有效的杀菌处理方式被广泛使用，但紫外线是如何通过改变 EPS 的结构特征和微生物之间的相互作用来减少膜的生物污染的，目前仍未知。因此，紫外线杀菌预处理对生物污染的有效性需要进一步探讨。

3.2.4.2　生物污染实验方法

1. 典型微生物的选用

为了研究超滤膜的生物污染，使用了典型的微生物，包括金黄色葡萄球菌、粪肠球菌和恶臭假单胞菌，它们通常容易在水中被发现且对人类健康造成不利影响。

2. 超滤过程

超滤（UF）系统包括一个死端过滤装置、一个磁力搅拌器、一个可以连接到计算机进行数据记录的电子天平和一个氮气加压储气罐（图 3-8）。死端过滤装置的体积为 400mL，有效过滤面积为 41.8cm²，它与一个 0.15MPa 的氮气加压储气罐相连。使用了商用的聚偏二氟乙烯（PVDF）平板膜，其直径和截留分子量分别为 63.5mm、200kDa。

UF 膜在超纯水中浸泡 24h，以去除杂质。通过过滤超纯水来确定洁净膜的通量，直至达到稳定的渗透通量。用电子天平记录累积的渗透液的重量（每 30s），称为膜通量（J）。

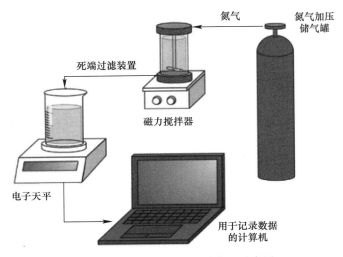

图 3-8　过滤过程中的实验装置示意图

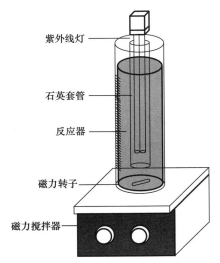

图 3-9　紫外线杀菌设备示意图

3. 紫外线杀菌预处理

细菌悬浮液经过紫外线（UV）杀菌处理。紫外线杀菌设备包括一个 11W 的紫外线灯（单波长 254nm），一个玻璃容器作为反应器（体积为 500mL），以及一个磁力搅拌器（图 3-9）。反应器中的光路长度为 2.65cm。在进行实验之前，紫外线灯被预热 30min，以确保紫外线输出功率稳定在 2.12mW/cm^2。细菌悬浮液以 40mJ/cm^2 的剂量进行紫外线杀菌处理，并在暴露于紫外线的同时以 200r/min 的速度搅拌悬浮液。未经过紫外线杀菌的悬浮液为对照组。

4. 膜污染模型分析

使用四个经典的污染模型分析通量变化，包括完全阻塞模型、中间阻塞模型、标准阻塞模型和滤饼层过滤（图 3-10）。完全阻塞模型假设膜的过滤孔被单一污染颗粒阻塞，并且不与其他颗粒

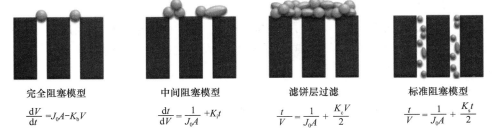

完全阻塞模型

$$\frac{\mathrm{d}V}{\mathrm{d}t}=J_0A-K_bV$$

中间阻塞模型

$$\frac{\mathrm{d}t}{\mathrm{d}V}=\frac{1}{J_0A}+K_it$$

滤饼层过滤

$$\frac{t}{V}=\frac{1}{J_0A}+\frac{K_cV}{2}$$

标准阻塞模型

$$\frac{t}{V}=\frac{1}{J_0A}+\frac{K_st}{2}$$

图 3-10　四种污染模型的示意图和方程

注：V 是累积过滤量；J_0 是初始膜通量；A 是膜的有效过滤面积；t 是过滤时间；K_b、K_i、K_c 和 K_s 分别为完全阻塞、中间阻塞、滤饼层过滤和标准阻塞的阻塞系数。

重叠。中间阻塞模型假设后续污染颗粒沉积在其他堵塞孔隙的颗粒上。标准阻塞模型假设污染颗粒沉积在膜孔内部，膜孔体积相对于沉积颗粒的体积减小。滤饼层过滤假设污染颗粒已经充分积累，形成一个致密的滤饼层，孔隙被完全覆盖，随后沉积的颗粒不能继续堵塞孔隙。

通量下降的相关数据用上述污染模型进行线性拟合，相关系数（R^2）较高的拟合情况代表实际过滤中更可能出现相应的阻塞类型。

5. 膜表面的污垢层分析

用扫描电子显微镜（SEM）对超滤膜的形态进行分析；膜表面的污染物结构通过共聚焦激光扫描显微镜（CLSM）进行表征。活菌和死菌的激光共聚焦显微镜（CLSM）图像分别使用 488nm 激光激发 SYTO 9（绿色）和 560nm 激光激发碘化丙啶（PI，红色）获得。使用带有二次电子检测器的扫描电子显微镜对新鲜和污损的膜表面污染情况进行观察和成像。

6. EPS 提取与分析方法

EPS（包括进水的悬浮液和过滤后 UF 膜表面的生物膜）通过热提取法进行提取。EPS 中蛋白质的质量浓度用改良的 Lowry 法测定，相关多糖的质量浓度用苯酚—硫酸法测定。使用傅里叶变换红外光谱对微生物及其分泌的 EPS 的官能团进行表征。EPS 的表观分子量分布使用高效尺寸排阻色谱（HPSEC）法测定。

7. Zeta 电位

用 Zeta 电位分析仪测量 UF 膜和微生物的 Zeta 电位。

3.2.4.3　典型微生物的生物污染表现

图 3-11 显示了紫外线杀菌前后，由恶臭假单胞菌（P. putida）、金黄色葡萄球菌（S. aureus）和粪肠球菌（E. faecalis）引起的归一化通量下降曲线。经过 8 次过滤（每次 400mL），最终的 J/J_0 值分别为 0.05（恶臭假单胞菌）、0.35（金黄色葡萄球菌）和 0.40（粪肠球菌）。其中，恶臭假单胞菌引起的归一化通量的下降速度最快，金黄色葡萄球菌比粪肠球菌下降略快。由此可知，由这些细菌引起的膜生物污染的程度是：恶臭假单胞菌＞金黄色葡萄球菌＞粪肠球菌。在三种细菌中，恶臭假单胞菌导致的膜生物污染最为严重。

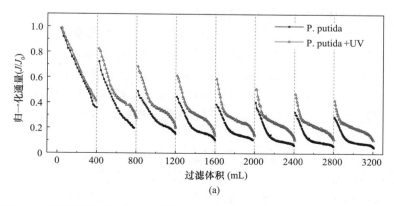

(a)

图 3-11　紫外线杀菌前后，超滤膜在过滤过程中的归一化通量下降曲线（一）

（a）恶臭假单胞菌（P. putida）

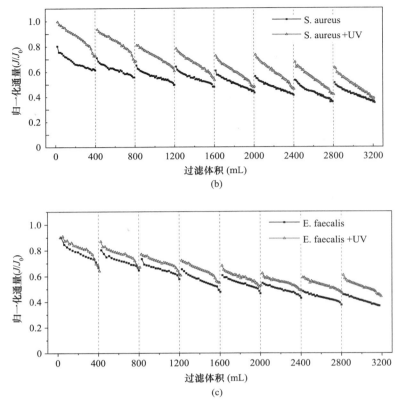

图 3-11　紫外线杀菌前后，超滤膜在过滤过程中的归一化通量下降曲线（二）
（b）金黄色葡萄球菌（S. aureus）；（c）粪肠球菌（E. faecalis）

通过归一化通量下降曲线也可以看出，紫外线杀菌使这三种细菌的通量下降整体更加缓慢。例如紫外线杀菌前，恶臭假单胞菌的最终归一化通量在第 4 次过滤后难以进一步下降［图 3-11（a）］，这表明其已达到了相对稳定的通量，代表膜污染程度已相当严重。而经过紫外线杀菌处理后，相对稳定通量到达的时间延后至第 5 次过滤。这表明紫外线杀菌对三种典型细菌引起的生物污染具有减缓效果。

3.2.4.4　典型微生物的生物污染机制

为了更深入了解生物污染机制，对过滤过程得到的通量数据使用膜污染模型进行了分析。先前的研究表明，如果不同的膜污染模型在回归过程中同时表现出较高的 R^2 值，则可以认为这些膜污染模型同时主导了过滤过程。将紫外线预处理前后的恶臭假单胞菌、金黄色葡萄球菌和粪肠球菌超滤过程中的通量数据代入 4 种膜污染模型公式中进行拟合。将每个过滤阶段具有较高的相关系数的模型提取出来作为该阶段的主导膜污染机制。

图 3-12 显示了在 8 次过滤过程中不同细菌及紫外线作用后的超滤膜污染主导模型。四种污染模型，包括完全阻塞、标准阻塞、中间阻塞和滤饼层过滤，同时出现在恶臭假单胞菌的初始过滤阶段（第 1 次过滤）。它代表着膜孔被沉积在膜表面的单一微生物阻塞，随后后续微生物进一步沉积在其他微生物上，膜孔被进一步阻塞。此外，微生物的某种组分沉积进入膜孔内部，使膜孔尺寸减小，最后在膜表面形成滤饼层。第 4 次过滤时，随着

微生物的不断沉积，膜孔已被微生物完全覆盖，因此通量下降缓慢，并形成了致密的滤饼层，过滤过程仅由滤饼层过滤模型主导。在以前的研究中也提出了在过滤过程中类似的污染模型变化。

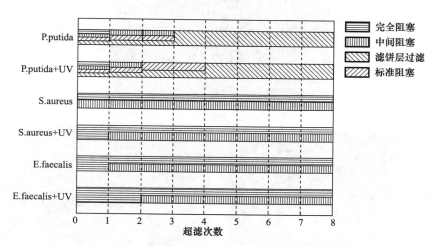

图 3-12　在 8 次过滤过程中不同细菌的超滤膜污染模型

　　膜孔的内部阻塞是通量减少的一个重要原因。在恶臭假单胞菌的过滤过程中，主要的生物污染模型在第 4 次过滤后变为由滤饼层过滤完全主导。然而这一变化在紫外线杀菌后被延后至第 5 次过滤。可见，紫外线杀菌后的恶臭假单胞菌需要更长的时间来完全阻塞并覆盖膜孔，进而形成致密的滤饼层。因此，紫外线杀菌减少了由恶臭假单胞菌引起的膜生物污染。革兰氏阴性菌有很薄的肽聚糖层，因此容易变形，可以通过小于菌体尺寸的空隙。然而，本试验中使用的 PVDF 超滤膜的膜孔尺寸小于 100nm，认为细菌很难进入膜孔并导致标准阻塞。先前的研究表明，EPS 存在于污损膜的滤饼层和膜孔内，且生物膜的 EPS 被认为是水力阻力的决定性因素，而细菌细胞自身对水力阻力的贡献很小。据此推测，标准阻塞可能是由吸附在膜孔中的 EPS 导致的。对于金黄色葡萄球菌和粪肠球菌，在整个过滤过程中，紫外线处理前后的主导污染模型主要为完全阻塞和中间阻塞。在超滤处理金黄色葡萄球菌和粪肠球菌时，没有形成致密的滤饼层。因此，由这两种细菌引起的生物污染程度比恶臭假单胞菌更小。

3.2.4.5　膜表面的污染物性质

　　为了进一步揭示膜的生物污染机制，对膜表面的污染物进行了表征。SEM 图像表明，由恶臭假单胞菌引起的污染物层是致密的，细菌之间几乎没有明显的孔隙；而由金黄色葡萄球菌和粪肠球菌引起的污染物层是松散的，且细菌之间可以观察到孔隙（图 3-13）。因此，由恶臭假单胞菌引起的严重的归一化通量下降被归因于密集的滤饼层结构。紫外线处理后，污染物层上出现了更多的孔隙，生物污染得到缓解。

　　二维 CLSM 图像显示了紫外线杀菌前后细菌在 UF 膜表面的分布情况（图 3-14），细菌体积比随着污染程度的增加而单调下降。然而，生物膜厚度随着污染程度的增加呈增加趋势。由此可认为生物膜的厚度越大，污染物层中的细菌体积比越低，就越能引起污染程度的加剧（图 3-15、图 3-16）。

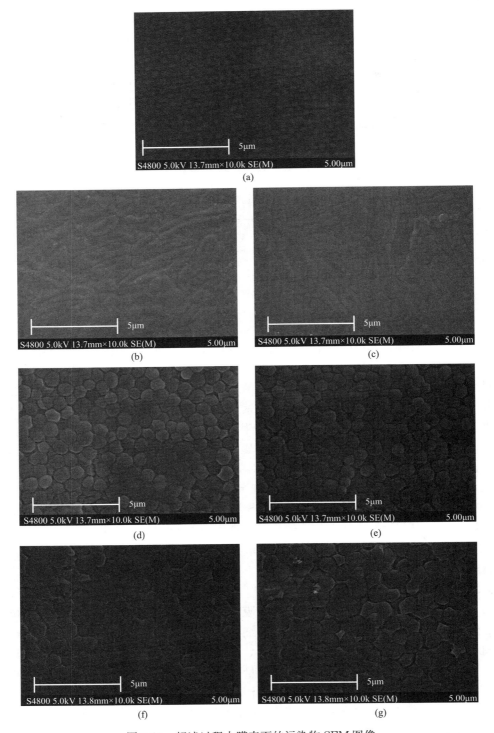

图 3-13　超滤过程中膜表面的污染物 SEM 图像

（a）原始膜和污物形态；（b）紫外线杀菌前的恶臭假单胞菌；（c）紫外线杀菌后的恶臭假单胞菌；
（d）紫外线杀菌前的金黄色葡萄球菌；（e）紫外线杀菌后的金黄色葡萄球菌；（f）紫外线
杀菌前的粪肠球菌；（g）紫外线杀菌后的粪肠球菌

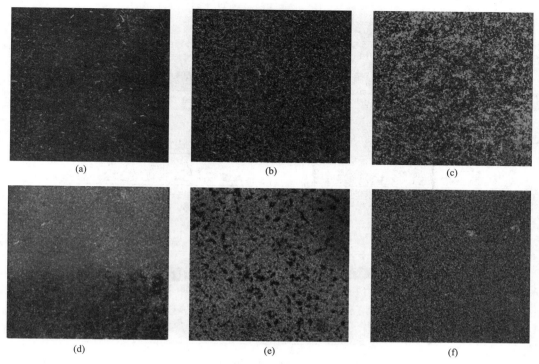

图 3-14　紫外线杀菌前后细菌在 UF 膜表面分布的二维 CLSM 图像

（a）紫外线杀菌前的恶臭假单胞菌；（b）紫外线杀菌后的恶臭假单胞菌；（c）紫外线杀菌前的金黄色葡萄球菌；
（d）紫外线杀菌后的金黄色葡萄球菌；（e）紫外线杀菌前的粪肠球菌；（f）紫外线杀菌后的粪肠球菌

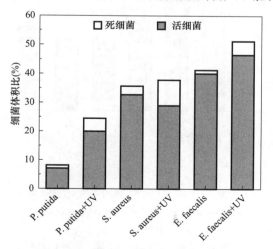

图 3-15　超滤膜表面的生物膜的细菌体积比

3.2.4.6　EPS 对膜污染的影响

图 3-17 显示了不同细菌分泌的 EPS 的 HPSEC 色谱图和基于分子量的峰值分类。对于每一种细菌，LB-EPS 的平均表观分子量 AMW 低于 TB-EPS，且 LB-EPS 在 AMW＜1kDa 时的相对浓度更高。以前的研究表明，AMW 低于 1kDa 的有机物容易被超滤膜截留，并由于氢键导致不可逆的污损，这与通量的下降有关。因此，质量浓度高的 LB-EPS 极大地促进了由恶臭假单胞菌引起的通量下降。先前的研究认为，LB-EPS 对膜污染的贡

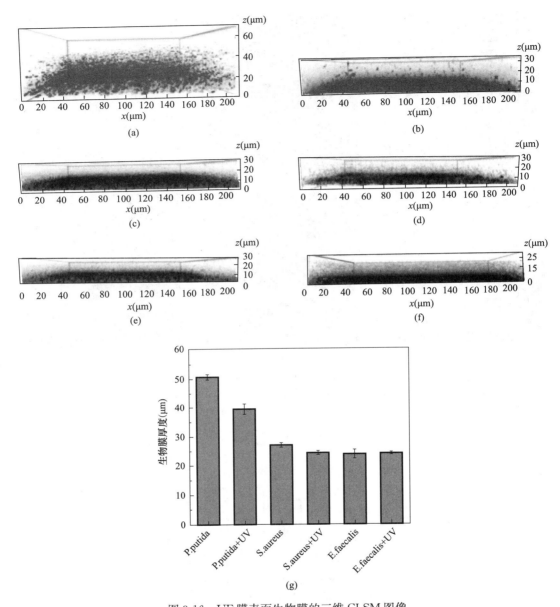

图 3-16　UF 膜表面生物膜的三维 CLSM 图像

（a）紫外线杀菌前的恶臭假单胞菌；（b）紫外线杀菌后的恶臭假单胞菌；（c）紫外线杀菌前的
金黄色葡萄球菌；（d）紫外线杀菌后的金黄色葡萄球菌；（e）紫外线杀菌前的粪肠球菌，（f）紫
外线杀菌后的粪肠球菌；（g）UF 膜表面的生物膜厚度

献更大。紫外线杀菌后，三种细菌的 LB-EPS 和 TB-EPS 的质量浓度都有所下降，使超滤
膜的生物污染程度降低（图 3-18）。

　　此外，由于进水中细菌的数量相近，这三种细菌在膜表面的活菌密度同样相似。紫外线
杀菌后，膜上的活菌密度下降了 3～6 个对数。然而，活菌密度和污染程度之间没有明显
的相关性。值得注意的是，紫外线杀菌后，膜上的 EPS 密度下降了 40％～54％，随着不
同细菌 EPS 密度的下降，污染程度单调下降。因此，膜上 EPS 的密度与膜的污损程度有

正相关关系。紫外线抑制了 EPS 的分泌，从而减少了超滤膜的生物污染。

除了对膜污染程度的直观影响外，生物膜的物理结构也会受到 EPS 变化的影响，如生物膜的厚度。此外，上述研究结果中较高的多糖密度可能是由于多糖在 EPS 污染层上的优先吸附或聚集。与 EPS 总密度和 EPS 蛋白质密度相比，回归结果中 EPS 多糖密度与膜厚度的相关系数最高（$R^2 = 0.935$）。因此，EPS 中的多糖成分可能为生物膜结构的变化有很大的贡献。

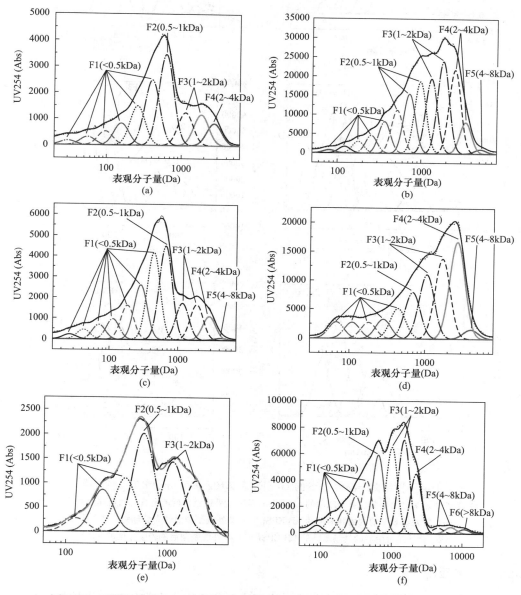

图 3-17　不同细菌分泌的 EPS 的 HPSEC 色谱图和基于分子量的峰值分类（一）

（a）紫外线杀菌前的恶臭假单胞菌的 LB-EPS；（b）紫外线杀菌前的恶臭假单胞菌的 TB-EPS；（c）紫外线杀菌后的恶臭假单胞菌的 LB-EPS；（d）紫外线杀菌后的恶臭假单胞菌的 TB-EPS；（e）紫外线杀菌前的金黄色葡萄球菌的 LB-EPS；
（f）紫外线杀菌前的金黄色葡萄球菌的 TB-EPS；

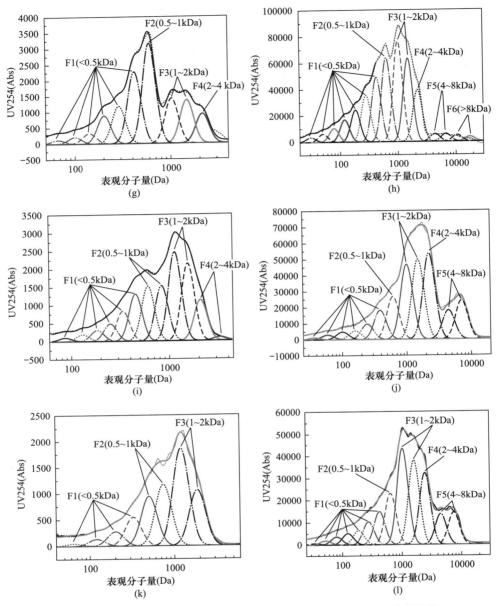

图 3-17 不同细菌分泌的 EPS 的 HPSEC 色谱图和基于分子量的峰值分类（二）
（g）紫外线杀菌后的金黄色葡萄球菌的 LB-EPS；（h）紫外线杀菌后的金黄色葡萄球菌的 TB-EPS；
（i）紫外线杀菌前的粪肠球菌的 LB-EPS；（j）紫外线杀菌前的粪肠球菌的 TB-EPS；
（k）紫外线杀菌后的粪肠球菌的 LB-EPS；（l）紫外线杀菌后的粪肠球菌的 TB-EPS

3.2.5 技术应用

我国西北地区偏远山区的很多村落，由于实施集中供水存在困难，当地村民生活饮用水来源于雨水窖收集的雨水。初期收集的窖水往往浊度较高，而长时间储存的窖水容易滋生微生物，难以满足饮用水国家标准。针对窖水微生物和浊度超标问题，本节探究了超滤技术的适用性。

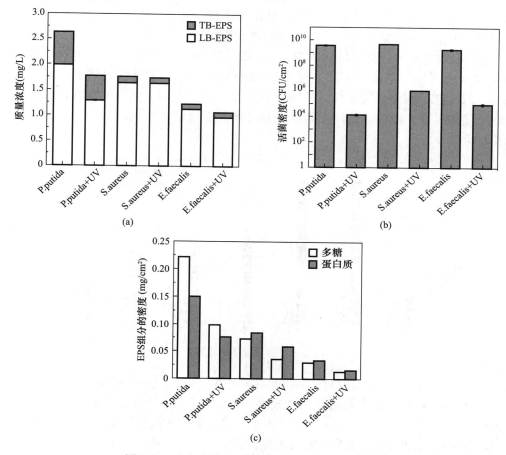

(a)

(b)

(c)

图 3-18 进水及膜表面 EPS 和膜表面的活菌表征

（a）进水中 LB-EPS 和 TB-EPS 的质量浓度；（b）超滤膜表面的活菌表征；
（c）超滤膜生物污染层 EPS 中的多糖和蛋白质的密度

选用超滤联合紫外线消毒的净化工艺，对西北地区两个山区村落 A 村和 B 村的 14 个窖水开展了为期 6 个月的示范应用，超滤后出水和紫外线消毒后出水的浊度如图 3-19 和 3-20 所示。A 村部分窖水浊度相对较高，最高达到了 24.60NTU，且浊度波动范围较大，

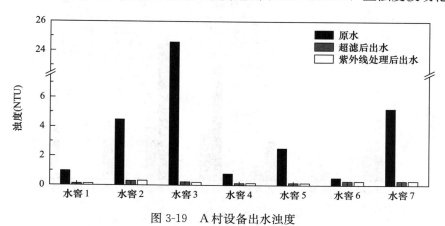

图 3-19 A 村设备出水浊度

为 0.52～24.60NTU。窖水经过超滤后，浊度均大幅下降，低至 0.12～0.29NTU，满足生活饮用水卫生标准。紫外线处理后出水的浊度为 0.12～0.32NTU，相对于超滤后出水变化不大。B 村窖水浊度相对较低，为 0.20～0.99NTU，经过超滤处理后，浊度也得到了一定程度的下降，超滤出水的浊度为 0.15～0.28NTU，紫外线处理后出水的浊度为 0.15～0.31NTU，紫外线对浊度几乎无影响。技术应用表明，对高浊度或低浊度的雨水窖原水，超滤均有良好的降低浊度效果，并可将浊度稳定在 0.5NTU 以下，满足浊度稳定达标的要求。

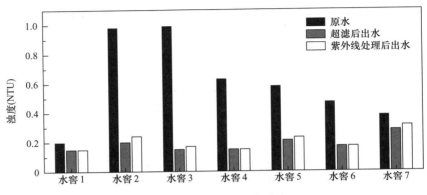

图 3-20　B 村设备出水浊度

A 村和 B 村 14 个雨水窖的超滤后出水和紫外线处理后出水的菌落数如图 3-21 和 3-22 所示。A 村部分雨水窖原水菌落数相对较高，最高达到了 7600CFU/mL，且菌落数波动范围较大，为 100～7600CFU/mL。经过超滤处理后菌落数极大降低（0～330CFU/mL），但仍有不能满足生活饮用水卫生标准的情况。其中，水窖 1 超滤后出水的菌落数相对于原水菌落数有略微上升，这可能是由于该用户使用频率低、超滤膜上存在细菌滋生的情况。经过紫外线处理后，出水的菌落数得到了进一步下降，为 2～53CFU/mL。水窖 1 经过超滤处理后提升的菌落数，在紫外线处理后降低至 35CFU/mL。相对于原水，出水的菌落数降低了 78.12%～99.88%。出水菌落数可稳定满足生活饮用水卫生标准。B 村窖水菌落数相对较低，为 30～37CFU/mL。经过超滤处理后，菌落数有一定程度的下降，超滤后出水的菌落数为 25～32CFU/mL，紫外线处理后出水的菌落数为 21～25CFU/mL。设备

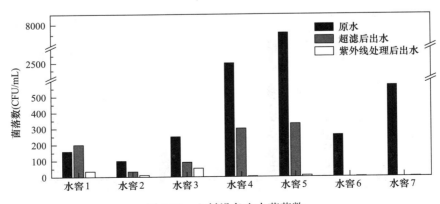

图 3-21　A 村设备出水菌落数

出水相对原水的菌落数下降了 26.67%～32.43%，表明超滤联合紫外线处理的净化工艺在原水菌落数较低的情况下，也可以进一步降低水中微生物。

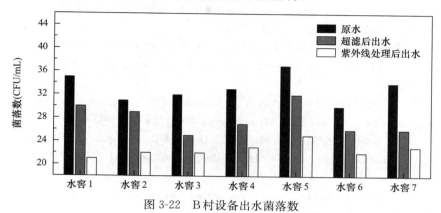

图 3-22 B 村设备出水菌落数

技术应用效果表明，超滤联合紫外线处理的净化工艺适用于雨水窖收集的雨雪水的净化，具有一定的推广应用前景。

本章参考文献

[1] ADEYEMO F E, KAMIKA I, MOMBA M N B. Comparing the effectiveness of five low-cost home water treatment devices for Cryptosporidium, Giardia and somatic coliphages removal from water sources [J]. Desalination and Water Treatment, 2015, 56 (9): 2351-2367.

[2] AHAMMED M M, DAVRA K. Performance evaluation of biosand filter modified with iron oxide-coated sand for household treatment of drinking water [J] Desalination, 2011, 276 (1-3): 287-293.

[3] AIKEN B A, STAUBER C E, ORTIZ G M, et al. An assessment of continued use and health impact of the concrete biosand filter in Bonao, Dominican Republic [J]. The American Tournal of Tropical Medicine and Hygiene, 2011, 85 (2): 309-317.

[4] ANDREOLI F C, SABOGAL-PAZ L P. Household slow sand filter to treat groundwater with micro-biological risks in rural communities [J]. Water Research, 2020, 186: 116352.

[5] ARNOLD N, ARCHER A B. Barkdoll. Bacterial adaptation and performance of household biosand water filters in differing temperatures [J]. Water Science and Technology Water Supply, 2016, 16 (3): 794-801.

[6] AVILES M, GARRIDO S E, ESTELLER M V, et al. Removal of groundwater arsenic using a household filter with iron spikes and stainless steel [J]. Journal of Environmental Management, 2013, 131: 103-109.

[7] BAUMGARTNER J, MURCOTT S, EZZATI M. Reconsidering 'appropriate technology': the effects of operating conditions on the bacterial removal performance of two household drinking-water filter systems [J]. Environmental Research Letters, 2007, 2 (2): 024003.

[8] BERG M, LUZI S, TRANG P T, et al. Arsenic removal from groundwater by household sand filters: comparative field study, model calculations, and health benefits [J]. Environmental Science and Technology, 2006, 40 (17): 5567-5573.

[9] BOJCEVSKA H, JERGIL E. Removal of cyanobacterial toxins (LPS endotoxin and microcystin) in drinking-water using the BioSand household water filter [J]. Minor Field Study, 2003, 91: 1-44.

[10] BRADLEY I, STRAUB A, MARACCINI P, et al. Iron oxide amended biosand filters for virus removal [J]. Water Research, 2011, 45 (15): 4501-4510.

[11] BROWN J, CLASEN T. High adherence is necessary to realize health gains from water quality interventions [J]. PLoS One, 2012, 7 (5): 36735.

[12] CHIEW H, SAMPSON M L, HUCH S, et al. Effect of groundwater iron and phosphate on the efficacy of arsenic removal by iron-amended biosand filters [J]. Environmental Science and Technology, 2009, 43 (16): 6295-6300.

[13] DAVRA K, AHAMMED M M, NAIR A T. Influence of operating parameters on the performance of a household slow sand filter [J]. Water Supply, 2014, 14 (4): 643-649.

[14] DE SOUZA F H, ROECKER P B, SILVEIRA D D, et al. Influence of slow sand filter cleaning process type on filter media biomass: backwashing versus scraping [J]. Water Research, 2021, 189: 116581.

[15] DECHO A W. Microbial biofilms in intertidal systems: an overview [J]. Continental Shelf Research, 2000, 20 (10-11): 1257-1273.

[16] DEVI R, ALEMAYEHU E, SINGH V, et al. Removal of fluoride, arsenic and coliform bacteria by modified homemade filter media from drinking water [J]. Bioresource Technology: Biomass, Bioenergy, Biowastes, Conversion Technologies, Biotransformations, Production Technologies, 2008, 99 (7): 2269-2274.

[17] ELLIOTT M, STAUBER C E, DIGIANO F A, et al. Investigation of E. coli and Virus Reductions using replicate, bench-scale biosand filter columns and two filter media [J]. International Tournal of Environmental Research and public Health, 2015, 12 (9): 10276-10299.

[18] ELLIOTT M A, DIGIANO F A, SOBSEY M D. Virus attenuation by microbial mechanisms during the idle time of a household slow sand filter [J]. Water Research, 2011, 45 (14): 4092-4102.

[19] ELLIOTT M A, STAUBER C E, KOKSAL F, et al. Reductions of E. coli, echovirus type 12 and bacteriophages in an intermittently operated household-scale slow sand filter [J]. Water Research, 2008, 42 (10-11): 2662-2670.

[20] ENGER K S, NELSON K L, ROSE J B, et al. The joint effects of efficacy and compliance: a study of household water treatment effectiveness against childhood diarrhea [J]. Water Research, 2013, 47 (3): 1181-1190.

[21] FREITAS B L S, TERIN U C, FAVA N M N, et al. A critical overview of household slow sand filters for water treatment [J]. Water Research, 2022, 208: 117870.

[22] FREITAS B L S, TERIN U C, FAVA N M N, et al. Filter media depth and its effect on the efficiency of Household Slow Sand Filter in continuous flow [J]. Journal of Environmental Management, 2021, 288: 112412.

[23] GHEBREMICHAEL K, WASALA L D, KENNEDY M, et al. Comparative treatment performance and hydraulic characteristics of pumice and sand biofilters for point-of-use water treatment [J]. Journal of Water Supply: Research and Technology, 2012, 61 (4): 201-209.

[24] HAIG S J, SCHIRMER M, D'AMORE R, et al. Stable-isotope probing and metagenomics reveal predation by protozoa drives E. coli removal in slow sand filters [J]. The ISME Journal Emultidisciplinary Journal of Microbial Ecology, 2015, 9 (4): 797-808.

[25] HOKO Z, MUSIMA B T, MAPENZAUSWA C F. Exploring the feasibility of dual media filtration at Morton Jaffray Water Works (Harare, Zimbabwe) [J]. Journal of Applied Water Engineering and Research, 2024, 12 (1): 14-26.

［26］JENKINS M W，TIWARI S K，DARBY J. Bacterial，viral and turbidity removal by intermittent slow sand filtration for household use in developing countries：experimental investigation and modeling ［J］. Water Research，2011，45 (18)：6227-6239.

［27］KENNEDY T J，HERNANDEZ E A，MORSE A N，et al. Hydraulic loading rate effect on removal rates in a biosand filter：A pilot study of three conditions ［J］. Water Air and Soil Pollution，2012，223 (7)：4527-4537.

［28］KUBARE M，HAARHOFF J. Rational design of domestic biosand filters ［J］. Journal of Water Supply：Research and Technology，2010，59 (1)：1-15.

［29］LAMON A W，FARIA MACIEL P M，CAMPOS J R，et al. Household slow sand filter efficiency with schmutzdecke evaluation by microsensors ［J］. Environmental Technology，2022，43 (26)：4042-4053.

［30］MACIEL P M F，SABOGAL-PAZ L P. Household slow sand filters with and without water level control：continuous and intermittent flow efficiencies ［J］. Environmental Technology，2020，41 (8)：944-958.

［31］MAENG M，CHOI E，DOCKKO S. Reduction of organic matter in drinking water using a hybrid system combined with a rock biofilter and membrane in developing countries ［J］. International Biodeterioration and Biodegradation，2015，102：223-230.

［32］MAHLANGU T O，MAMBA B B，MOMBA M N B. A comparative assessment of chemical contaminant removal by three household water treatment filters ［J］. Water S A，2012，38 (1)：39-48.

［33］MCKENZIE E R，JENKINS M W，TIWARI S S K，et al. In-home performance and variability of biosand filters treating turbid surface and rain water in rural Kenya ［J］. Journal of Water Sanitation and Hygiene for Development，2013，3 (2)：189-198.

［34］MEDEIROS R C，DE M N F N，FREITAS B L S，et al. Drinking water treatment by multistage filtration on a household scale：Efficiency and challenges ［J］. Water Research，2020，178：115816.

［35］MORSE A N，HERNANDEZ E A，ANDERSON T A，et al. Determining the operational limits of the biosand filter ［J］. Water Supply，2013，13 (1)：56-65.

［36］MURPHY H M，MCBEAN E A，FARAHBAKHSH K. A critical evaluation of two point-of-use water treatment technologies：can they provide water that meets WHO drinking water guidelines? ［J］. Journal of Water and Health，2010，8 (4)：611-630.

［37］MWABI J K，ADEYEMO F E，MAHLANGU T O，et al. Household water treatment systems：A solution to the production of safe drinking water by the low-income communities of Southern Africa ［J］. Physics and Chemistry of the Earth，Parts A/B/C，2011，36 (14-15)：1120-1128.

［38］NAPOTNIK J A，BAKER D，JELLISON K L. Effect of sand bed depth and medium age on escherichia coli and turbidity removal in biosand filters ［J］. Environmental Science and Technology，2017，51 (6)：3402-3409.

［39］NAPOTNIK J A，BAKER D，JELLISON K L. Influence of sand depth and pause period on microbial removal in traditional and modified biosand filters ［J］. Water Research，2021，189：116577.

［40］NGAI T K，SHRESTHA R R，DANGOL B，et al. Design for sustainable development—household drinking water filter for arsenic and pathogen treatment in Nepal ［J］. Journal of Environmental Science and Health，Part A：Toxicl Hazardous Substances and Environmental Engineering，2007，42 (12)：1879-1888.

［41］PALMATEER G，MANZ D，JURKOVIC A，et al. Toxicant and parasite challenge of Manz intermittent slow sand filter ［J］. Environmental Toxicology，1999，14 (2)：217-225.

［42］ POMPEI C M E，CAMPOS L C，DA SILVA B F，et al. Occurrence of PPCPs in a Brazilian water reservoir and their removal efficiency by ecological filtration ［J］. Chemosphere，2019，226：210-219.

［43］ POMPEI C M E，CIRIC L，CANALES M，et al. Influence of PPCPs on the performance of intermittently operated slow sand filters for household water purification ［J］. Science of the Total Environment，2017，581-582：174-185.

［44］ RIBALET F，INTERTAGLIA L，LEBARON P，et al. Differential effect of three polyunsaturated aldehydes on marine bacterial isolates ［J］. Aquatic Toxicology，2008，86（2）：249-255.

［45］ SABIRI N E，CASTAING J B，MASSÉ A，et al. Performance of a sand filter in removal of microalgae from seawater in aquaculture production systems ［J］. Environmental Technology，2012，33（6）：667-676.

［46］ SABOGAL-PAZ L P，CAMPOS L C，BOGUSH A，et al. Household slow sand filters in intermittent and continuous flows to treat water containing low mineral ion concentrations and Bisphenol A ［J］. Science of the Total Environment，2020，702：135078.

［47］ SINGER S，SKINNER B，CANTWELL R E. Impact of surface maintenance on BioSand filter performance and flow ［J］. Journal of Water and Health，2017，15（2）：262-272.

［48］ SISSON A J，WAMPLER P J，REDISKE R R，et al. Long-term field performance of biosand filters in the Artibonite Valley，Haiti ［J］. The American Journal of Tropical Medicine and Hygiene，88（5）：862-867.

［49］ SISSON A J，WAMPLER P J，REDISKE R R，et al. An assessment of long-term biosand filter use and sustainability in the Artibonite Valley near Deschapelles，Haiti ［J］. Journal of Water Sanitation and Hygiene for Development，2013，3（1）：51-60.

［50］ SIZIRICI B，YILDIZ I，ALALI A，et al. Modified biosand filters enriched with iron oxide coated gravel to remove chemical，organic and bacteriological contaminants ［J］. Journal of Water Process Engineering，2019，27：110-119.

［51］ SMITH K，LI Z，CHEN B，et al. Comparison of sand-based water filters for point-of-use arsenic removal in China ［J］. Chemosphere，2017，168：155-162.

［52］ SNYDER K V，WEBSTER T M，UPADHYAYA G，et al. Vinegar-amended anaerobic biosand filter for the removal of arsenic and nitrate from groundwater ［J］. Journal of Environmental Management，2016，171：21-28.

［53］ SON HEE-JONG. Removal of algae in a slow sand filter using ecological property of macrobenthos (pomacea canaliculata) ［J］. Journal of Environmental Science International，2013，22（3）：371-378.

［54］ SOUZA FREITAS B L，SABOGAL-PAZ L P. Pretreatment using Opuntia cochenillifera followed by household slow sand filters：technological alternatives for supplying isolated communities ［J］. Environmental Technology，2020，41（21）：2783-2794.

［55］ TERIN U C，SABOGAL-PAZ L P. Microcystis aeruginosa and microcystin-LR removal by household slow sand filters operating in continuous and intermittent flows ［J］. Water Research，2019，150：29-39.

［56］ TIWARI S S，SCHMIDT W P，DARBY J，et al. Intermittent slow sand filtration for preventing diarrhoea among children in Kenyan households using unimproved water sources：randomized controlled trial ［J］. Tropical Medicine and International Health，2009，14（11）：1374-1382.

［57］ WANG HANTING，NARIHIRO T，STRAUB A P，et al. MS2 bacteriophage reduction and microbial communities in biosand filters ［J］. Environmental Science and Technology，2014，48（12）：6702-6709.

[58] WEBER-SHIRK M L, CHAN K L. The role of aluminum in slow sand filtration [J]. Water Research, 2007, 41 (6): 1350-1354.

[59] YOUNG-ROJANSCHI C, MADRAMOOTOO C. Intermittent versus continuous operation of biosand filters [J]. Water Research, 2014, 49: 1-10.

[60] GERE A R. Microfiltration operating costs [J]. Journal of the American Water Works Association, 1997, 89 (10): 40-49.

[61] 任海静, 石春力, 卢珊, 等. 饮用水深度处理中的绿色工艺——超滤膜处理 [J]. 建设科技, 2015, 13: 50-52.

[62] 范小江, 张锡辉, 苏子杰, 等. 超滤技术在我国饮用水厂中的应用进展 [J]. 中国给水排水, 2013, 29 (22): 64-70.

[63] 常海庆, 梁恒, 高伟, 等. 东营南郊净水厂超滤膜示范工程的设计和运行经验简介 [J]. 给水排水, 2012, 38 (6): 9-13.

[64] 饶磊. 浅谈郭公庄水厂的工艺设计及优化 [J]. 给水排水, 2015, 41 (4): 9-12.

[65] HUNG M T, LIU J C. Microfiltration for separation of green algae from water [J]. Colloids and Surface, B: Biointerfaces, 2006, 51 (2): 157-164.

[66] OH H K, TAKIZAWA S, OHGAKI S, et al. Removal of organics and viruses using hybrid ceramic M F system without draining PAC [J]. Desalination, 2007, 202 (1-3): 191-198.

[67] JERMANN D, PRONK W, KÄGI R, et al. Influence of interactions between NOM and particles on UF fouling mechanisms [J]. Water Research, 2008, 42 (14): 3870-3878.

[68] CHILDRESS A E, ELIMELECH M. Relating nanofiltration membrane performance to membrane charge (electrokinetic) characteristics [J]. Environmental Science and Technology, 2000, 34 (17): 3710-3716.

[69] HERMIA J. Constant Pressure Blocking Filtration Law Application to Powder-Law Non-Newtonian Fluid [J]. Transactions of the Institution of Chemical Engineers, 1982, 60 (3): 183-187.

[70] VAN GELUWE S, BRAEKEN L, VAN DER BRUGGEN B. Ozone oxidation for the alleviation of membrane fouling by natural organic matter: A review [J]. Water Research, 2011, 45 (12): 3551-3570.

[71] YUE X, KOH Y K, NG H Y. Effects of dissolved organic matters (DOMs) on membrane fouling in anaerobic ceramic membrane bioreactors (An CMBRs) treating domestic wastewater [J]. Water Research, 2015, 86: 96-107.

[72] LIN CHENGFANG, HAO O J, HUANG Y-J. Ultrafiltration processes for removing humic substances: Effect of molecular weight fractions and PAC treatment [J]. Water Research, 1999, 33 (5): 1252-1264.

[73] LAHOUSSINE-TURCAUD V, WIESNER M R, BOTTERO J Y. Fouling in tangential-flow ultrafiltration: the effect of colloid size and coagulation pretreatment [J]. Journal of Membrane Science, 1990, 52 (2): 173-190.

[74] NYSTROM M, RUOHOMAKI K, KAIPIA L. Humic acid as a fouling agent in filtration [J]. Desalination, 1996, 106 (1-3): 79-87.

[75] SPETH T F, GUSSES A M, SUMMERS R S. Evaluation of nanofiltration pretreatments for flux loss control [J]. Desalination, 2000, 130 (1): 31-44.

[76] ZULARISAM A W, ISMAIL A F, SALIM M R, et al. The effects of natural organic matter (NOM) fractions on fouling characteristics and flux recovery of ultrafiltration membranes [J]. Desalination, 2007, 212 (1-3): 191-208.

[77] FAN LINHUA, HARRIS J L, RODDICK F A, et al. Influence of the characteristics of natural organic matter on the fouling of microfiltration membranes [J]. Water Research, 2001, 35 (18): 4455-4463.

[78] HENDERSON R, PARSONS S A, JEFFERSON B. The impact of algal properties and pre-oxidation on solid-liquid separation of algae [J]. Water Research, 2008, 42 (8-9): 1827-1845.

[79] BOB M, WALKER H W. Enhanced adsorption of natural organic matter on calcium carbonate particles through surface charge modification [J]. Colloids and Surfaces A: Physicochemical and Engineering Aspects, 2001, 191 (1): 17-25.

[80] SUTZKOVER-GUTMAN I, HASSON D, SEMIAT R. Humic substances fouling in ultrafiltration processes [J]. Desalination, 2010, 261 (3): 218-231.

[81] SALGIN S, TAKAC S, OZDAMAR T H. Adsorption of bovine serum albumin on polyether sulfone ultrafiltration membranes: Determination of interfacial interaction energy and effective diffusion coefficient [J]. Journal of Membrane Science, 2006, 278 (1-2): 251-260.

[82] SHE QIANHONG, TANG CHUYANG, WANG YINING, et al. The role of hydrodynamic conditions and solution chemistry on protein fouling during ultrafiltration [J]. Desalination, 2009, 249: 1079-1087.

[83] JERMANN D, PRONK W, MEYLAN S, et al. Interplay of different NOM fouling mechanisms during ultrafiltration for drinking water production [J]. Water Research, 2007, 41 (8): 1713-1722.

[84] SCHAFER A I, FANE A, WAITE T D. Nanofiltration: principles and applications [M]. Amsterdam: Elsevier, 2005.

[85] CHILDRESS A E, ELIMELECH M. Relating nanofiltration membrane performance to membrane charge (electrokinetic) characteristics [J]. Environmental Science and Technology, 2000, 34 (17): 3710-3716.

[86] VRIJENHOEK E M, HONG S, ELIMELECH M. Influence of membrane surface properties on initial rate of colloidal fouling of reverse osmosis and nanofiltration membranes [J]. Journal of Membrane Science, 2001, 188 (1): 115-128.

[87] HIROSE M, ITO H, KAMIYAMA Y. Effect of skin layer surface structures on the flux behaviour of RO membranes [J]. Journal of Membrane Science, 1996, 121 (2): 209-215.

[88] RIEDL K, GIRARD B, LENCKI R W. Influence of membrane structure on fouling layer morphology during apple juice clarification [J]. Journal of Membrane Science, 1998, 139 (2): 155-166.

[89] 湛含辉, 罗娟. 聚偏氟乙烯膜亲水改性的研究进展 [J]. 湖南工业大学学报, 2011, 25 (3): 31-36.

[90] WIENK I, MEULEMAN E, BORNEMAN Z, et al. Chemical treatment of membranes of a polymer blend: mechanism of the reaction of hypochlorite with poly (vinylpyrrolidone) [J]. Journal of Polymer Science Part A: Polymer Chemistry, 1995, 33 (1): 49-54.

[91] CAUSSERAND C, ROUAIX S, LAFAILLE J-P, et al. Ageing of polysulfone membranes in contact with bleach solution: Role of radical oxidation and of some dissolved metal ions [J]. Chemical Engineering and Processing: Process Intensification, 2008, 47 (1): 48-56.

[92] HU HAOTIAN, LU ZHILI, WANG HAIBO, et al. Microbial interaction energy and EPS composition influenced ultrafiltration membrane biofouling and the role of UV pretreatment [J]. Desalination, 2023, 548: 116304.

[93] 胡好天. 西北村镇水窖水超滤—紫外处理技术及膜污染控制 [D]. 郑州: 华北水利水电大学, 2023.

苦咸地下水净化制备饮用水技术

4.1　除硝酸盐和除氟技术简介

4.1.1　地下水除硝酸盐常用技术

地下水除硝酸盐分为原位修复和抽出后处理两种方式，处理技术大致可以分为物理化学技术、化学还原技术和生物技术三类。

4.1.1.1　物理化学技术

物理化学处理方法主要包括离子交换法、蒸馏法、反渗透法、电渗析法和吸附法等。

地下水中硝酸盐污染的物理去除法主要是指反渗透法和离子交换法。反渗透技术的原理是通过施加外压力使水通过半透膜，半透膜只允许水分子通过，而溶液中的离子被截留，从而使得硝酸盐在膜的两侧进行分离净化。它主要是将污染物转移到其他地方，而不是真正降解水中的污染物，且在转移污染物的同时也有可能把对人体有益的元素转移出去。离子交换技术较为成熟，利用树脂中的 HCO_3^-、Cl^- 等阴离子与 NO_3^- 进行置换，可选择性地去除水中 NO_3^-。费宇雷等人发现，PuroliteA300E 普通强碱性树脂和 PuroliteA520E 选择性强碱性树脂都能有效去除硝酸盐。离子交换法的优点是快速、稳定、处理能力大且受温度影响小，在中小型水处理厂应用较广。但其也有自身的缺点，树脂具有确定的交换容量，当超过其交换容量时就会发生 NO_3^- 泄漏。同时，出水 Cl^- 质量浓度会增大，且树脂的再生会产生大量质量浓度高的 SO_4^{2-}、NO_3^- 废水，后处理困难，易造成二次污染。此外，普通阴离子交换树脂对离子的选择性依次是：$SO_4^{2-}>NO_3^->HCO_3^->Cl^-$，对于硫酸盐质量浓度较高的水，树脂将先交换硫酸盐，后交换硝酸盐，树脂利用率低。

蒸馏法是将水进行蒸馏使之变成蒸汽，再对其进行冷却，使硝酸盐留在蒸馏浓缩液中。蒸馏法的主要原理是通过加热把溶液中的水转化为水蒸气，然后将水蒸气冷凝回收，从而达到去除水中硝酸盐的效果。蒸馏法对离子的去除过程不具备选择性，在去除硝酸盐的同时，把对人体有益的其他离子也去除了。另外，蒸馏法的处理过程是先将水由液相转化成气相，再由气相转化成液相，这是一个十分耗时、耗能的过程。蒸馏法能源消耗大、费用高、无选择性，工艺复杂且处理时间较长。

电渗析（ED）法是利用离子交换膜在电位差推动力的作用下，从水溶液中脱除离子的一种分离方法，可以有效去除水体中的无机盐。电渗析器一般由阴离子交换膜和阳离子交换膜交替叠合在阴极和阳极之间组成，由一张阴膜和一张阳膜组成一个膜对，并形成一个隔室。当电解质水溶液流经两张离子交换膜间的隔室时，由于电场作用，溶液中带正电荷的阳离子做定向迁移，渗透通过带有负电荷的阳离子交换膜，并被阴离子交换膜阻挡，与此同时，溶液中带负电荷的阴离子渗透通过阴离子交换膜。这种反离子定向迁移的结果是每隔一室溶液中离子的质量浓度增加。电渗析法刚开始仅用于海水淡化、工业除盐等领域，近年来也有学者用于去除饮用水中的硝酸盐。该方法的优点是去除效率较高，膜寿命较长，可以选择性地脱除硝酸盐；缺点是需要外加直流电场，运行成本高，不适合大规模应用，存在废水排放问题。

吸附法是利用特定材料使硝酸盐富集于材料表面以及孔隙，吸附材料主要有碳基吸附剂、农业废物材料、工业废物材料等。其中，碳基吸附剂包括炭布、活性炭粉末和颗粒、碳纳米管以及竹炭粉等；农业废物材料包括木质纤维素、麦秸、甜菜渣等；工业废物材料包括原始和活化红泥等。电吸附技术的发展一般认为始于 20 世纪 60 年代后期，美国俄克拉荷马大学的研究人员在直流电场的作用下，从略带碱性的水中去除了少量的盐分。研究学者们对于电吸附技术的研究工作主要集中在电极材料、运行模式和电吸附装置的构型。电极材料的研究主要以碳电极作为研究主线，从最初的颗粒/粉末活性炭、活性炭纤维到之后的碳纳米管、石墨烯等材料，运行模式也从最初的恒压操作到现在的恒流操作。

光催化是去除污染物的有效途径，因为它可同时去除硝酸盐（或其他无机物）和有机物质。光催化处理技术价格低廉，是一种可用于偏远地区的硝酸盐去除技术。与单一污染物体系相比，近几年来，光催化氧化还原反应在同时去除双重污染物方面得到了极大的发展。Shaban 等人在不同反应条件下使用碳改性二氧化钛（C/TiO$_2$）纳米粒子对海水中硝酸盐光催化还原，发现在催化剂负载量为 0.5g/L，pH＝3 和 0.04mg/L 甲酸时，硝酸盐的光催化去除率最高。动力学研究也表明，通过拟一级反应动力学成功地表达了碳改性二氧化钛从海水中光催化去除硝酸盐的行为。光催化还原水中硝酸盐的原理是半导体催化剂在紫外线照射下，当半导体接受的能量大于等于禁带宽度（E_g）的波长时，半导体催化剂价带上的电子（e^-）会被激发而迁移到导带，导带上产生带负电的电子（e^-），而在相应的价带上形成一个空穴（h^+）。在电场的作用下，光生电子和空穴被迫分离，电子（e^-）具有很强的还原性，迁移到催化剂表面的电子与吸附在催化剂表面的 NO$_3^-$ 发生还原反应，最终将水中硝酸盐还原为 N$_2$。光催化还原水中硝酸盐技术的核心是找到具有优良催化活性的环保型光催化剂，目前常用的光催化剂主要包括钛基催化剂和非钛基催化剂。

4.1.1.2　化学还原技术

化学还原技术以还原剂与硝酸盐之间的氧化还原反应将硝酸盐转化为氨氮氮气。还原剂除了用铁外，铝、锌等金属也常用来还原水中的硝酸盐，还原产物主要是氨氮，氮气产生量较少。相比于金属铁，铝和锌等金属由于价格昂贵、来源较少，从而限制了其发展。因此，在活泼金属还原法中，金属铁作为还原剂是未来的主要研究方向。此方法去除水中的硝酸盐虽然可以取得较好效果，但主要反应产物是氨氮，氮气生成量较少，且加入金属可能产生二次污染，因此还需后续的处理，这也是未来研究中需要解决的难题之一。根据选取的还原剂种类，化学还原法可分为催化还原法和活泼金属还原法。

1. 催化还原法

催化还原法由 Vorlop 等人在 20 世纪 80 年代末首次提出，最早的概念是将 H_2 引入反应体系，在负载型二元金属的催化下将 NO_3^- 还原为 N_2。催化还原法的选择性高，脱氮效率高，能适应不同的反应环境，不需要担心二次污染问题。但可能因还原作用过强而产生氨氮等副产物，或由于还原作用不完全生成亚硝酸盐。同时，氢气不易溶于水，易爆炸，不便在工程中应用，因此，催化还原法现阶段还处于实验室研究阶段。

在催化剂的选择方面，有学者发现 Pd 等单一金属作为催化剂时，对于硝酸盐的去除效率较低，而引入其他金属（如 Cu）可明显增强硝酸盐的催化还原效果，即两种金属起协同催化作用。将 Pd-Cu 双金属负载于氧化铝，这种负载型双金属催化剂对硝酸盐的降解表现出了很高的催化活性。

由于在硝酸盐被催化还原的过程中会产生 OH^-，体系 pH 的上升会使载体极化，降低反应的催化活性和选择活性。因此，除氢气以外，甲酸、甲酸钠、甲醇等也作为还原剂参与到硝酸盐的催化还原中。

载体的作用是分散并固定双金属催化剂颗粒，防止在催化还原过程中颗粒流失。目前除了负载于氧化铝，还有研究将 Pd-Cu 双金属负载在二氧化钛、氧化铈、水滑石、活性炭、磁赤铁矿等材料之上。

2. 活泼金属还原法

活泼金属还原法主要利用铝、锌、铁等金属单质及合金为还原剂，使硝酸盐还原为亚硝酸盐、氨和氮气。铝粉还原工艺主要生成亚硝酸盐与氨氮，加之铝盐会影响人体健康，因而不宜用于饮用水中硝酸盐的脱除。而零价铁粉无毒、价格便宜、来源广泛且还原速度快，其对于硝酸盐的去除也是近年的研究热点，NO_3^- 会被还原为 NO_2^-、N_2 和 NH_4^+，方程式如下：

$$Fe + 2H_3O^+ = H_2 + 2H_2O + Fe^{2+} \tag{4-1}$$

$$NO_3^- + Fe + 2H_3O^+ = NO_2^- + 3H_2O + Fe^{2+} \tag{4-2}$$

$$2NO_3^- + 5Fe + 12H_3O^+ = N_2 + 18H_2O + 5Fe^{2+} \tag{4-3}$$

$$NO_3^- + 4Fe + 10H_3O^+ = NH_4^+ + 13H_2O + 4Fe^{2+} \tag{4-4}$$

有研究认为，零价铁对硝酸盐的还原反应只能在酸性或者近中性的条件下进行，可渗透反应墙（PRB）技术可在碱性条件下去除硝酸盐，将铁屑做成可渗透反应墙已成功应用在地下水硝酸盐污染的原位修复中。PRB 技术具有处理效率高、对水环境扰动小、运行费用低、应用较为成熟等优点，近年来被广泛研究。活性介质决定了介质与污染物反应的时间和速度，是 PRB 技术的关键。处理地下水中的硝酸盐时最常用的介质有零价铁和固态碳源。零价铁具有多功能性，可还原多种污染物，对混合污染地下水具有明显优势。

纳米零价铁是指粒径为 1～100nm 的超细铁粉，与普通铁粉相比粒径更小、比表面积更大，在反应中具有较高的活性。基于此，Choe 等人提出了纳米零价铁反硝化法，利用纳米零价铁将 NO_3^- 还原为 N_2，室温条件下反应迅速，脱硝完全，几乎没有其他中间产物，且无须调节 pH。纳米零价铁也可以有效还原质量浓度高的硝酸盐，而不需要控制 pH。但粉末状的纳米铁颗粒细微，难以固液分离回收和重复利用，因此把纳米铁负载于载体上并固定，制成一定形状的颗粒，可以保持其固有特性且增强其稳定性，提高回收率，同时适用于反应器操作。负载纳米铁的载体有膨润土、碳纳米管、活性炭、石墨、离子交换树脂等。此外，纳米铁制备方法、投加量、分散状态以及环境溶解氧、pH、共存离子的存在均会影响硝酸盐的去除效果。活泼金属还原法的主要缺点在于反应产物难以控制，并且会产生金属离子、金属氧化物或水合金属氧化物等二次污染，必须进行后处理，后续处理比较复杂、费用高。

4.1.1.3 生物技术

自然界中的许多微生物能够在厌氧条件下生长，并将 NO_3^- 还原成 N_2。地下水中硝酸盐的生物修复技术就是在人为作用下，强化自然界水体中的反硝化作用。生物法去除水中硝酸盐的原理主要是用微生物来进行反硝化作用，在缺氧或者厌氧的条件下以硝酸盐为脱氮菌呼吸链的末端电子受体，将硝酸盐还原为 N_2 或 N_2O，这些原理即是用人工来强化自然界的去除过程。Chen 等人研发了一种自养反硝化生物阴极，将硝酸盐或/和高氯酸盐的还原与发电耦合在一起。结果表明，当以单一高氯酸盐和单一硝酸盐为底物的微生物燃料电池（MFC）的电流密度分别稳定在 $3.00mA/m^3$ 和 $1.52mA/m^3$ 时，高氯酸盐和硝酸盐的去除效率分别达到 53.14% 和 87.05%。生物脱氮法的处理效率高，甚至可以达到 99%，处理过程也相对稳定。但是需要对生物质废料进行处理，且处理周期漫长，成本也相对较高。自养反硝化法是指以 H_2、S 及其化合物为电子受体，CO_2 为碳源，来脱除硝酸盐。根据电子供体的不同，可将自养反硝化细菌分为氢自养型和硫自养型。氢自养反硝化细菌以理想的氢气为电子供体，产泥量少，后续无须处理多余杂质，不会产生二次污染，但地下水本身含有的氢气量少，不足以维持细菌的生长，需要人为供氢，但是氢气属于易爆气体，与空气混合极易发生爆炸，存在较大安全隐患。相比较而言，硫自养反硝化细菌脱氮法经济简单，无须外加氢气，但处理过程中会产生硫酸盐，给地下水引入新的污染源。另外，硫细菌对 pH 比较敏感，在处理过程中需外加碱度，增加了处理的难度。异养反硝化菌在缺氧环境中以易降解的有机物为营养来源，将 NO_3^- 转化为 N_2，从而达到除氮的目的。相较于自养反硝化法，异养反硝化法脱氮速度快、单位体积处理量大，是更具前景的脱氮技术。影响反硝化过程的因素有 DO、温度、pH、C/N 等，其中碳源是反硝化过程能否有效进行的关键因素，一般地下水环境本身可利用的有机碳源不足以满足反硝化细菌的生长，需要外加碳源。当碳源投加量不足时，反硝化过程不完全，亚硝酸盐在水中积累；当碳源投加过量时，反硝化彻底，氨氮积累，且多余的碳源增加了水体的有机负荷，需进一步处理。

与固相碳源相比，液相碳源如甲醇、葡萄糖、蔗糖、乙醇、醋酸钠、乙酸等，易被微生物利用，反硝化速率高，因此受到关注。甲醇和葡萄糖充足时，反硝化细菌可以将水中硝酸盐彻底降解。但是在实际的地下水原位修复过程中，水位波动具有不确定性，不同地区、不同时刻水中的硝酸盐质量浓度不同，液相碳源的投加量很难精确控制，而且也会随水位产生波动，很难保证最佳 C/N，未利用完的碳源对下游水质影响较大。另外，液相碳源需要不断补给，直到硝酸盐被完全降解，这增加了处理的成本。与液相碳源相比，固相碳源来源广泛、价格低廉，具有释放缓慢、便于调控、无须连续投加的优点，在提供碳源的同时，还为微生物生长提供附着载体。目前研究较多的固相碳源有秸秆、棉花、纸张、竹丝、锯末、生物炭等。地下水具有流速缓慢的特点，麦秸、棉花、锯末等固相碳源应用于地下水中，启动速度较慢，C/N 先低后高，后期大量有机碳无法被微生物利用，导致水质变差。混合碳源是当前研究的热点，它能够弥补单一碳源的不足，提升脱氮效率，但也存在一些问题。混合碳源反应体系比单独碳源体系的脱氮效果要好很多，但出水中氨氮、亚硝态氮和生化需氧量的质量浓度较高，且颜色异常。

根据是否将地下水抽出，可分为原位生物脱氮技术和异位生物脱氮技术。

1. 原位生物脱氮技术

原位生物脱氮技术是指不作抽提或运输，直接在原位对污染水体进行生物修复。研究表明，加入驯化后的微生物菌群和溶解性碳源（DOC）可加快硝酸盐污染区域地下水反硝化作用。原位生物脱氮技术在国外研究较多，往地下投加香蒲植物的茎、叶或锯末等，均能为地下水中硝酸盐的去除提供碳源。该技术的优点是耗时少且费用较低，处理范围较大。其缺点是：①微生物的活性会被污染物抑制，所以通常需要驯化；②注入井有时会被过度生长的微生物堵塞；③要求有持续的监控和维护；④渗透性较差的含水层无法向微生物群体传递足够的营养物和氧气。因此，原位生物脱氮技术要求必须了解修复区域的地下水水质状况和水动力系统情况，并且掌握必要的水文地质资料。

2. 异位生物脱氮技术

异位生物脱氮技术需要抽取地下水至人工制作的生物反应器中进行生物反硝化，根据细菌所需碳源不同，可分为自养生物脱氮技术和异养生物脱氮技术。

自养生物脱氮技术是指自养型反硝化细菌以无机物（如氢、硫、硫化物等）为主要的电子供体，将 NO_3^- 转化为 N_2。根据电子供体的不同，可分为氢自养反硝化和硫/石灰石自养反硝化，但氢气易燃易爆炸，而硫自养反硝化产生大量硫酸根，污染水质，这些不利因素限制了其实际应用。

异养生物脱氮技术中反硝化菌的碳源来源很多，如甲醇、乙醇、醋酸、蔗糖等。该技术比自养反硝化技术还原速度快、处理量大，但碳源不足易导致亚硝酸盐的积累，碳源过量会带来二次污染问题且增加处理费用。

4.1.1.4　低压反渗透技术

低压反渗透技术是反渗透技术的一种，所需的工作压力仅为正常反渗透装置的 $1/3 \sim 1/2$，操作压力仅为 $0.7 \sim 1.5 \mathrm{MPa}$，可以达到节约能源的要求。

反渗透技术又称逆渗透，其原理是利用压力使水分子克服膜两侧的渗透压和传质阻力，通过半透膜向浓溶液一侧流动，而其他杂质（包括水力半径极小的离子）都被截留下来，从而实现污染离子与饮用水的分离。目前存在多种理论，能从不同方面、不同程度上解释反渗透技术的分离现象，主要有三种理论：

（1）氢键理论。该理论认为水分子与反渗透膜上的亲水性基团通过氢键结合，在压力驱动下，氢键的位置不断转移，从而透过反渗透膜。

（2）优先吸附—毛细孔流理论。该理论认为反渗透膜具有选择性的亲水斥盐作用，膜表面溶质的质量浓度降低，最终形成纯水层，在压力作用下，优先吸附的水分子就会透过膜的毛细孔，形成反渗透出水。

（3）溶解—扩散理论。该理论认为反渗透膜表面无孔，水分子和溶质分子必须溶解在膜表面，才能在后续化学势差的作用下扩散透过膜。

目前所应用的反渗透膜主要分为两类：一类是复合膜，主要是有机含氮芳香族化合物制作的膜材料；另一类是非对称膜，主要制作材料是醋酸纤维素和芳香聚酰胺，此外还有无机材料和磺化聚醚砜等材料。反渗透膜的制备工艺主要有等离子聚合法、稀溶液涂层法、热诱导转化法、界面聚合法、相转化法、化学改性法、溶液—凝胶法等。反渗透膜按照几何形状可分为板框式、管式、卷式和中空纤维式，其特点各异：①板框式膜结构简单，耐高压，膜片清洗更便捷，但同样的通量下占用面积大，基础投资成本高，故一般用于测试膜性能；②管式膜压降小，可处理悬浊液，但填充密度较小，密封性要求极高，适合小规模应用；③卷式膜结构紧凑，填充密度高，但进水流道狭窄，对水质要求较高，需配备预处理技术，已工业化应用；④中空纤维式膜有效面积最大，填充密度高，但易堵塞，抗污染能力差，只在环境、医药等领域有大规模的工业化应用。

反渗透技术的优点为：一般不需加热，无相变，控制操作简单，经济效益好，应用广泛。但反渗透技术也有相应的缺点和亟须解决的问题：①反渗透技术无选择性，在去除硝酸盐的同时也去除了其他离子，甚至包括对人体有益的离子。故只能处理一部分水，将处理水与未处理水混合，一方面保证出水安全，一方面兼顾人体健康。②在反渗透过程中，硝酸盐被浓缩于废液中，没有被彻底去除，易对环境造成二次污染，因此在反渗透工艺流程中，还需包括反渗透浓水的处理。目前，国内外处理反渗透浓水的手段主要有三类：排入污水处理系统；排入河湖和海洋，或通过深井重新注入地下；进行资源化利用。目前用于降低反渗透浓水中污染物质量浓度的主要处理方法为 Fenton 法、臭氧氧化法、膜蒸馏法、电化学法、超声波法和生物法等。③反渗透膜容易被污染，使用寿命有限。膜分离过程中，水中的有机物、无机物、悬浮物等与膜接触反应，沉积、粘附在膜表面，使得膜孔堵塞，最终会导致膜通量及截留率下降。膜污染可分为无机物污染、有机物污染和微生物污染等，为了延长使用寿命，需对进水进行预处理以减少矿物质、有机物在膜上的沉积结垢，也需探究最佳运行条件以减小温度、pH、氧化还原电位等波动对膜的伤害。膜污染的去除方法主要包括机械清洗、化学清洗、组合清洗。机械清洗包括超声清洗、正向渗透、空气喷射、高速水清洗等；化学清洗剂主要包括螯合剂、表面活性剂、酸碱、酶等；组合清洗是机械清洗与化学清洗相结合的方式。

反渗透技术对硝酸盐的去除效果主要受三方面因素的影响：①膜参数。膜参数是膜分离性能的决定性因素，其他条件均通过影响膜因素来影响其对硝酸盐的分离性能。膜孔径越大，膜通量越大，截留率越小。膜厚度越大，膜通量越小，截留率越大。此外，Zeta 电位、接触角、粗糙度等也会影响膜的分离性能。②操作条件。增大操作压力和流速，产水通量增大。③水质条件。pH 越接近膜的等电点，截留率越低；水温升高可使膜通量增大。

目前低压反渗透技术面临的问题主要有三点：能耗高、膜污染和浓水处理。随着低压反渗透膜与超低压反渗透膜的问世及各种能源利用装置的设计研发，在微咸水除盐领域，能耗问题已逐渐被解决。对反渗透技术应用限制最大的是膜污染与结垢。从结垢的位置来看，可以分为表面结垢和内部结垢。反渗透膜作为一种致密的无孔膜，主要发生的为表面结垢。实际应用中多为多种类型污染的复合作用，其中最为常见的为钙盐、二氧化硅、有机物和微生物结垢。解决膜污染问题的对策主要有预处理、膜监测与清洗及膜材料优化。对于膜结垢问题的研究有待进一步加强，对于反渗透技术的优化也需要根据具体情况不断探索。

由于反渗透技术为物理脱除硝酸盐技术，大量硝酸盐富集在浓水中，如果未得到妥善处理则会对环境造成二次污染。而目前在面对反渗透浓水处理这一棘手问题时，常见的处置方法是将其排入废水处理系统、直接排入地表水或直接注入地下等，均给环境造成了负担。如前所述，零价纳米铁（nZVI）技术为化学还原技术，利用粒径为 $1\sim100nm$ 的零价铁颗粒的高表面活性、强还原性以及较大比表面积的性质，将硝酸盐还原为氨氮和氮气转移至大气中，可达到清洁水体的目的。

4.1.2　饮用水常规除氟技术

根据处理工艺原理的不同，饮用水常规除氟技术可分为沉淀法、吸附法、电化学法等，其优缺点如表 4-1 所示。

常规除氟技术的优缺点

表 4-1

除氟技术		去除效果	优点	缺点
沉淀法	化学沉淀法	<50%	原理简单，投加的药剂廉价易获取，经济适用性较强	除氟效率低，处理后的水中氟的质量浓度往往高于 1.0mg/L，存在氟离子或过量钙离子泄漏的问题；抗冲击负荷能力差，需针对原水水质对药剂投加量进行调整，限制实际应用
	絮凝沉淀法	<60%	同步去除包括浊度、氟、砷等在内的多种污染物，工艺流程简单，操作便捷，经济成本低	投加大量硫酸铝、氯化铝等絮凝剂，出水中硫酸根的质量浓度超标，影响饮用水口感；絮凝过程会生成溶解性铝及氟铝复合物，存在生物毒性，影响供水安全。同时，絮凝沉淀产生大量氟铝复合物沉淀，污泥处置十分困难
吸附法		80%~90%	除氟效果较好，可达到选择性除氟的目的，随着吸附剂材料的不断创新，吸附能力不断提高的同时价格不断降低，性价比较高	吸附法去除氟化物依赖 pH，带来了额外的预处理环节；受磷酸盐、硫酸盐等背景离子影响大，实际应用效果不尽如人意；吸附剂的再生及再生浓水处置是个大问题，需要相关人员定期运行管理，对人员素质要求较高
电化学法		>85%	除氟效果很好；无须添加药剂；无须污泥处理；无电极材料再生等问题；运行自动化程度高；运行寿命长	与水力驱动的技术相比，能耗相对较高，但低于膜技术，尤其是在高盐水处理时，价格较高；电化学法部分技术需要调节 pH；技术设备开发难度相对较大，需要专业人员参与设计运行

沉淀法是最先研究与应用的除氟技术，絮凝沉淀法被认为是地下水除氟中首先考虑的工艺。吸附法利用钙基、铝基、碳基、层间双金属氢氧化物、黏土、羟基磷灰石、壳聚糖及其衍生物、聚合物及离子交换树脂、MOFs 材料等吸附材料对氟离子进行去除，是性价比较高的除氟技术。膜技术已经广泛应用于海水淡化及苦咸水处理领域，在除氟效能方面有着显著的优势。不同技术具有不同的原理、特点与应用场景。

4.1.2.1　化学沉淀法

溶度积（K_{sp}）的概念主要针对难溶电解质的饱和溶液，是溶液中各个离子的物质的量浓度的乘积，只和温度有关。水中难溶解盐类服从溶度积原则，即通过给定的难溶电解质的溶度积来判断是否能生成沉淀或者溶解度的大小，若是离子的物质的量浓度的乘积大于此物质的溶度积，就会生成沉淀。

化学沉淀法是指为去除水中的某种离子，利用同离子效应，向水中投加能与之生成难溶电解质的另一种离子，并使两种离子的乘积大于该难溶电解质的溶度积，形成沉淀，从而降低被处理水中这种离子的质量浓度。化学沉淀法是高氟水处理中的常见方法，通过向水中添加一定量的沉淀剂，使氟离子与之生成难溶沉淀物或使氟离子在生成的其他沉淀物上发生共沉淀，然后通过去除沉淀物来降低水中氟离子的质量浓度。按照常用的沉淀剂分类，沉淀法可以分为石灰沉淀法和钙盐沉淀法。钙盐沉淀法又可分为钙盐联合磷酸盐沉淀法、钙盐联合镁盐沉淀法、钙盐联合铝盐沉淀法和电石渣沉淀法。

对于质量浓度较高的含氟水，一般均采用石灰沉淀法来处理。由于石灰（CaO）的来源非常广泛，所以价格也较为便宜。在除氟过程中，其主要机理是加入的钙离子与水中的氟离子形成沉淀，同时可以调节水的 pH。石灰溶解于水中后形成 $Ca(OH)_2$，产生的 Ca^{2+} 与水中的 F^- 反应生成难溶的 CaF_2。石灰沉淀法可有效降低高氟水中氟离子的质量浓度，但其只能将氟离子的质量浓度降至 $15\sim20mg/L$。石灰沉淀法去除效率低的原因为：①石灰（CaO）溶解于水，产生的钙离子质量浓度较低；②生成的难溶氟化物 CaF_2 的溶度积为 3.95×10^{-11}，溶度积较大，不易析出沉淀；③氟化物 CaF_2 产生后会将 $Ca(OH)_2$ 包住，从而阻碍 Ca^{2+} 的作用。因此要提高石灰的投加量，才能保证除氟效率。在任何条件下，由于同离子效应，F^- 剩余量均随 Ca^{2+} 质量浓度的增大而减小，但只是提高石灰的投加量并不经济，同时还会产生大量的污泥。因此，需要同时考虑经济因素以及对 F^- 的去除率，选择最佳的石灰投加量。针对化学沉淀法的缺点，有很多改进的方法，如可以将石灰与可溶性的钙盐、铝盐和磷盐配合使用；也可将石灰预处理成粉末状，使溶解量增大；针对污泥沉降较慢的问题，可以投加氯化钙或者其他的絮凝剂。还有一种不用添加其他沉淀药剂的方法，即先加入过量的石灰乳，再加入酸反调 pH 为中性，也会提高除氟效率。

镧系稀土元素与 F^- 有着较低的溶解度，但因其价格较高，实际应用较少。诱导结晶法可视为沉淀法的强化过程。沉淀生成过程分为晶体产生和晶体生长两个阶段，晶体产生阶段需要溶液过饱和，以突破势垒，这是限制沉淀生成速率的主要过程。通过在体系中投加适宜的晶种促进晶体产生，新生成的沉淀物质在投加的晶体表面生长，达到提高沉淀效率的目的。

化学沉淀法的优点在于原理简单，投加药剂廉价易获取，实用性较强。其不足之处在于除氟效率不高，处理后的水中 F^- 的质量浓度往往高于 $1.0mg/L$，存在 F^- 或过量 Ca^{2+} 泄漏的问题，且抗冲击负荷能力差，需针对原水水质对药剂投加量进行调整，不利于实际应用。

4.1.2.2 絮凝沉淀法

絮凝沉淀法是指利用铝系、铁系等絮凝剂，结合使用石灰粉，絮凝沉淀过程中吸附络合氟离子。Nalgonda 技术是絮凝沉淀法除氟最具代表性的例子。在含有氟化物的水中投加明矾、石灰石及漂白粉后快速混合，通过絮凝沉淀过程去除氟化物，主要发生的化学过程如下：

$$6Ca(OH)_2 + 12H^+ \longrightarrow 6Ca^{2+} + 12H_2O \tag{4-5}$$

$$Al_2(SO_4)_3 \cdot 18H_2O \longrightarrow 2Al^{3+} + 3SO_4^{2-} + 18H_2O \tag{4-6}$$

$$2Al^{3+} + 6H_2O \longrightarrow 2Al(OH)_3 + 6H^+ \tag{4-7}$$

$$F^- + 2Al(OH)_3 \longrightarrow Al\text{-}F \text{ 复合物} + \text{未定义的产物} \tag{4-8}$$

铝离子在 pH 为 $4\sim6$ 的条件下不充分水解，形成铝离子聚合物，聚合物可以与氟化物反应生成铝氟复合物，pH 较低与氟化物质量浓度较高有利于铝氟复合物的生成，但不利于氟化物的总去除率，因为在低 pH 条件下铝离子水解受限。随着 pH 的升高，聚合铝及铝氟化合物生成无定形态氢氧化铝及不溶性 Al-F-OH 化合物，二者可继续吸附氟离子生成多种组分构成的 Al-F-OH 物质。铝离子水解及与氟化物作用的过程中，将氟化物固定在不溶性沉淀中去除。在 pH 为 5.5～7.5 的条件下，除氟效率最高。其反应过程如图 4-1 所示。

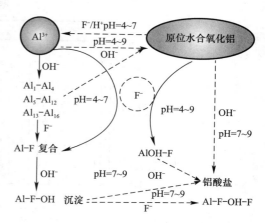

图 4-1　铝离子水解及其与氟化物作用的反应过程

絮凝沉淀法及 Nalgonda 技术工艺成熟，可同步去除包括浊度、氟、砷等在内的多种污染物，工艺流程简单，操作便捷，经济成本低。絮凝沉淀法也存在一定不足：为达到除氟效果需投加大量硫酸铝、聚合铝等絮凝剂，导致出水中硫酸根、氯离子的质量浓度超标，影响饮用水口感；絮凝过程会生成溶解性铝及氟铝复合物，铝的质量浓度过高有诱发阿尔茨海默病风险，氟铝复合物具有生物毒性，影响供水安全。同时，絮凝沉淀产生大量氟铝复合物沉淀，污泥处置十分困难。

4.1.2.3　电化学法

1. 电絮凝法

电絮凝可以视为絮凝沉淀法的强化过程，无须添加硫酸铝、氯化铝、石灰石等药剂，仅需使用铝、铁等阳极"牺牲电极"即可原位生成絮凝剂。与絮凝沉淀法相比，电絮凝在电流的作用下，氟离子向阳极移动，与氢氧化铝接触的概率增大，且絮体在电流的作用下运动碰撞增强，更易形成大颗粒絮体及沉淀。

电絮凝法在最佳操作条件下除氟效果可达 85% 以上；不需要添加药剂，减少了运行难度，相较于化学沉淀法与絮凝沉淀法，电絮凝法所产生的污泥质量少，处理难度相对降低。其限制因素在于电化学方法运行成本略高，处理效果受 pH 及背景离子影响较大，含氟地下水以弱碱性为主，且存在大量干扰离子，除氟效果有所下降，需要进行预酸化等预处理，限制了其应用。

2. 电渗析法

电渗析（ED）是一种应用较早的淡化脱盐技术，其原理如图 4-2 所示。在正负电极间交替设置阴阳离子交换膜，离子交换膜由垫片分隔并形成交替的浓水和淡水流道，在电压驱动下，阳离子向阴极移动，透过阳离子交换膜进入浓水流道，阴离子向阳极移动，透过阴离子交换膜进入浓水流道，最终离子浓缩在浓水流道内，处理后淡水从淡水流道流出。

电渗析法在去除离子型污染物方面具有得天独厚的优势，在咸水淡化中应用广泛。Gmar 等人研究发现，突尼斯矿区水中氟化物的质量浓度为 0.8～4mg/L，并且含有大量硫酸盐及氯化物，利用电渗析法可以有效去除氟离子，将原水中 3.940mg/L 的氟化物降低至 0.283mg/L，去除率高达 92%。Arda 等人认为，不经预处理的电渗析法工艺流程简单，可在初始氟化物的质量浓度为 7mg/L 的条件下，25min 内达到 99% 的去除率。

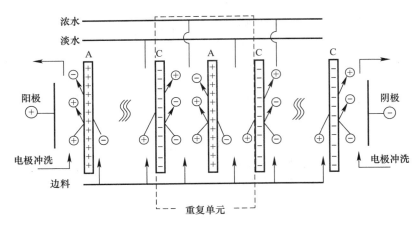

图 4-2　电渗析原理示意图

　　电渗析作为离子型污染物去除技术，在除氟效果上有着显著优势。电渗析作为电力驱动的处理系统，相对于 NF、RO 等压力驱动的膜系统，能耗更低，水回收率更高。电渗析法可通过电极对调的方式来减轻膜污染问题，膜寿命较长，可持续运行时间长。与离子交换法除氟相比，电渗析法不需要复杂的离子交换树脂再生过程。与其他水处理技术相比，电渗析法无须药剂投加，无须污泥处置，降低了运行操作难度。其缺点为，仅能去除离子，对于有机物及致病微生物病原体等无法去除；对于含盐量过高的原水，处理成本急剧上升；在实际应用过程中由于电渗析过程产热导致离子交换膜及垫片膨胀，存在泄漏问题。

　　3. 电容去离子技术

　　电容去离子（CDI）技术是一种新兴的淡化除盐技术，其主要通过电压作用，将水中带电物质驱动到多孔电极表面吸附去除，饱和电极通过施加反向电压将吸附物质脱附排出达到电极再生的目的（图 4-3）。

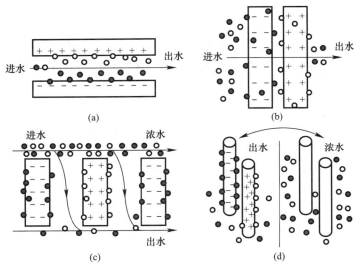

图 4-3　电容去离子技术四种常见系统
（a）流动模式；（b）流通模式；（c）离子泵送；（d）线式淡化

目前对于 CDI 技术除氟方面的应用研究相对较少。Tang 等人对单通式和批量式 CDI 除氟的可行性进行了研究，即使在含盐量高的条件下，CDI 技术仍能保证氟离子的有效去除，并建立了相应的模型用于预测与设计。Park 等人研究利用 rGO/HA 电极选择性除氟，在配水试验中可以达到 96% 的氟离子去除率，在实际水体中，可将氟化物的质量浓度从 2.4mg/L 降低至 0.72mg/L。所以，CDI 技术在除氟方面具有较好的应用前景。

　　CDI 技术作为一种新颖的水处理技术存在诸多优势，包括良好的水处理效果，与 ED 相比，CDI 不仅能去除离子，还可以去除其他带电物质，包括胶体、细菌、病毒等，通过使用适宜的电极材料可以提高目标污染物的选择性去除率；驱动能耗较低，在电极再生时，仅须施加反向电压，其部分电能可以进行回收；无须预处理及药剂投加，无须污泥处置，不存在膜污染等问题。其不完善的地方在于其运行参数需要针对水质进行调整，导致批量式 CDI 运行设计十分复杂；仍需探索高效价廉的电极材料。

4.1.2.4　吸附法

　　吸附法是目前最常见、应用最广泛的除氟技术之一，对于吸附剂除氟的研究主要集中在高效廉价的吸附剂开发方面。吸附剂的主要吸附机制有范德华力、离子交换、形成氢键、配位交换和吸附剂表面化学改性，如图 4-4 所示。前两种吸附机制属于弱物理吸附，不具有选择性；第三、四种吸附机理属于强化学吸附，具有选择性；最后一种同时包括弱物理吸附和强化学吸附。利用后三种吸附机理的吸附剂除氟效果更优。

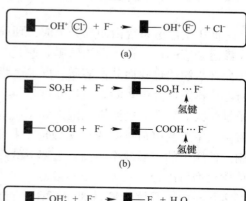

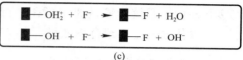

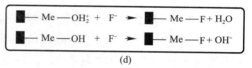

图 4-4　吸附剂除氟机理

（a）离子交换；（b）形成氢键；
（c）配位交换；（d）吸附剂表面化学改性

　　目前常用的除氟吸附剂有活性氧化铝、沸石、生物炭等。活性氧化铝是应用较为广泛的氟吸附剂，具有比表面积大、孔隙结构丰富、物理化学性质稳定、除氟效果好等优点。在酸性条件下活性氧化铝的 Zeta 电位为正值，可通过静电吸引带负电的 F^-。同时，活性氧化铝在水中可反应生成 $(Al_2O_3 \cdot H)_2SO_4$，进而吸附水中 F^- 生成 $Al_2O_3 \cdot HF$。镧改性活性氧化铝在弱碱性环境下吸附效果最好，是未改性的 4 倍，因此更适合处理 pH 较高的地下水。此外，改性后的活性氧化铝大大降低了吸附过程中铝离子的浸出。沸石是含水的碱或碱土金属的硅酸盐矿物，其内部具有架状结构形成的空腔，结构复杂、孔隙结构丰富，具有良好的吸附性能，是吸附除氟常用的材料。生物炭作为吸附剂去除水中 F^- 是近年来研究的热点之一，生物炭巨大的比表面积、发达的孔隙结构和丰富的表面官能团使其具有良好的吸附性能，在吸附去除水中污染物的同时实现了废弃物的资源化利用。由于生物炭对于水中 F^- 的吸附效果有限，对其改性以提高除氟效果是目前生物炭吸附除氟的研究热点，常用的改性方法有酸、碱改性和各类金属改性。

4.1.2.5 反渗透技术

反渗透技术在分离机理、膜材料、优缺点、影响因素和浓水处理方面与低压反渗透技术相似。

4.2 低压反渗透技术

低压反渗透系统由四部分组成：预处理部分、加压部分、膜元件及后处理部分。低压反渗透系统的核心在于反渗透膜，它是一种均质无孔的高分子复合膜，作为半渗透屏障，只允许水渗透过膜而截留溶质。反渗透膜的传输机制由多种原理组合而成，包括尺寸排除与电荷排除或介电排除。由尺寸排除与空间位阻决定的筛分效应主要用于截留不带电的分子量较大的溶质，主要影响因素为压力差和膜附近溶质的质量浓度梯度。对于带电溶质的截留，主要受电荷排除或道南效应的控制，影响因素主要涉及带电溶质与膜表面电荷作用。低压下的传质效率与高渗透率下的热力学极限控制着低压反渗透技术的传质过程，其传质模型可以分为三类：①不可逆的热力学模型，如 Spiegler-Kedem 模型及其扩展模型；②多孔模型，假设传输是通过膜孔进行的扩散与对流，如 Rekin 模型；③无孔均质膜模型，假设传输发生在聚合物之间，主要通过扩散作用。

4.2.1 高硝酸盐地下水的处理

4.2.1.1 压力对低压反渗透过程的影响

为研究操作压力对反渗透膜性能的影响，在实验之前，需将膜进行预处理：将三种低压反渗透膜在超纯水中浸泡 24h，以保证膜充分润湿，再将膜放入膜池中，在 2MPa 的压力下，用超纯水预压 1h。

由于研究区域的地下水硝酸盐的平均质量浓度为 23.45mg/L，考虑到该技术在西北地区的普适性，实验室用硝酸盐的质量浓度采用上述质量浓度的约 10 倍进行配制。用超纯水配制进水硝酸盐质量浓度（以 N 计）为 200mg/L，调节 pH 为中性，控制水温为 20℃。由于美能膜的标准测试压力为 0.45MPa，因此调节低压反渗透膜性能评价装置压力阀使其进料压力为 0.25MPa、0.5MPa、0.75MPa、1MPa，测试低压及超低压情况下三种膜样品的硝酸盐截留率及膜通量，测试结果如图 4-5 所示。

由于反渗透过程的驱动力主要为压力，因此压力对膜的脱盐能力影响较为明显。由图 4-5 可见，从硝酸盐截留率来看，压力由 0.25MPa 升至 1MPa 时，RES-HR-40 的截留率由 69.53％升至 78.46％；RES-HF-40 的截留率由 78.90％升至 81.60％；BW30XFR 的截留率由 92.39％升至 93.24％。上述数据表明随着操作压力的升高，截留率也小幅升高，且 RES-HR-40 对压力较为敏感，截留率上升幅度比 RES-HF-40 和 BW30XFR 大。从微观层面分析，反渗透膜依靠对流力和表面力将污染物分离，其中对流力受压力变化影响，表面力受膜本身性质影响。就对流力而言，其主要影响质量浓度梯度引起的扩散过程、压力梯度引起的对流过程和电位梯度引起的电迁移过程，且压力较低时扩散过程起主导作用。压力升高，扩散过程加剧，截留率一开始上升较快，但压力升高至一定程度后，对流过程和电迁移过程变为主导作用，这两种过程受压力的影响均较小，使得截留率逐渐趋于稳定。同时，就表面力而言，低压时，表面力大于曳力，故截留率较低；当压力上升时，

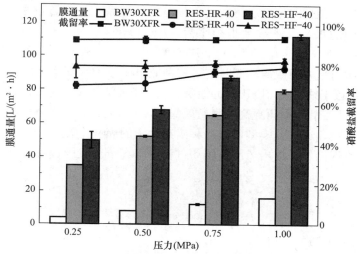

图 4-5 操作压力对三种膜的硝酸盐截留率和膜通量的影响

相同时间内通过反渗透膜的水分子体积增加，且增加速度快于硝酸根离子，截留率因此上升。

从膜通量指标来看，压力由 0.25MPa 升至 1MPa 时，RES-HR-40 的膜通量由 34.75L/(m²·h) 升至 79.59L/(m²·h)，RES-HF-40 的膜通量由 49.59L/(m²·h) 升至 111.72L/(m²·h)，BW30XFR 的膜通量由 4.04L/(m²·h) 升至 15.99L/(m²·h)。上述数据表明，随着操作压力的提升，三种反渗透膜的膜通量均有明显上升趋势，不同的膜上升幅度有差异。但膜通量不会随压力而无限增长，压力上升后，由于膜通量上升，浓差极化也加剧，而浓差极化会使得通量下降，最终达到平衡状态，膜通量不再随压力的上升而增加。此外，由于低压反渗透膜的制备工艺和膜材料本身性质所限，极限最大操作压力一般在 4MPa 左右，超过耐压极限会导致膜击穿。因此，只有在一定的压力区间内，膜通量的增长才与压力的增长呈正比关系，如图 4-6 所示。

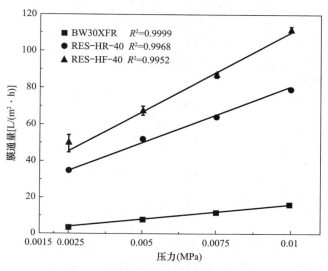

图 4-6 膜通量与跨膜压差的线性拟合

通常，低压反渗透膜的分离层越薄、孔径越大、越亲水，水透过系数 L_P 就越大。通常情况下，三种膜的水透过系数大小顺序为：RES-HF-40 $[82.31L/(m^2 \cdot h \cdot MPa)]>$ RES-HR-40 $[58.98L/(m^2 \cdot h \cdot MPa)]>$BW30XFR $[15.88L/(m^2 \cdot h \cdot MPa)]$，符合前文所述亲水性规律与膜表面规律。同时，对三种低压反渗透膜而言，RES-HR-40 和 RES-HF-40 的性质更接近于纳滤膜，陶氏膜的性质更接近于反渗透膜。此外，RES-HF-40 能够使膜在更小的操作压力变化下获得更高的膜通量变化，更节省能耗，经济效益较高。

利用水透过系数，通过孔模型可以计算出三种膜的膜孔半径。Katchalsky 等人在线性非平衡热力学唯象理论下，提出了压力驱动过程中，离子在膜中迁移过程的不可逆热力学传递方程：

$$J_v = L_P(\Delta P - \sigma \Delta \pi) \tag{4-9}$$

$$J_s = \omega \Delta \pi + (1-\sigma)J_v \bar{C}_s \tag{4-10}$$

式中　J_s——溶质的膜通量，$L/(m^2 \cdot h)$；

$\quad\omega$、σ——溶质渗透系数；

$\quad\bar{C}_s$——膜两边的平均质量浓度，mg/L。

Van't Hoff 渗透压公式为：

$$\Delta \pi = RT \Delta C_s \tag{4-11}$$

可得：

$$J_s = \omega RT \Delta C_s + (1-\sigma)J_v \bar{C}_s = \lambda \Delta C_s + (1-\sigma)J_v \bar{C}_s \tag{4-12}$$

孔理论由 Pappenheimer 等人提出，用来计算通过毛细管的迁移过程，该理论认为溶质通量由扩散流和过滤流组成，且均受到进入膜孔的空间位阻和孔内摩擦力的影响。在该理论下，Verniory 等人认为可以用参数 σ 和 λ 来预测膜结构。假设膜孔为圆柱形，膜孔半径为 r_p，长度为 ΔX，且溶质为球状，半径为 r_s，则溶质的膜通量为：

$$J_s = Df(q)S_D \frac{A_k}{\Delta X} \Delta C_s + J_v \bar{C}_s g(q) S_F \tag{4-13}$$

式中　$f(q)$、$g(q)$——圆形壁面效应的修正函数；

$\quad S_D$——扩散流的位阻因数；

$\quad S_F$——过滤流的位阻因数；

$\quad A_k$——膜孔面积与膜有效面积之比。

且存在下列计算式：

$$q = r_s/r_p \tag{4-14}$$

$$f(q) = (1-2.1q+2.1q^3-1.7q^5+0.73q^6)/(1-0.76q^5) \tag{4-15}$$

$$g(q) = (1-0.67q^2-0.2q^5)/(1-0.76q^5) \tag{4-16}$$

$$S_D = (1-q)^2 \tag{4-17}$$

$$S_F = (1-q)^2(1+2q-q^2) \tag{4-18}$$

$$\lambda = Df(q)S_D \frac{A_k}{\Delta X} \tag{4-19}$$

$$\sigma = 1 - g(q)S_F \tag{4-20}$$

由此，根据拟合出的纯水透过系数 L_P 及上述公式，已知在 20℃ 下，NaNO$_3$-H$_2$O 系统的溶质半径 $r_s=0.16nm$，可计算出三种膜的性能参数与膜孔半径，计算结果列于表 4-2 中。

三种膜的性能参数与膜孔半径　　　　　　　　　　　　表 4-2

性能参数与膜孔半径	RES-HF-40	RES-HR-40	BW30XFR
$L_P[m/(Pa \cdot h)]$	8.2316×10^{-12}	5.8986×10^{-12}	1.5886×10^{-12}
σ	0.27	0.45	0.85
q	0.28	0.39	0.68
r_p (nm)	0.57	0.41	0.23

由表 4-2 可见，RES-HF-40 的膜孔半径为 0.57nm，RES-HR-40 为 0.41nm，BW30XFR 为 0.23nm，RES-HF-40 的膜孔半径最大，膜通量也最大，与前文的结论一致。同时，由于膜孔的临界半径为纯水层厚度的 2 倍，水分子的半径为 0.09nm，即如果存在膜污染使得膜孔半径小于 0.17nm，水分子跨膜受阻，使得水无法流出，产水率降为零。

此外，综合膜通量和截留率两个指标来看，BW30XFR 的膜通量比 RES-HF-40 低，截留率却比 RES-HF-40 高，但 RES-HR-40 的膜通量和截留率均比 RES-HF-40 低，说明 RES-HR-40 对硝酸盐的处理性能不如 RES-HF-40，故而在后续实验中只探究 RES-HF-40 与 BW30XFR 的情况。

4.2.1.2　进水硝酸盐质量浓度对低压反渗透过程的影响

为研究进水污染物质量浓度对膜性能的影响，在实验之前，进行与 4.2.1.1 节相同的预处理后，用超纯水配制进水硝酸盐质量浓度（以 N 计）为 20mg/L、40mg/L、100mg/L、200mg/L，调节 pH 为中性，控制水温为 20℃，操作压力为 0.5MPa，结果如图 4-7 所示。

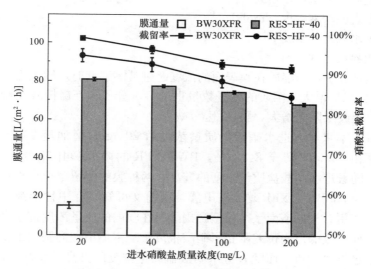

图 4-7　进水硝酸盐质量浓度对两种膜的硝酸盐截留率和膜通量的影响

由图 4-7 可见，从膜通量来看，进水硝酸盐的质量浓度由 20mg/L 增加至 200mg/L 时，RES-HF-40 的膜通量由 81.15L/(m² · h) 降至 68.23L/(m² · h)，BW30XFR 的膜通量由 15.34L/(m² · h) 降至 8.08L/(m² · h)。上述数据表明，随着进水硝酸盐质量浓度的升高，两种膜的膜通量会降低，且 RES-HF-40 对于进水质量浓度的变化较为敏感，膜通量下降幅度比 BW30XFR 大。

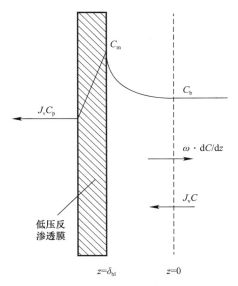

图 4-8　低压反渗透过程中的浓差极化现象

从微观层面分析，膜通量的降低可以用浓差极化现象进行解释。在反渗透过程中，被截留的组分会在膜表面形成一个浓度边界层，边界层中溶质的浓度要高于主体溶液中溶质的浓度，形成浓差。这个浓差会使得膜表面的溶质反向扩散到主体溶液中，即为浓差极化现象，如图 4-8 所示。

达到动态平衡时，由物料守恒可得：

$$J_v C_p = J_v C - \omega \frac{dC}{dz} \qquad (4-21)$$

式中　$J_v C_p$——透过膜的通量，$mol/(m^2 \cdot h)$；

　　　$J_v C$——主体溶液进入边界层的通量，$mol/(m^2 \cdot h)$；

　　　ω——溶质渗透系数。

根据边界条件 $z=0$，$C=C_b$；$z=\delta_{bl}$，$C=C_m$，对上式进行积分可得：

$$J_v = \frac{\omega}{\delta_{bl}} \ln \frac{C_m - C_p}{C_b - C_p} \qquad (4-22)$$

式中　C_b——主体溶液浓度，mol/L；

　　　C_m——膜表面溶液浓度，mol/L；

　　　C_p——出水浓度，mol/L；

　　　δ_{bl}——边界层厚度，m。

低压反渗透过程中，当溶质在膜表面的浓度超过其溶解度时，膜表面即会形成一层稳定的凝胶层。此时 C_b 增大，溶质的分子数量也增多，分子相互碰撞及在凝胶层和膜孔内的碰撞也增加，凝胶层阻力增大，膜通量 J_v 减小。

从硝酸盐截留率来看，进水硝酸盐质量浓度由 20mg/L 增加至 200mg/L 时，RES-HF-40 的截留率由 94.55％ 降至 84.24％，BW30XFR 的截留率由 99.03％ 降至 91.48％。上述数据表明，随着进水硝酸盐质量浓度的升高，两种膜的截留率也会降低。从微观层面来看，RES-HF-40 和 BW30XFR 均为荷电膜，由前文可知其在中性溶液中带负电，对硝酸根离子有排斥作用。根据道南平衡模型，硝酸根在膜内的质量浓度低于其在主体溶液中的质量浓度，由此形成的道南位差阻止了硝酸根离子从主体溶液向膜内的扩散，为了保持电中性，阳离子也被膜截留。而随着进水硝酸盐质量浓度的升高，膜的荷电效应会减弱，静电屏蔽效应增强，硝酸根与膜之间的道南排斥力减弱，更多硝酸根透过反渗透膜，导致截留率降低。将截留率与进水硝酸盐质量浓度进行非线性拟合，结果如图 4-9 所示。

由图 4-9 可见，当进水硝酸盐质量浓度为 X mg/L（以 N 计），截留率为 Y 时，则出水质量浓度 $W=X(1-Y)$ mg/L，由于出水质量浓度必须在《地下水质量标准》GB/T 14848—2017 规定的Ⅲ类标准限值（即 20mg/L）以下，则令 $W=20$ mg/L，可求出每种膜处理高硝酸盐的地下水时的进水质量浓度限值，结果如表 4-3 所示。

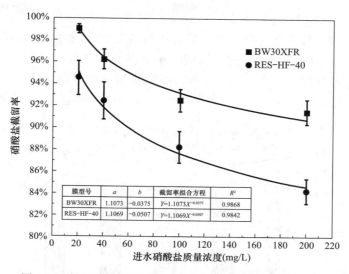

图 4-9　硝酸盐截留率与进水硝酸盐质量浓度的非线性拟合

两种低压反渗透膜的进水硝酸盐质量浓度限值 （mg/L）　　　　　表 4-3

膜型号	BW30XFR	RES-HF-40
一级反渗透	212.21	143.41
二级反渗透	1366.16	697.00

由表 4-3 可见，若要求出水硝酸盐质量浓度在Ⅲ类标准限值以下，在常温（20℃）、中性（pH＝7）、低压（0.5MPa）条件下，采取一级反渗透时，BW30XFR 的进水硝酸盐质量浓度最高为 212.21mg/L，RES-HF-40 的进水硝酸盐质量浓度最高为 143.41mg/L；采取二级反渗透时，BW30XFR 的进水硝酸盐质量浓度最高为 1366.16mg/L，RES-HF-40 的进水硝酸盐质量浓度最高为 697.00mg/L。因此，对选用低压反渗透膜的建议为：当进水硝酸盐质量浓度小于 140mg/L 时，选用 RES-HF-40，仅需一级反渗透即可满足出水要求；当进水硝酸盐质量浓度在 140~700mg/L 之间时，选用 RES-HF-40，需进行二级反渗透；当进水硝酸盐质量浓度在 700~1300mg/L 之间时，选用 BW30XFR，需进行二级反渗透；当进水硝酸盐质量浓度大于 1300mg/L 时，不适宜用低压反渗透法直接进行处理，需对进水进行预处理。

4.2.1.3　初始 pH 对低压反渗透过程的影响

为研究初始 pH 对膜性能的影响，实验前采取预处理后，用超纯水配制进水硝酸盐质量浓度（以 N 计）为 200mg/L，用 0.1mol/L 的盐酸与氢氧化钠调节 pH 分别为 3、5、7、9、11，控制水温为 20℃，操作压力为 0.5MPa，结果如图 4-10 所示。

由图 4-10 可见，初始 pH 对膜通量的影响并不大，就 RES-HF-40 而言，初始 pH 为 5 时膜通量最高，为 67.44L/(m² · h)，初始 pH 为 9 时膜通量最低，为 59.43L/(m² · h)。就 BW30XFR 而言，初始 pH 为 3 时膜通量最高，为 9.63L/(m² · h)，初始 pH 为 5 时膜通量最低，为 7.99L/(m² · h)。这是由于酸性或碱性条件下，膜的接触角均会减小，因此透过性能更好，膜通量更大。初始 pH 对截留率的影响较为明显，就 RES-HF-40 而言，初始 pH 为 11 时截留率最高，为 86.19%，初始 pH 为 7 时截留率最低，为 76.76%。就

BW30XFR 而言，初始 pH 为 11 时截留率最高，为 97.26％，初始 pH 为 5 时截留率最低，为 92.10％。两种膜的截留率均在等电点附近达到最低值，因为 pH 越接近等电点，膜表面电荷密度越低，道南效应越弱。研究区域的地下水 pH 为 8.48，选用 RES-HF-40 进行一级反渗透时，截留率约为 73％，按进水硝酸盐质量浓度（以 N 计）为 23.45mg/L 计算，出水硝酸盐质量浓度（以 N 计）为 6.33mg/L，小于 20mg/L，满足标准要求。

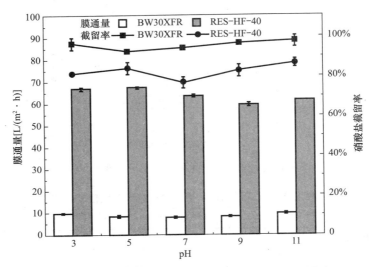

图 4-10　pH 对两种膜的硝酸盐截留率和膜通量的影响

4.2.1.4　温度对低压反渗透过程的影响

为研究温度对膜性能的影响，采取预处理措施后，用超纯水配制进水硝酸盐质量浓度（以 N 计）为 200mg/L，调节 pH 为中性，控制水温分别为 5℃、10℃、15℃、20℃，操作压力为 0.5MPa，结果如图 4-11 所示。

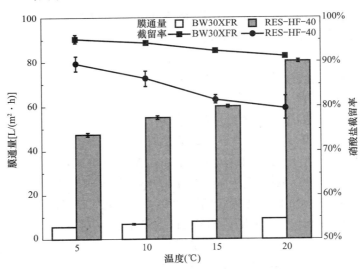

图 4-11　温度对两种膜的硝酸盐截留率和膜通量的影响

由图 4-11 可见，从膜通量来看，温度从 5℃上升至 20℃时，RES-HF-40 的膜通量从

47.37L/（m²·h）增加至 80.16L/（m²·h）；BW30XFR 的膜通量从 5.35L/（m²·h）增加至 9.32L/（m²·h）。上述数据表明，RES-HF-40 对温度较为敏感，而 BW30XFR 的膜通量则基本不随温度变化。在合适的温度范围内，温度升高，溶液中分子间的距离增大，错流过滤中的剪应力减小，使得溶液黏度减小。黏度下降后，水透过系数随之增加，膜表面与水分子间的亲和力上升，最终使得膜通量上升。理论上而言，温度越高，膜通量会越大，但由于材料的限制，温度过高会损坏膜组件，因此低压反渗透的温度宜控制在 35℃以下，且温差控制在 20℃以内。从截留率来看，温度从 5℃上升至 20℃时，RES-HF-40 的截留率由 89.62% 降至 79.69%；BW30XFR 的截留率由 95.20% 降至 91.24%。这是由于温度升高，分子运动加快，硝酸根离子能量增加，更容易通过反渗透膜，导致截留率下降。

在工程应用上，由于大多数厂家所提供的反渗透膜性能参数均是在 25℃下得到的，但浅层地下水的温度要远低于 25℃。2021 年 6 月，在研究区域所取的地下水水温仅为 11.6℃，因此在后续应用中须充分考虑温度因素，选择合适的低压反渗透膜，否则回收率可能达不到设计要求。

4.2.1.5　氧化剂对低压反渗透过程的影响

为探究膜的抗氧化能力，用 NaClO 水溶液浸泡处理膜片，比较浸泡前后膜通量和截留率的变化，变化幅度越小表明膜越耐氧化。将 NaClO 溶液的质量浓度稀释为 1000mg/L，将膜分别浸泡 1h、2h、4h、6h，进行与 4.2.1.1 节相同的预处理后，用超纯水配制进水硝酸盐质量浓度（以 N 计）为 200mg/L，调节 pH 为中性，控制水温为 20℃，操作压力为 0.5MPa，结果如图 4-12 所示。

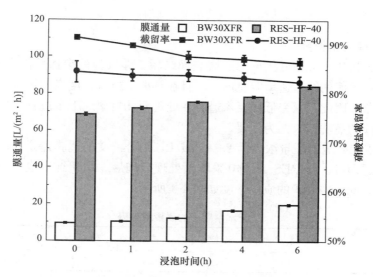

图 4-12　氧化剂对两种膜的硝酸盐截留率和膜通量的影响

由图 4-12 可见，从膜通量来看，浸泡时间从 0 到 6h，RES-HF-40 的膜通量从 68.22L/（m²·h）增加至 84.01L/（m²·h）；BW30XFR 的膜通量从 9.31L/（m²·h）增加至 19.73L/（m²·h）。从硝酸盐截留率来看，浸泡时间从 0 到 6h，RES-HF-40 的截留率由 84.34% 降至 82.44%；BW30XFR 的截留率由 91.24% 降至 86.18%。上述数据表明，BW30XFR 的截留率随浸泡时间的延长下降较快，抗氧化性能较弱。

氧化剂对膜性能的影响与优先吸附—毛细孔流理论吻合。

优先吸附—毛细孔流模型由 Sourirajan 于 1960 年提出，如图 4-13 所示。当膜孔径为纯水层厚度 t 的 2 倍时，膜通量最大，而当膜孔径大于 $2t$ 时，就会有溶质分子泄漏。次氯酸钠作为强氧化剂会破坏膜表面结构，导致膜孔径增大，宏观体现为膜通量上升，截留率下降。

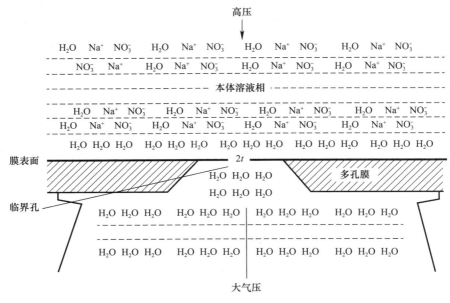

图 4-13 优先吸附—毛细孔流模型

4.2.1.6 膜污染探究

水体中的无机离子会在低压反渗透膜表面结垢，导致膜的渗透性能变差。研究表明，二价阳离子使膜表面的结垢速率明显加快，且在钙离子质量浓度高的情况下，膜会发生不可逆的损坏现象。因此，探究低压反渗透膜在处理西北村镇地下水过程中的损耗与污染情况，并给出相应的清洗建议尤为重要。

由于调研点硝酸盐的质量浓度为 23.45mg/L，结合前文的选膜建议，选用 RES-HF-40 进行一级反渗透即可。对 RES-HF-40 采取预处理措施后，用超纯水模拟研究区域地下水水质进行配水，配水中离子的质量浓度如表 4-4 所示。

配水中离子的质量浓度表　　　　　　　　　　　　　　　　表 4-4

离子名称	Cl^-	SO_4^{2-}	F^-	$NO_3^- $-N	Ca^{2+}	Mg^{2+}
质量浓度（mg/L）	150.0	250.0	1.0	25.0	120.0	48.0

调节配水的 pH 为 8.16，控制水温为 20℃，操作压力为 0.5MPa。将配水加入原水箱中，使浓水和纯水均回流，每隔一定时间取 10mL 纯水至锥形瓶中，并记录取水时间，计算出膜通量，得到膜通量随时间变化情况，如图 4-14 所示。

由图 4-14 可见，RES-HF-40 的膜通量随时间的变化大致可分为三个阶段：第一阶段为 0～2h，此阶段膜通量由 35.12L/($m^2 \cdot h$) 逐渐上升至 72L/($m^2 \cdot h$)，这说明虽然膜的纯水通量在预处理中达到稳定，但将纯水换为实验室配水后，由于离子的多样性和复杂性，

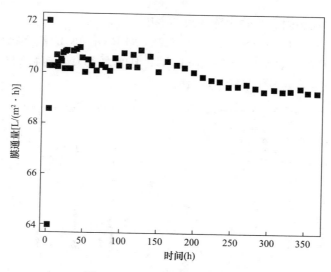

图 4-14　膜通量随时间变化图

膜通量还需 2h 才能在配水中稳定。第二阶段为 2～199h，此阶段膜通量在 70～71L/(m² · h)之间波动，说明膜的渗透性能保持在稳定水平，能稳定出水。第三阶段为 200～367h，此阶段膜通量逐渐下降，由 69.55L/(m² · h) 稳步下降至 69.25L/(m² · h)，表明膜表面已经发生了无机污染，膜的渗透性能逐渐变差。由于膜污染随着时间的推移越来越严重，膜通量下降速率随时间的推移越来越快，因此选用指数模型对第三阶段的膜通量进行拟合，拟合方程见式（4-23），方程的决定系数 R^2 为 0.99。

$$J_s = J_T - \theta \times e^{\varepsilon t} = 70 - 0.2281 \times e^{0.00005t} \tag{4-23}$$

式中　J_s——溶质的膜通量，L/(m² · h)；

$\quad\quad J_T$——理论膜通量，L/(m² · h)；

$\quad\quad \theta$、ε——衰减系数；

$\quad\quad t$——装置运行时间，min。

当膜通量下降 10% 时，即需对低压反渗透膜进行在线清洗。由式（4-23）可得，RES-HF-40 的初始膜通量为 70L/(m² · h)，因此令 J_s=63L/(m² · h)，即可求得反渗透过程的运行时间为 68477min，即运行 47d 左右需对膜进行清洗操作。反渗透膜污染的清洗技术包括机械清洗、化学清洗、组合清洗等，在后续研究中，可根据工程应用要求和实验结果确定清洗方式和清洗时间。同时，由于低压反渗透技术的清洗周期一般为 3 个月甚至更长，而本书确定的清洗周期约为常规周期的一半，因此在后续研究中，可继续探究引入合适的预处理措施，以延长膜的清洗周期。

4.2.2　高氟地下水的处理

目前氟化物处理技术的应用主要存在运行管理要求高、预处理工艺复杂和能耗与成本较高等限制因素。低压反渗透技术则较好地解决了上述问题。低压反渗透技术自动化水平高、集成化程度高，对于运行管理人员能力的要求低，适用于村镇等专业人员缺乏的地区。低压反渗透技术可以保证在较低的能耗下，高效处理高氟化物原水，受水源水质影响相对较小，简化复杂的预处理环节，是适用于西北村镇高氟化物地下水的给水处理技术。

4.2.2.1 操作压力对氟化物去除效果的影响

本小节考察了压力对于 RES-HF-40 和 BW30XFR 两种膜的氟化物截留率的影响，实验条件如下：氟化物的质量浓度为 1~10mg/L，温度为 25℃，初始 pH 为 7，实验前反渗透膜纯水压实 1h。结果见图 4-15 和图 4-16。

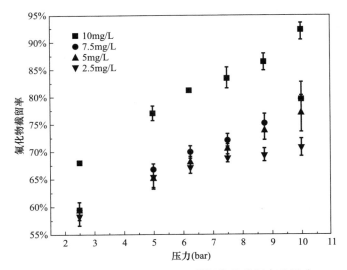

图 4-15　压力对 RES-HF-40 的氟化物截留率的影响

注：1. 氟化物的初始质量浓度为 10mg/L、7.5mg/L、5mg/L、2.5mg/L。
　　2. 1bar＝10^5Pa。

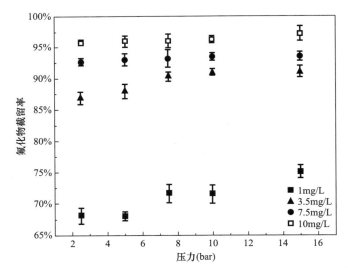

图 4-16　压力对 BW30XFR 的氟化物截留率的影响

注：1. 氟化物的初始质量浓度为 10mg/L、7.5mg/L、3.5mg/L、1mg/L。
　　2. 1bar＝10^5Pa。

由图 4-15 可知，RES-HF-40 的氟化物截留率受压力作用效果显著，在进水氟化物质量浓度为 10mg/L 的条件下，压力由 2.5bar 增大至 10bar，氟化物截留率由 68.00％增大至 92.06％。在进水氟化物质量浓度为 2.5mg/L 的条件下，压力由 2.5bar 增大至 10bar，氟化物截留率由 58.42% 增大至 70.86%。进水氟化物质量浓度越大，截留率受压力作用的效果越显著。

由图 4-16 可知，BW30XFR 的氟化物截留率受压力作用的效果较小。在氟化物初始质量浓度为 10mg/L 的条件下，压力由 2.5bar 增大至 10bar，氟化物截留率由 95.72% 增大至 97.26%。

两种膜的氟化物截留率皆随压力的升高而增大，为分析压力对氟化物截留率影响的机理，并验证实验结果的正确性，结合两种模型拟合进行探究。

（1）根据溶解—扩散（SD）模型，溶质通量和溶剂通量分别计算，这导致溶剂通量随着压力的升高而显著提升，溶质通量则由于截留机制没有相应程度的提升，使得截留率随着压力的升高而增大。SD 模型对于溶质通量定义如下：

$$J_S = B(C_M - C_P) \tag{4-24}$$

式中　B——溶质的膜渗透系数，定义如下：

$$B = \frac{D_S K_S}{\Delta z} \tag{4-25}$$

式中　D_S——膜中的盐扩散效率；

$\quad\quad K_S$——溶质膜溶解分布系数。

基于溶解—扩散模型，截留率 R 定义如下：

$$R = \frac{J_W}{J_W + B} \tag{4-26}$$

对 RES-HF-40 的膜通量和氟化物截留率进行溶解—扩散模型的非线性拟合，拟合结果见图 4-17。

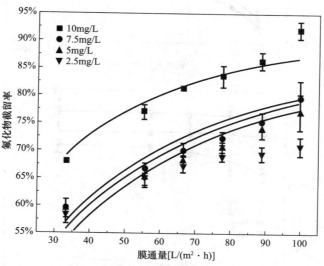

图 4-17　RES-HF-40 的膜通量和氟化物截留率溶解—扩散模型非线性拟合结果

由图 4-17 可知，在进水氟化物质量浓度较高的条件下，氟化物截留率与膜通量拟合结果较好，$R^2 > 0.9$；在进水氟化物质量浓度较低的条件下，氟化物截留率与膜通量拟合结果较差，$R^2 < 0.6$。原因在于该模型适用于截留率接近 1 时的溶解—扩散模型拟合，同时忽略了压力对于溶质跨膜运输的影响。

由模型的拟合结果可知，截留率皆随压力的升高而增大，满足溶解—扩散模型。反渗透膜压力影响截留率的作用机理为：随着压力的升高，溶剂通量的增加远大于溶质通量的增加，导致膜截留率随压力的升高而增大。

（2）为验证截留率皆随压力的升高而增大，利用 Spiegler-Kedem 模型进行计算，溶质的截留率如下：

$$R = \sigma \left(\frac{1 - \exp\left(-\dfrac{J_{\mathrm{w}}(1-\sigma)\Delta z}{P_{\mathrm{S}}}\right)}{1 - \sigma\exp\left(-\dfrac{J_{\mathrm{w}}(1-\sigma)\Delta z}{P_{\mathrm{S}}}\right)} \right) \tag{4-27}$$

由图 4-18 可知，在进水氟化物质量浓度为 2.5～10mg/L 时，RES-HF-40 的氟化物截留率和膜通量 Spiegler-Kedem 模型拟合较好，$R^2 > 0.9$。BW30XFR 在进水氟化物质量浓度为 3.5～7.5mg/L 时，氟化物截留率和膜通量 Spiegler-Kedem 模型拟合较好，$R^2 > 0.9$。

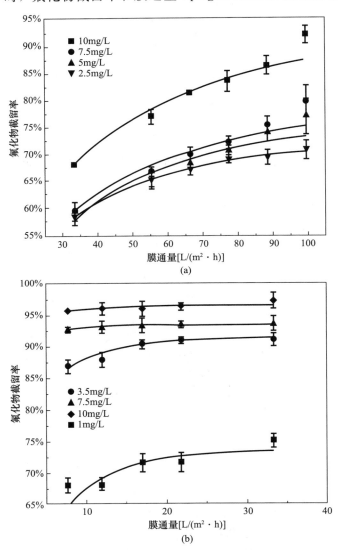

图 4-18　两种膜的氟化物截留率和膜通量 Spiegler-Kedem 模型非线性拟合结果
（a）RES-HF-40；（b）BW30XFR

Spiegler-Kedem 模型能够仅从数学模型上验证氟化物截留率和膜通量的相关关系，即验证氟化物截留率是否随压力的升高而增大。

4.2.2.2　pH 对氟化物去除效果的影响

pH 决定氟化物在水中存在的状态，对低压反渗透系统截留氟化物具有重要影响。因此，本小节考察了不同 pH 条件下，RES-HF-40 和 BW30XFR 的截留率变化情况、浓水淡水 pH 变化情况。实验条件如下：氟化物的初始质量浓度为 10mg/L，压力为 7.5bar，温度为 25℃，实验前反渗透膜纯水压实 1h。结果见图 4-19。

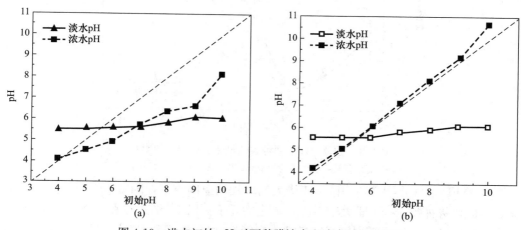

图 4-19　进水初始 pH 对两种膜淡水和浓水 pH 的影响

(a) RES-HF-40；(b) BW30XFR

1. 反渗透淡水和浓水 pH 变化特点

进水初始 pH 由 4.0 增大至 10.0，RES-HF-40 和 BW30XFR 的出水 pH 为 5.4～6.1，随初始进水 pH 的增加而缓慢增长，并始终低于 7.0，呈酸性。原因在于反渗透膜对碳酸盐的截留能力远远大于对二氧化碳的截留能力，在反渗透过程中，碳酸盐被截留至浓水中，二氧化碳进入淡水并电离重新建立弱酸平衡，导致出水 pH 下降，呈酸性。同时，反渗透过程中膜表面压力较大，二氧化碳更易溶于水，水中二氧化碳增多，出水 pH 进一步下降。

进水初始 pH 由 4.0 增大至 10.0，RES-HF-40 的浓水 pH 由 4.1 增大至 8.1，低于进水初始 pH。原因在于低压反渗透对于 Ca^{2+}、Mg^{2+}、Al^{3+} 等高价金属离子的截留能力大于 Na^+、Cl^-、NO_3^- 等离子，在浓水中高价金属离子电离，导致浓水 pH 降低。BW30XFR 则对包括 Na^+ 在内的离子保持较高去除率，在低回收率的情况下，浓水离子质量浓度与进水初始离子质量浓度接近，浓水 pH 与进水初始 pH 呈正相关关系。

2. pH 对氟化物截留率的影响

进水初始 pH 对 RES-HF-40 和 BW30XFR 的氟化物截留率的影响如图 4-20 所示。进水初始 pH 对两种膜的影响存在显著不同。BW30XFR 的氟化物截留率随进水 pH 的增大而增加，氟化物截留率增长幅度较小，由 94.70% 增大至 97.99%，受 pH 影响较小。RES-HF-40 的氟化物截留率随进水 pH 由 4 增大至 10，先减小后增大，在 pH=5～6 的范围内存在最小值，氟化物截留率由 77.66% 降低至 72.05%，后迅速增长到 95.13%，当 pH=8 时，氟化物截留率达到 90.37%。RES-HF-40 的氟化物截留率受 pH 影响明显。当 pH＞8

时，两种膜的氟化物截留率都保持在较高水平。

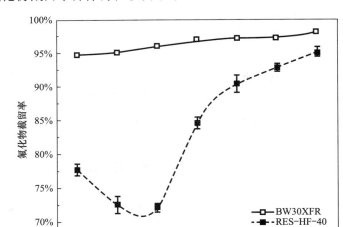

图 4-20 进水 pH 对两种膜的氟化物截留率的影响

注：进水氟化物质量浓度为 10mg/L，操作压力为 7.5bar。

BW30XFR 的氟化物截留率随 pH 增大而增加的原因在于，随着 pH 的升高，F^- 成为氟化物中的优势种类，当 pH 大于 5 时，氟化物几乎都以 F^- 形式存在，而水合 F^- 的半径大于 HF 的半径，反渗透膜主要截留机理为空间尺寸截留，所以随着 pH 的升高，溶液中 F^- 的比例升高，氟化物截留率增大。反渗透膜截留机理还包括介电排除效应，随着 pH 升高，膜表面官能团解离，膜表面电负性增强，对 F^- 的截留能力增强。

3. Zeta 电位表征

由图 4-21 可知，随着 pH 增大，RES-HF-40 的表面官能团逐步电离出 H^+，表面 Zeta 电位逐渐降低，电负性逐渐增强。RES-HF-40 的等电位点为 pH＝3.1，当 pH 大于 3.1 时，膜表面始终带负电，且 pH 越高，膜表面电负性的绝对值越大，越容易通过介电排斥的方

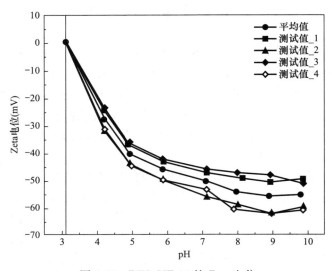

图 4-21 RES-HF-40 的 Zeta 电位

式增大氟化物截留率。

结合以上表征结果可知，在酸性条件下，膜表面电负性较弱，不利于通过介电排斥增大氟化物截留率。但酸性条件下膜表面胺基、酚羟基等官能团电离，膜的表面性质发生变化，膜表面粗糙度增大，膜的亲水性降低，渗透性减弱。且在 pH 低于 4 的条件下，氟化物主要以 HF 的形式存在，主要受空间尺寸排除限制。这可能是因为酸性条件下低压反渗透膜孔开合度较小，氟化物截留率提高，这也与 BW30XFR 在低 pH 下氟化物截留率随 pH 的升高而增大相吻合，因为 BW30XFR 更为致密，所以受 pH 影响较小。在碱性条件下，RES-HF-40 的氟化物截留率随 pH 的升高而增大的机理与 BW30XFR 相同。

出水淡水 pH 范围为 5.5～6.0，浓水 pH 略低于原水 pH。低压反渗透系统截留率受 pH 影响显著，当 pH＞8 时，氟化物截留率较高。西北村镇地下水呈弱碱性，有利于系统除氟，不须预调节 pH。

4.2.2.3　温度对氟化物去除效果的影响

温度影响聚酰胺膜聚合物的微观结构和振动平移等微观热力学性质，对低压反渗透系统截留氟化物效能和膜通量具有重要影响。因此，本小节考察了不同温度条件下，RES-HF-40 和 BW30XFR 的氟化物截留率和膜通量变化情况。实验条件如下：氟化物的初始质量浓度为 10mg/L，压力为 7.5bar，温度为 15～45℃，pH 为 7.0。实验前反渗透膜纯水 10bar 压实 1h。结果见图 4-22 和图 4-23。

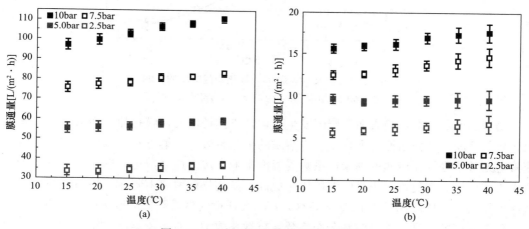

图 4-22　温度对两种膜的膜通量的影响

（a）RES-HF-40；（b）BW30XFR

由图 4-22 可知，随着温度的升高，RES-HF-40 和 BW30XFR 的膜通量均缓慢增大。在 5bar 的压力下，进水温度由 15℃ 提高至 45℃，RES-HF-40 的膜通量由 55.1L/(m² · h) 增大至 59.2L/(m² · h)；BW30XFR 的膜通量由 9.31L/(m² · h) 增大至 9.62L/(m² · h)。在 10bar 的压力下，进水温度由 15℃ 提高至 45℃，RES-HF-40 的膜通量由 96.9L/(m² · h) 增大至 110.2L/(m² · h)；BW30XFR 的膜通量由 15.6L/(m² · h) 增大至 17.5L/(m² · h)。对于 RES-HF-40 和 BW30XFR，低压条件下膜通量受温度影响较小，高压条件下膜通量受温度影响较大，低压反渗透膜的膜通量受温度变化影响较反渗透膜更大。

另一方面，温度升高会对膜表面形态产生影响，导致膜孔径增大，膜孔隙密度降低，有利于增大膜表面亲水性，提高膜内部的水渗透性，增大膜通量。结合两方面理论分析可得，RES-HF-40 的表面形态及渗透系数受温度的影响大于 BW30XFR，膜通量受温度影响更大。

温度对 RES-HF-40 和 BW30XFR 的氟化物截留率的影响如图 4-23 所示。随温度由 15℃升高至 40℃，RES-HF-40 的氟化物截留率由 83.99% 降低至 78.33%，BW30XFR 的氟化物截留率由 95.68% 降低至 94.04%。温度升高不利于聚酰胺膜截留氟化物，RES-HF-40 受温度变化的影响比 BW30XFR 更显著。

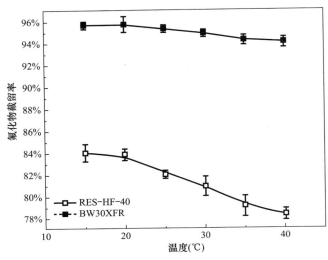

图 4-23　温度对两种膜的氟化物截留率的影响

注：氟化物的初始质量浓度为 10mg/L，操作压力为 7.5bar。

随着温度的升高，膜表面官能团发生变化，膜孔径增大，膜孔隙度降低，聚酰胺膜对氟化物的空间尺寸截留能力下降，膜内溶质的扩散系数、溶解分布系数增强，使得溶质的膜渗透系数增强，而溶质的膜渗透系数受温度影响比水渗透系数更敏感，导致溶质渗透性比水渗透性增大得更快，出水中溶质比例更高，氟化物截留率下降。溶质渗透系数与膜有效厚度呈反比，所以相较于 RES-HF-40，BW30XFR 的聚酰胺分离层更厚，膜有效厚度更大，随着温度的升高，溶质溶解分布系数、扩散系数增大对于渗透系数增大的影响相对较小，膜截留能力受温度的影响也较小。

另外，随着温度升高，浓差极化边界层厚度减小，浓差极化效应减弱，有利于氟化物的截留，而 BW30XFR 的氟化物截留率高，膜表面氟化物浓差极化程度高，温度升高后浓差极化造成的截留率限制减弱，氟化物截留率提高，抵消了一部分由于溶质扩散系数增大导致的氟化物截留率的降低。

综合以上分析可知，表面越致密、氟化物截留率越高的反渗透膜受温度变化造成的膜通量上升和氟化物截留率下降的影响越小。由于膜结构限制，升高温度对于 RES-HF-40 的氟化物截留率具有一定的负面影响，实际应用时应控制系统温度低于 40℃。

4.2.2.4　氟化物初始质量浓度对氟化物去除效果的影响

氟化物初始质量浓度影响氟化物在溶液中的状态以及渗透系数等，对低压反渗透系统截留氟化物效能具有重要影响。因此，本小节考察了不同氟化物初始质量浓度下，RES-HF-40和 BW30XFR 的氟化物截留率的变化情况。实验条件如下：氟化物初始质量浓度为 1～40mg/L，压力为 7.5bar，温度为 25℃，pH 为 7.0。实验前反渗透膜纯水在 10bar 压力下压实 1h。结果见图 4-24。

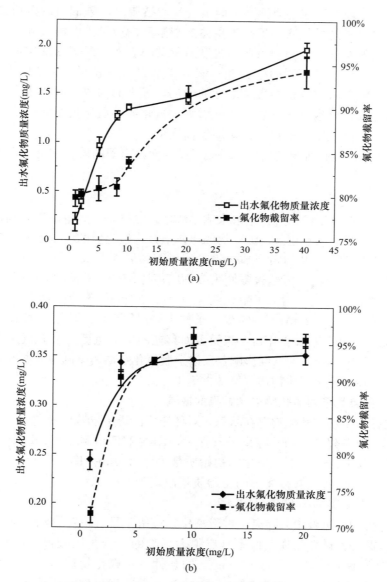

图 4-24　氟化物初始质量浓度对两种膜的出水氟化物质量浓度和截留率的影响
（a）RES-HF-40；（b）BW30XFR

由图 4-24 可知，氟化物初始质量浓度对 RES-HF-40 和 BW30XFR 的影响显著。氟化物初始质量浓度由 1mg/L 增大至 8mg/L 时，RES-HF-40 的出水氟化物质量浓度迅速提升，氟化物截留率由 79.80% 缓慢增大至 81.08%；氟化物初始质量浓度由 8mg/L 增大至40mg/L 时，出水氟化物质量浓度增长幅度减缓，氟化物截留率由 81.08% 增大至

94.19%，随着氟化物初始质量浓度的增加，氟化物截留率逐渐趋近于最大。氟化物初始质量浓度由 1mg/L 增大至 4mg/L 时，BW30XFR 出水氟化物质量浓度迅速提升，氟化物截留率由 71.66% 迅速增大至 90.33%。氟化物初始质量浓度由 4mg/L 增大至 20mg/L 时，出水氟化物质量浓度增长幅度减缓，氟化物截留率由 90.33% 增大至 95.51%。

根据浓差极化理论，在溶质溶剂同时流经反渗透膜时，被截留的溶质紧邻反渗透膜表面，形成一层溶质的质量浓度远高于主体溶液溶质的质量浓度的边界层，形成膜表面与溶液主体之间的质量浓度差，该质量浓度差驱动膜表面溶质向溶液主体扩散；膜表面截留大量离子还会形成膜两侧的电势差，该电势差驱动膜表面被截留的离子跨膜运输，增大溶质通量。随着氟化物初始质量浓度的增加，膜表面的浓差极化程度增大，导致氟化物溶质通量增大，出水氟化物质量浓度增大，氟化物溶质通量增大的幅度低于氟化物初始质量浓度的提高程度，氟化物截留率反而增大。

另外，由于浓差极化现象的出现，增大了膜表面氟离子的质量浓度，氟离子存在以下电离平衡：

$$HF \rightleftharpoons H^+ + F^-$$

由前文可知，低压反渗透过程中浓水侧呈酸性，氟离子的质量浓度升高，氟化氢弱酸电离平衡向左移，膜表面氟化氢占氟化物的比例上升，氟化氢的质量浓度升高，由于氟元素具有很强的电负性，氟化氢可形成氢键，聚酰胺膜表面有大量复杂的官能团结构提供氢键形成的位点，导致氟化氢与聚酰胺膜表面官能团结合，将其更加稳固地截留在膜表面，降低了膜的溶质通量，增大了氟化物截留率。在 pH<5 的酸性条件下，氟化物截留率随 pH 的降低而增加。pH<5 的酸性条件下，pH 降低，氟化氢弱酸电离平衡向左移，膜表面氟化氢的质量浓度升高，与膜表面官能团形成氢键，增大氟化物截留率。

受浓差极化和氢键作用的共同影响，反渗透膜氟化物截留率随氟化物初始质量浓度的升高而增大，逐步趋近于氟化物截留率最大值。

4.2.2.5　共存离子对氟化物去除效果的影响

溶液中共存离子影响氟化物存在状态，对低压反渗透系统截留氟化物效能具有重要影响。因此，本小节考察了不同共存离子条件下，RES-HF-40 和 BW30XFR 的氟化物截留率的变化情况。实验条件如下：氟化物初始质量浓度为 10mg/L，压力为 7.5bar，温度为 25℃，pH 调为 7.0，各类共存离子的初始质量浓度为 20~100mg/L。实验前反渗透膜纯水在 10bar 压力下压实 1h。结果见图 4-25。

由图 4-25 可知，溶液中共存离子对于氟化物截留率具有一定影响，且对 RES-HF-40 的截留率影响更大。对氟化物截留率具有很大影响的离子为碳酸根离子和磷酸根离子，RES-HF-40 在碳酸根质量浓度为 100mg/L 的条件下，氟化物截留率为未加入碳酸根时的 85.3%；在磷酸根质量浓度为 100mg/L 的条件下，氟化物截留率为未加入磷酸根时的 83.7%。硫酸根、氯离子以及硝酸根对氟化物截留率几乎没有影响。钙、镁、铝等金属阳离子对 RES-HF-40 的氟化物截留率具有较大影响，尤其是钙离子，在质量浓度为 100mg/L 的条件下，氟化物截留率为未加入钙离子时的 129.1%。共存离子对于 BW30XFR 的氟化物截留率影响较小，在碳酸根质量浓度为 100mg/L 的条件下，氟化物截留率为未加入碳酸根时的 95.3%。

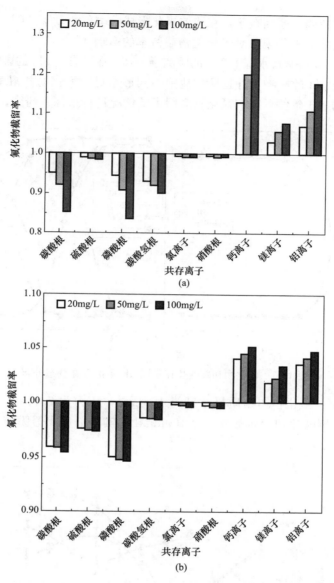

图 4-25　共存离子对于两种膜的氟化物截留率的影响
（a）RES-HF-40；（b）BW30XFR

　　阴离子尤其是高价阴离子对氟化物截留率有抑制作用，主要原因在于浓差极化现象。共存的高价阴离子聚集在膜表面，在膜浓水侧和淡水侧形成了电位差，同时高价阴离子水合离子半径大，更容易被膜截留，溶质的渗透系数低，形成的电位差驱使氟化物跨膜运输，以平衡膜两侧的离子平衡和电位平衡，使得氟化物截留率降低。因此，相同当量的阴离子，所带电荷数越多，对氟化物截留率的影响越大。相同电荷数阴离子，水合离子半径越大，膜截留率越高，对氟化物截留率的影响越大。对氟化物截留率影响程度排序为：$PO_4^{3-} > CO_3^{2-} > SO_4^{2-} > HCO_3^- > Cl^- > NO_3^-$。当溶液中存在 PO_4^{3-}、CO_3^{2-}、SO_4^{2-}、HCO_3^-，并同时存在 Cl^-、NO_3^- 等离子时，PO_4^{3-}、CO_3^{2-}、SO_4^{2-} 等离子对于氟化物截留率的限制作用会被减弱。原因在于，在浓差极化形成的电位驱动下，Cl^-、NO_3^- 等离子也会跨膜运输，降低浓差极化现象对于氟化物截留率的影响。

碳酸盐作为地下水等常规水源中常见的阴离子，其存在形态受 pH 的影响显著（图 4-26）。氟化物截留率也受 pH 的影响，并且碳酸盐中不同形态对于氟化物截留率的影响不同，所以对碳酸盐在不同 pH 条件下影响氟化物截留率的情况进行了深入研究。

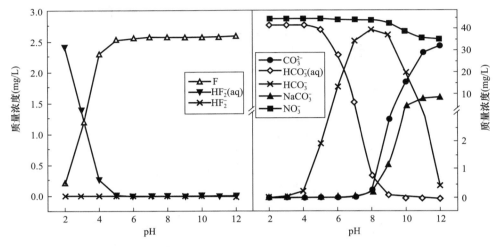

图 4-26　氟化物和碳酸盐在不同 pH 下的存在状态分布

实验条件如下：氟化物初始质量浓度为 10mg/L，压力为 7.5bar，温度为 25℃，pH 调为 2.0～12.0，碳酸盐初始质量浓度为 100mg/L。实验前反渗透膜纯水在 10bar 压力下压实 1h。结果见图 4-27。

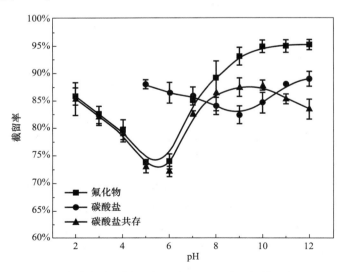

图 4-27　碳酸盐在不同 pH 下对 RES-HF-40 的截留率的影响

碳酸盐在低 pH 条件下主要以碳酸形式存在，对于氟化物截留率的影响不进行探讨。当 4<pH<8 时，随着 pH 增大，HCO_3^- 在碳酸盐中占比逐渐增多，由于 RES-HF-40 对于 HCO_3^- 截留率较其他状态的碳酸盐能力低，碳酸盐总截留率逐渐下降。HCO_3^- 作为一

价阴离子，浓差极化产生的电位差对氟化物截留率的影响也较小，当 $4<pH<8$ 时，碳酸盐共存状态下氟化物截留率与单纯氟化物存在条件下的截留率相差较小。当 $8<pH<10$ 时，随着 pH 增大，CO_3^{2-} 在碳酸盐中占比增加，HCO_3^- 在碳酸盐中占比逐渐减少，且 CO_3^{2-} 对于氟化物截留率限制较大，碳酸盐共存状态下氟化物截留率随 pH 的增长放缓，与单纯氟化物存在条件下的截留率差值开始逐渐增加。当 $pH>10$ 时，碳酸盐主要以 CO_3^{2-} 形式存在，对氟化物截留率限制大，碳酸盐共存条件下，氟化物截留率迅速减小，与单纯氟化物存在条件下的截留率差值迅速增大。由实验数据可得，pH 对碳酸盐限制氟化物截留率有显著影响，在 $pH>10$ 的条件下，对氟化物截留率的限制最明显。

高电荷量金属阳离子对氟化物截留率的促进作用与阴离子限制原理相同，Mg^{2+} 浓差极化在膜表面产生电位差，阻止阴离子的跨膜运输，增大氟化物截留率。Ca^{2+} 增大氟化物截留率的主要原因在于存在以下沉淀平衡：

$$Ca^{2+}+2F^- \rightleftharpoons CaF_2$$

Ca^{2+} 与 F^- 在膜表面的浓差极化边界层会生成难溶的 CaF_2，将氟化物固定于膜表面结垢物质中，增大氟化物截留率，但反渗透膜大量结垢会降低膜通量，影响膜表面性质，应该避免 Ca^{2+} 与 F^- 的质量浓度同时过高。

Al^{3+} 会增大氟化物截留率，主要原因在于以下水解平衡：

$$Al(H_2O)_6^{3+}+H_2O \rightleftharpoons [Al(H_2O)_5(OH)]^{2+}+H_3O^+$$
$$[Al(H_2O)_5(OH)]^{2+}+H_2O \rightleftharpoons [Al(H_2O)_4(OH)_2]^++H_3O^+$$
$$[Al(H_2O)_4(OH)_2]^++H_2O \rightleftharpoons Al(OH)_3+3H_3O^+$$

Al^{3+} 在水中存在复杂的水解平衡且其单体羟基络合形态很容易形成二聚体、低聚体以及高聚体等。在浓差极化作用下，膜表面存在大量铝离子并生成各种存在状态的铝离子络合物，多形态的铝离子络合物能够吸附 F^-，将其固定在膜表面及主体溶液中，增大氟化物截留率。

实际应用中，低压反渗透系统进水应避免碳酸盐和磷酸盐的质量浓度过高，以防止对氟化物截留率形成限制，同时避免质量浓度高的钙离子共存，以防造成膜污染、降低系统运行周期和使用寿命。

4.2.2.6　最优工况比选

根据前文探究的各项工艺参数对于低压反渗透膜氟化物截留效能的影响可知，压力能够增大氟化物截留率和膜通量，但随着压力的增大能耗急速增加，在保持较高氟化物截留率和较大膜通量并限制能耗的条件下，$7.5\sim8.5$bar 是合理的操作压力。pH 对氟化物截留率影响显著，对膜通量影响较小，为保证较高的氟化物截留率并考虑使用场景地下水水质条件（地下水一般为弱碱性水），能够满足低压反渗透系统对进水 pH 的要求，应尽量避免预调节 pH，需要调节的前提下，为避免 pH 过高容易形成沉淀降低膜使用周期，$7.5\sim8.5$ 是低压反渗透系统较好的 pH 运行区间。根据氟化物初始质量浓度的影响结果可知，当氟化物的质量浓度低于 5mg/L 时，可仅设置一级低压反渗透进行处理，回收率为 75%，调整各项指标到适宜区间可以保证出水氟化物质量浓度低于《生活饮用水卫生标准》GB 5749—2022 规定的 1.0mg/L。当氟化物的质量浓度高于 5mg/L 时，需要设置两级反渗透系统处理，一级反渗透回收率为 75%，二级反渗透回收率为 80%，能够保证氟化物的质量浓度低于 1.0mg/L 的出水质量达标。

4.2.2.7 清洗方式对膜性能恢复的影响

膜结垢是低压反渗透系统中不可避免的问题，结垢会降低膜通量，增大跨膜压差，导致操作压力升高，缩短膜清洗周期和膜寿命，这些问题限制着低压反渗透系统的应用，是亟待解决的问题。

清洗时间与清洗方式对反渗透膜通量恢复具有显著影响。因此，本小节考察了 4 种清洗方式对结垢的 RES-HF-40 的膜通量恢复的影响。实验条件如下：实验前反渗透膜纯水在 10bar 压力下压实 1h。氟化物初始质量浓度为 80mg/L，Ca^{2+} 初始质量浓度为 400mg/L，温度为 25℃，pH 调为 7.0，压力为 7.5bar，采用淡水和浓水全部回流的方式运行 2h。膜通量稳定后，清洗溶液在 3.0bar 下运行 1h。结果见图 4-28。

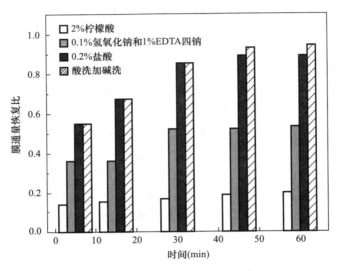

图 4-28 清洗方式对于膜通量恢复的影响

由图 4-28 可见，4 种清洗方式中，2％柠檬酸清洗对于膜通量恢复最差，清洗 60min，膜通量恢复至未污染膜通量的 20.01％。

0.1％氢氧化钠和 1％EDTA 四钠混合碱洗具有一定的清洗效果，清洗 30min，膜通量恢复至未污染膜通量的 53.33％。0.2％盐酸酸洗效果较好，清洗 60min 后，膜通量可恢复至未污染膜通量的 89.30％。酸洗加碱洗效果最好，清洗 60min 后，膜通量可恢复至未污染膜通量的 94.04％。

CaF_2 类型的结垢最佳清洗方式为：完全回流状态，3.0bar 下低压运行，0.2％的盐酸清洗 30min 后，0.1％的氢氧化钠和 1％的 EDTA 四钠混合碱清洗 30min。

4.3 纳滤技术

4.3.1 技术原理

4.3.1.1 纳滤预处理技术——电絮凝

纳滤系统前一般需要进行预处理，如混凝、电絮凝、过滤等。电絮凝技术是指在电的作用下，通过牺牲金属阳极产生电解溶液形成多种絮凝物质来去除水中污染物的技术。通常使用的阳极金属有铁或铝，在电解过程中阳极上所溶解的 Al^{3+} 或 Fe^{2+} 水解而形成复杂多样的氢氧化物，进而与水中的污染物发生凝聚、吸附、沉淀等作用，从而实现水中污染物的去除。电絮凝原理示意图如图 4-29 所示。

电絮凝过程中，污染物的去除机制主要有：物理吸附、化学反应、电氧化还原、电极吸附等。在实际处理过程中，去除污染物的主要机制取决于污染物的性质、电絮凝条件和水质特征等。电絮凝用在水处理中可去除多种污染物，包括悬浮固体、氟化物、铬、硝酸盐、磷酸盐、砷、硬度、藻类、油脂类物质、有机碳、染料等。

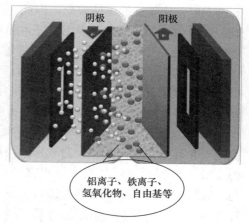

图 4-29　电絮凝原理示意图

电絮凝技术主要有以下特点：无须添加任何化学药剂，不会造成二次污染；电絮凝过程中产生电气浮作用，会带动一部分污染物上浮，这些上浮的污染物质易收集，处理成本低；设备工艺简单且易操作，易实现自动化管理和控制，运行成本低；去除污染物的效率高，出水水质较好且稳定；电絮凝过程中形成的絮凝体颗粒较大且稳定，易于后期的泥水分离过程，减少后续处理成本；电絮凝过程中产生的泥量比化学药剂法少得多，且形成的污泥更加稳定、无毒；电解过程中由于电流作用使得胶体产生的有效碰撞将会大大增加；可处理复杂的水质，相比于膜处理等其他方法，电絮凝技术对初始水质要求低。

4.3.1.2　纳滤技术原理

纳滤（NF）膜分离是一个极其复杂的过程，它取决于发生在膜表面和膜纳米孔径内的微流体动力学和膜孔筛分作用。纳滤膜的截留是空间位阻效应、道南效应和介电效应等共同作用的结果。纳滤原理示意图如图 4-30 所示。

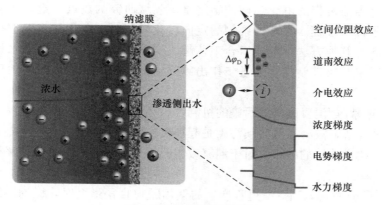

图 4-30　纳滤原理示意图

纳滤膜的孔径为 $1\sim2nm$，可以有效去除在 $100\sim1000Da$ 之间的分子。与反渗透相似，纳滤膜可以有效分离无机盐离子和小分子有机物，二者的主要区别在于，纳滤膜对单价离子的去除率相对较低，但是对大多数多价阴离子的截留率几乎达到 100%；反渗透系统能耗一般为 $1.5\sim2.5kWh/m^3$，能耗主要由高压泵产生；由于纳滤膜在较低的压力下工作，并且通量更大，能耗较低，为 $0.6\sim1.2kWh/m^3$；多项研究已经证明，纳滤在低压下也有比较好的截留效果，因此在一些方面，纳滤脱盐往往要优于反渗透。基于纳滤膜的这些性质，其被广泛应用于海水和苦咸水淡化、食品生产以及乳品、纺织、造纸、制药和石油化工等行业。纳滤技术主要被用于海水和苦咸水淡化脱盐的预处理、苦咸水软化、地下水处理和天然有机物的去除。Chen 等人对海水淡化工艺的研究表明，纳滤预处理提高了反渗透系统的出水水质，采用纳滤预处理可以将反渗透系统的脱盐率提高至99.4％。Den 等人将纳滤膜用作反渗透膜的预处理进行苦咸水淡化实验。结果表明，纳滤作为反渗透的预处理可以明显提高产水的水质与反渗透的产水回收率。另外，过多的钙、镁离子和其他多价阳离子会造成水的硬度升高，纳滤软化处理的苦咸水，大大减少了原水的 TDS，使得反渗透的产水量提高 60％，成本降低 30％。但是饮用水的硬度太低也不利于人的身体健康，Lin 等人进行了低压纳滤膜对地表水的脱盐研究，结果表明纳滤膜对 TOC 和 SO_4^{2-} 有较高的去除率，同时保留了一定量的钙、镁离子，产水水质更适合饮用。

4.3.1.3 电化学—纳滤除氟工艺

膜技术应用于水处理所遇到的主要问题是膜污染。纳滤系统一旦出现颗粒和胶体的污堵就会严重影响膜的产水量，有时也会降低脱盐率。膜进水水源中颗粒或胶体的来源因地而异，常常包括细菌、淤泥、胶体硅、铁腐蚀产物等，预处理所用的药剂，如聚合铝、三氯化铁和阳离子聚电介质，如果不能在澄清池或介质过滤器中有效地除去，也可能引起污堵。防止膜污染的一个重要思路是运用一些物理或化学预处理方法，提高膜通量。

混凝是膜过滤操作最为常用的一种化学预处理措施。随着近年来材料科学与电化学的不断发展，对电化学水处理与资源化利用技术的研究日趋深入，从传统的金属电极发展到二维层状材料电极、从传统的污染物发展到对新型污染物的去除、从关注水处理效率发展到同步回收能源和资源，电化学水处理与资源化利用技术取得了长足的进步。电极材料开发及微界面过程的电化学调控始终是该领域研究的焦点，近几年研究逐渐聚焦在精确调控电子转移过程，实现污染物的定向转化。同时，电化学水处理技术也逐渐融合生物和膜分离等其他方法，形成组合工艺解决实际水质问题。电化学水处理与资源化利用技术为我国水污染控制技术的进步作出重要贡献，成为我国水污染治理工程中的重要技术选择。

4.3.1.4 电絮凝/混凝改善膜污染的机制

在大多数情况下，混凝对改善膜污染是起积极作用的。研究表明，混凝预处理降低了膜污染的速率和化学清洗的频率。对于混凝改善膜污染的机制有以下几种解释：

1. 增大了颗粒尺寸

Wang 等人研究发现，当混凝过程产生的絮体颗粒直径最大时，微滤膜通量的改善最明显，膜污染速率降低归因于混凝过程增大了颗粒物直径，形成了直径大于 10 μm 的絮体。Lahoussine Turcaud 和 Wiesner 在研究超滤系统时也强调混凝预处理对颗粒尺寸的提高以及膜污染速率的降低具有重要作用。增大颗粒物尺寸从而降低膜污染的速率的原因主要有以下几种：当颗粒物粒径增大时，颗粒迁移离开膜表面的概率也相应增大；由于流体的剪切力作用，颗粒迁移离开膜表面的作用被增强。此外，混凝过程产生的大颗粒的絮体更加不容易透过膜孔，导致膜孔阻塞。

2. 改变了滤饼形态，降低滤饼比阻

研究发现，混凝预处理在大多数条件下都能够有效降低滤饼层的水力阻力。滤饼比阻降低，膜污染的速率也就减缓。经过混凝预处理后所形成的滤饼形态不同于直接膜过滤所形成的滤饼，混凝絮体所形成的滤饼比阻更低、孔隙率更大。

混凝可以有效去除 NOM、改变 NOM 组成状况及表面电性、降低 NOM 在膜表面吸附能力，混凝后的膜污染物质主要为小分子的中性亲水 NOM 组分。

4.3.1.5　电化学—纳滤工艺流程

针对目前西北村镇水资源紧缺、部分水源高氟高盐，以及传统脱盐工艺药耗、能耗大，工艺流程复杂和膜污染等问题，应用当前成熟的饮用水处理工艺与先进的电化学水处理技术，以少药剂、设备化、模块化、自动化为原则，以电化学—纳滤为核心技术，通过水厂工艺设计参数的优化和信息化监控系统的集成，研发形成少药剂、低能耗、一体化成套装备，可应用于生活和工业供水领域。

纳滤膜除氟脱盐工艺是当前发展最快、最为成熟、应用最广泛的苦咸水脱盐技术，纳滤膜可以将氟化物降低到要求的质量浓度，同时膜能够对有机物、病毒和细菌提供物理截留，但是其仍然面临一些技术挑战：①膜污染导致水通量下降、能耗上升，膜材料工作寿命缩短；②消耗大量的絮凝剂、消毒剂、抑菌剂、阻垢剂等，既增加运行成本，又带来潜在的环境风险；③运行成本较高。

纳滤工艺对进水水质的要求较高，必须进行絮凝、消毒等预处理，去除水中部分悬浮颗粒物、有机物及微生物，以减缓膜污染，保证设计通量和出水水质。对于一些偏远地区，运输和储存絮凝剂和消毒剂极不便利，因此对无药剂电絮凝—纳滤脱盐技术需求很大。电化学可以实现在线絮凝和消毒，通过电解盐水同时产生铝或铁系絮凝剂和含氯消毒剂，实现无须外加药剂的预处理过程。

原水经提升后，进入电化学处理单元，进行电絮凝处理，经精密过滤器处理后，去除水中大部分的微粒、胶体、细菌及高分子有机物质，经高压泵提升，进入纳滤系统进行最终除氟脱盐过程，膜产水经过紫外线处理后，进入清水设施或储水设施，实现高品质产水。具体工艺流程如下：原水→泵提升→预处理系统→电化学系统→纳滤系统→消毒→出水，其工艺流程示意图如图 4-31 所示。

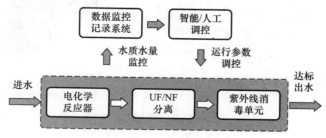

图 4-31　电化学—纳滤工艺流程示意图

4.3.2　技术特点

4.3.2.1　电絮凝和纳滤技术的主要优点

电絮凝技术具有以下优点：①设备简单，易于操作，占地面积相对较小，具有很大的灵活性；②启动和运营成本以及维护成本都相对较低；③在电絮凝过程中以金属氢氧化物作为絮凝剂，因此不需添加化学试剂，避免了二次污染；④仅需要低电流就可以获得很好的处理效果，甚至可以实现绿色运行，例如太阳能、风能和燃料电池；⑤电絮凝方法可有效地将水中污染物颗粒及胶体去除，由电絮凝形成的絮体比化学絮凝物絮体颗粒更大，结合水更少，更耐酸和更稳定，因此可以通过过滤更快地分离絮体；⑥与化学处理相比，电絮凝产生的金属离子可以作为氢氧化物或碳酸盐沉淀，污泥少。电絮凝的污泥产量为1.5%～2%，远远低于其他水处理方法。基于以上优点，电絮凝技术是一项可以应用在农村的简单易操作且对环境没有污染的环境友好型水处理技术，目前电絮凝技术已经被认为是最具有发展前景的技术之一。

纳滤技术在各种应用领域表现出优异的性能，广泛用于市政自来水处理、单级海水淡化和苦咸水脱盐、化工工艺过程和废水处理等。纳滤在水通量、脱盐率、脱除有机物和抗生物降解方面具有极好的性能表现，具有极高的抗压密化能力，最高使用温度可达45℃（热消毒型元件耐温更高），能够承受$pH=1～13$的无机酸碱强力清洗，极耐磨损，在非常恶劣的使用条件下，表现出比其他技术更长久、更稳定的无故障运行性能。膜能够承受短期的氯和次氯酸根的攻击，但余氯的质量浓度正常情况下应小于0.1mg/L，因为连续接触余氯将会破坏膜的分离能力，从而引起膜性能的下降，建议在预处理部分应脱除水中的余氯。

4.3.2.2　电化学—纳滤一体化装备的优势

通过改进电压施加技术（如交流电的应用）和反应器构型（如复极式极板排布方式，见图4-32），减少电极损耗、提高絮凝效率，开发了复极式感应电凝聚净水反应器，建立了系列以复极式感应电凝聚为核心的组合水处理技术，解决了现行电絮凝方法电流效率低、净水效果差、结构不合理等技术问题，发展出一种基于现代絮凝观的电凝聚水处理新方法。

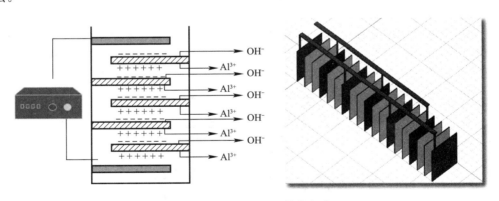

图4-32　复极式极板排布方式

针对非常规饮用水水源研发的电化学—纳滤关键技术，缩短处理流程、简化操作程序、提升净化效能，设计开发新型饮用水处理工艺，并根据低维护与装配化的要求，对传统水处理工艺进行优化升级，以电絮凝—纳滤为核心技术，提出低维护除氟电化学—纳滤设计方案，并开发出一体化净水设备，效果图与实物图如图4-33和图4-34所示。

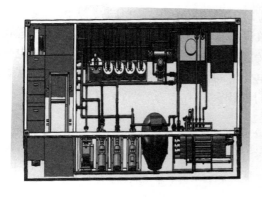

图 4-33　电化学—纳滤净水设备效果图

图 4-34　电化学—纳滤净水设备实物图

4.3.3　技术适用范围

采用电化学—纳滤技术处理高氟苦咸水有很多优点，但对进水水质有一定要求，若达不到要求，很大程度上会导致膜的污染和结垢，严重的会导致整个膜系统装置报废，因此大多数苦咸水脱盐都需对原水进行预处理。理想的纳滤膜水通量大，根据溶质特点和应用要求，可实现选择性透过，例如有些纳滤膜不让杀虫剂透过，但能让 50% 的钙离子透过，有些纳滤膜能让一价离子透过而不让二价离子透过等。

应用该技术时，需考虑一定的使用条件和应用范围：

（1）预处理后污泥淤积指数（SDI）≤5，进水氟离子的质量浓度宜控制在 5mg/L 以下，最高不超过 10mg/L，质量浓度过高，去除率较低。

（2）有机物的质量浓度不能过高，否则容易堵塞膜孔。

（3）原水 pH 以及温度过高或者过低均不利于除氟，保持 pH 在 6.5～8.0、温度在 18～23℃，效果最好。

（4）操作压力宜为 0.6～0.8MPa，操作压力增大有利于膜通量和截留率的增加，但过高的操作压力会造成成本的提高甚至膜损。

在使用纳滤装置时，应按照相应膜使用手册进行设计和维护，从而延长使用寿命和保证长久处理效果。电化学—纳滤设备可以根据不同净化和使用需求，定制不同组合工艺，出水可达到饮用水及各类生活用水标准，能应对不同环境条件，如海岛、灾区、戈壁等各种野外工作环境，不受水源地水质的限制。该设备具有装配简单、可灵活组装、管理运行简便和处理效率高的特点，是一种具有良好发展前景的除氟脱盐系统。该技术利用电化学与膜分离的各自优点，补膜技术的短板、扬电化学的优点，代替传统预处理加药方式，降低预处理成本，是针对高氟苦咸水集成处理的创新探索。

4.4　电渗析技术

4.4.1　地下水除氟

4.4.1.1　技术简介

除氟技术可以分为膜法和非膜法两大类。其中非膜法包括吸附法、离子交换法和化学沉淀法等，膜法包括电渗析、反渗透、纳滤等。近年来，膜法逐渐成为水处理中除氟的新趋势。与非膜法相比，膜法的优势显著。值得一提的是，电渗析在饮用水除氟中具有良好的表现。电渗析通过离子交换膜定向传输阴、阳离子实现离子分离，离子交换膜中固定的阴离子或阳离子基团决定了允许通过的离子性质，这一特性对电渗析选择性分离氯离子和氟离子具有很大的影响。

当离子交换膜有电流通过时，基于道南排斥机理，溶液相与膜之间存在的离子传输数差异导致膜表面形成双电层（EDL）和扩散边界层（DBL），如图4-35所示，可以通过对界面层电阻的控制实现饮用水电渗析除盐。Dlugolecki等人用直流电法测定了离子交换膜的膜电阻与溶液质量浓度之间的关系，显示当溶液中盐的浓度低于0.1mol/L时，膜电阻显著增加，这与电渗析中测得的结论一致。

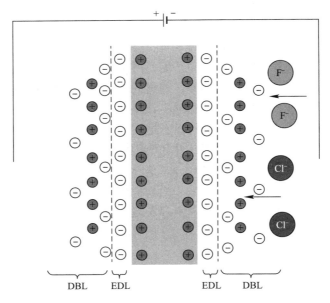

图4-35　浸入有电流的电解质溶液中时，邻近阴离子交换膜（AEM）表面形成的双电层（EDL）和扩散边界层（DBL）示意图

一般情况下，直流电法测量膜电阻可以通过施加电压测量膜上产生的电位差，从而获得体系的总电阻（包括膜电阻和溶液电阻）。但是直流电法测得的电阻不能区分纯膜电阻和通过双电层和界面层的离子传输产生的附加电阻。

电化学阻抗谱法与直流电法不同，电化学阻抗谱法使用的是交流电，可以很好地区分纯膜电阻、双电层电阻以及扩散边界层电阻。在已有的研究中只对氯化钠单体系进行电化学阻抗谱实验表征流体动力学、温度等条件对膜电阻的影响情况，这些研究中提到非均质传输强烈依赖于溶液混合，并且通过溶液搅拌可以完全消除扩散边界层，结果表明，电化学阻抗谱法在离子交换膜表征方面具有很好的应用前景。

在电渗析工艺中，氯离子和氟离子因具有不同的离子特征（表 4-5），从而产生不同的过膜传输速率。为了提高氟离子的选择性去除率，本研究中将氯化钠体系和氟化钠体系作为研究对象，分别对总电阻、纯膜电阻、扩散边界层电阻和双电层电阻进行表征，考察了溶液质量浓度、电场强度、流场强度和酸碱性的影响，以表征氟、氯离子通过离子交换膜的速率，实现电渗析中氟、氯离子的选择性去除。通过增大电场强度和流场强度可以有效减小氟化钠体系和氯化钠体系的扩散边界层电阻，并在此基础上提出了选择性场控、选择性膜堆结构、选择性膜三级强化竞争性除氟电渗析技术路线（图 4-36），对电渗析选择性除氟具有重要的参考意义。

氟、氯离子及水合状态下的离子特征　　　　　　　　　　　　　表 4-5

离子类型	离子电荷数	电负性	吉布斯自由能（kJ/mol）	斯托克斯半径（nm）	水合离子半径（nm）	水合离子水分子数	离子过膜时间常数
Cl^-	1	3.16	347	0.119	3.32	6	2.07×10^{-11}
F^-	1	3.98	472	0.164	3.35	>6	1.134×10^{-6}

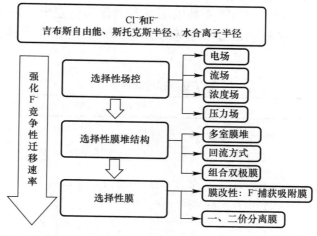

图 4-36　电渗析选择性场控、选择性膜堆结构、选择性膜三级强化竞争性除氟技术路线

4.4.1.2　材料和方法

1. 电化学阻抗谱

电化学阻抗谱是研究材料电化学性质的常用技术，用于表征多孔材料、晶体材料、固体的微观结构变化和相变的可能性以及燃料电池、电解质溶液、生物膜、合成膜中存

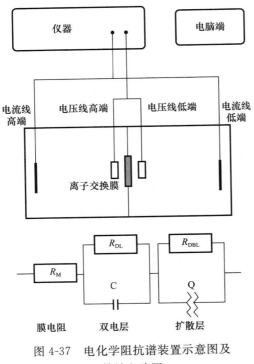

图 4-37 电化学阻抗谱装置示意图及
等效电路图

在的电化学现象，通过电化学阻抗谱可以提供更多膜的功能特征和结构信息特征。在电化学阻抗谱中，关键的原理之一是将研究的电化学系统（本书的研究中为离子交换膜）转化为电容和电阻组成的等效电路，即一个与频率相关的电容和电阻与传统电阻并联后，与整个系统串联形成的等效电路。当施加高频信号时，高频信号能通过电容，可以作为纯电阻电路处理；施加低频信号时，低频信号难通过电容，系统阻抗可以表示为溶液电阻和极化电阻之和（图 4-37）。

实验中使用的电化学阻抗谱是由 Gamry 公司提供的，聚 2-甲基丙烯酸甲酯制成体积为 2L 的带两个独立室的水槽，所研究的有效膜面积为 $2.835cm^2$，电极使用敏感电极（Ag 表面涂覆 AgCl 制成，可以有效防止电极表面水解离）和参比电极（Ag/AgCl，放置在充满饱和 KCl 溶液的玻璃细管中，减小外部电场的影响）。

2. 离子交换膜

实验中使用的离子交换膜（AMX-4 和 CMX-4）是由日本德山苏打公司（Tokuyama Soda Co.）提供的基于聚氯乙烯强化的标准离子交换膜。AMX-4 是一种以季铵基团作为固定电荷的阴离子交换膜，CMX-4 是以磺酸基团作为固定电荷的阳离子交换膜，两种膜在海水淡化、地下水脱盐、盐浓缩等方面得到广泛的应用，其性能参数如表 4-6 所示。

离子交换膜性能参数　　　　　　　　　　　　　表 4-6

离子交换膜	种类	特性	破裂强度（MPa）	厚度（mm）	应用场合
AMX-4	强碱型	阴离子选择性透过膜	≥0.20	0.11~0.16	盐的浓缩
					乳清脱盐
	Cl⁻ 型	低电阻			糖液脱盐
CMX-4	强酸型	阳离子选择性透过膜	≥0.10	0.12~0.17	水中脱盐
					盐的浓缩
	Na⁺ 型	低电阻			乳清脱盐

3. 实验步骤

将离子交换膜用需要测量的溶液进行 24h 活化处理后放置在水槽隔板处，连接水槽电极后接通电源，在电脑端设置实验电压、频率等参数后开始测量。通过 Gamry Echem Analyst 数据分析软件计算电化学阻抗谱法中的膜电阻、扩散边界层电阻和双电层电阻。

4. 阻抗测量

利用电化学阻抗谱可以区分单个纯膜电阻、双电层电阻和扩散边界层电阻。在电化学阻抗谱实验中，正弦波电流由带有阻抗分析仪的恒电位器施加，利用参比电极测量电压对外加电流的影响情况。电化学阻抗谱实验频率范围为 $10^{-3} \sim 10^3$ Hz，电流振幅为 3mA。电化学阻抗谱在高频下测得的电阻为膜电阻和溶液电阻之和（$R_M + R_S$），在低频下测得的电阻为溶液电阻、膜电阻和界面边界层电阻之和（$R_S + R_M + R_{DL} + R_{DBL}$）。通过高频和低频下得到的电阻差异可以精准反映离子在离子交换膜之间的迁移速率差异。

4.4.1.3　影响除氟效果的主要因素

1. 电化学阻抗谱

Dlugolecki 等人的研究表明，与直流电法测量膜电阻相比，电化学阻抗谱可以区分纯膜电阻、膜界面上形成的双电层电阻和扩散边界层电阻，并将其应用于纯膜电阻、双电层电阻与扩散边界层电阻对膜总电阻的影响。

根据已有的 EIS 等效电路模型分析初始浓度、电场、流场和离子特性对膜总电阻的影响，数据拟合由 Gamry 阻抗数据分析软件和 Origin 软件完成。

以 0.1mg/L 的氯化钠和氟化钠溶液为例，阻抗谱数据分别描绘在 Bode 图和 Nyquist 图中。如图 4-38 所示的 Bode 图反映了频率和阻抗之间的关系，其中阻抗对数的变化情况即体系溶液中总电阻的变化，由图 4-38 可知，氯化钠体系总电阻受频率影响相对于氟化钠体系更明显。图 4-39 所示的 Nyquist 图表示阻抗的实部 Z'（体系总电阻）和虚部 Z''（总电容）随频率变化的情况，高频（1000Hz）时反映溶液电阻和膜电阻之和（$R_S + R_M$），低频（0.01Hz）时反映溶液电阻、膜电阻、通过双电层的界面离子电荷转移电阻、扩散边界层电阻之和（$R_S + R_M + R_{DL} + R_{DBL}$）。

2. 溶液初始浓度对膜电阻的影响

在 0.1mg/L 的氯化钠和氟化钠体系中，随着体系中溶液浓度的升高，膜总电阻在两种体系溶液中呈现下降的趋势，这是由于在膜外电解质溶液中的阴离子同时作定向迁移，传导电流，而膜内电流传导只依靠膜内解离离子。总膜电阻变化的原因可以从以下三个方

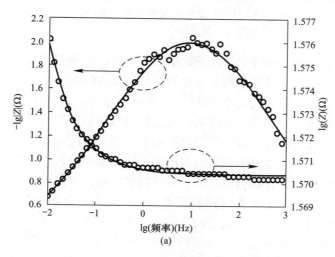

图 4-38　从电化学阻抗谱中获得的 Bode 图（一）

（a）氯化钠

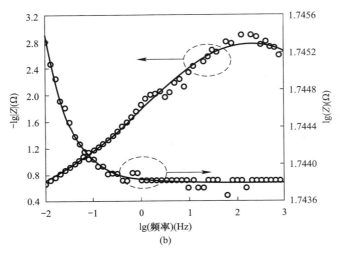

图 4-38　从电化学阻抗谱中获得的 Bode 图（二）

（b）氟化钠

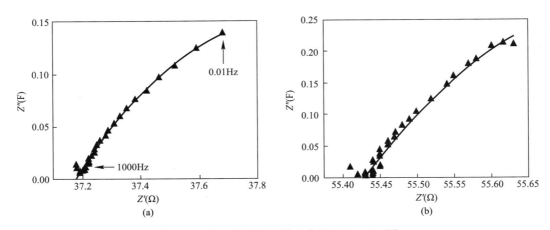

图 4-39　从电化学阻抗谱中获得的 Nyquist 图

（a）氯化钠；（b）氟化钠

面考虑：①溶液浓度升高，可导电的离子数增多，溶液的电导率增大，电阻减小，出现膜电阻减小的趋势；②溶液中可导电离子数量的增加，膜内吸附的阴、阳离子相应增加，致使膜的导电性趋于良好，膜内导电性能增加，膜电阻减小，阴离子在膜中的迁移速率加快；③从电化学阻抗谱结果来看，总膜电阻变化趋势与扩散边界层变化趋势一致，所以溶液浓度的改变主要是通过改变扩散边界层电阻来改变膜总电阻，即扩散边界层电阻在总膜电阻中占据主导地位，而膜本身的电阻和双电层电阻贡献相对较小（图 4-40）。

　　从溶液浓度对膜电阻的影响可以看出，在使用电渗析去除地下水中的氟离子时，由于地下水中氟离子浓度较低，主要通过控制膜界面扩散边界层电阻来提高氟离子的去除率，但是与此同时也会提高地下水中氯离子的去除率。为了强化氯离子和氟离子共存体系中氟离子的竞争性去除率，考虑从电场、流场和氟离子本身性质进行研究，强化氟离子在电渗析中的竞争性。

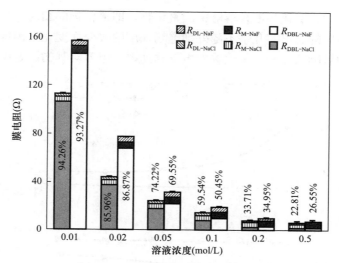

图 4-40　溶液浓度对膜电阻的影响

3. 电场对除氟的影响

在电渗析过程中，溶液中的离子通过离子交换膜的主要驱动力为外加电压，存在如图 4-41 所示的场控电迁移原理。在电渗析膜堆两侧施加不同的电压可能会影响离子通过离子交换膜的速率，即离子电迁移速率。

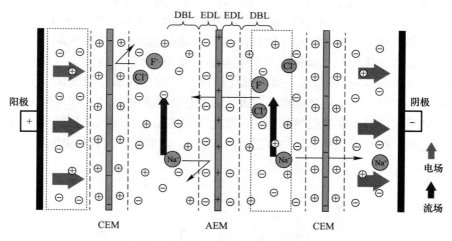

图 4-41　场控电迁移原理图

由于不同离子的化学性质不同，施加不同梯度的电压可能导致离子通过离子交换膜的速率不同。因此，可以通过对电压的调节来控制氯离子和氟离子之间的相对竞争性电迁移速率，强化电渗析选择性除氟。

电化学阻抗谱法表征了在不同电压下氯化钠体系和氟化钠体系的总电阻和电容变化，并通过离子穿过离子交换膜的电阻来表征离子的电迁移速率。在不同电压下，通过电化学阻抗谱法得到如图 4-42 所示的结果。随着外加电场的增加，氯化钠体系总电阻从 35.19Ω 增加到 40.51Ω，但氟化钠体系总电阻从 55.29Ω 减小至 49.72Ω。当电场强度增加至 $300\mathrm{mV}$ 时，氯化钠体系和氟化钠体系总电阻变化趋势趋于平稳。因此，在 $10\sim300\mathrm{mV}$ 区间很适合去除氟化物、氯化物混合溶液中的氟化物，即氟化物的相对竞争性电迁移速率较大。而氟、氯体系中的总电容几乎不随外加电场强度的改变而变化，因此电场主要通过影响体系总电阻进而影响氟化物、氯化物的电迁移速率，电容对其的影响微乎其微。

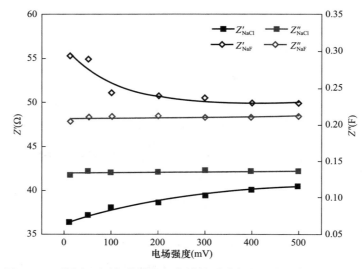

图 4-42　不同电压下氯化钠和氟化钠体系总电阻和总电容的变化情况

图 4-43 显示，当电场强度从 50mV 增加到 100mV 时，体系中总电阻出现一个明显的减小跨度，通过 Gamry Echem Analyst 数据分析软件对电化学阻抗谱法得到的 Nyquist 数据进行分析，得到随着电场强度的变化氯化钠体系和氟化钠体系的膜电阻、扩散边界层电阻和双电层电阻的变化情况：氟化钠体系中 50mV 到 100mV 总电阻的突变与氟化钠体系中扩散边界层电阻 $R_{DBL-NaF}$ 的变化一致，氟化钠体系扩散边界层电阻变化与氟化钠体系总电阻变化吻合。可见，外加电场强度通过改变氟化钠体系的扩散边界层电阻来改变体系的总电阻，因此可以通过控制氟化钠体系的扩散边界层电阻来实现高除氟效率；而在氯化钠体系中，总电阻的变化不仅受扩散边界层电阻 $R_{DBL-NaCl}$ 的影响，而且和膜电阻 R_{M-NaCl} 相关，

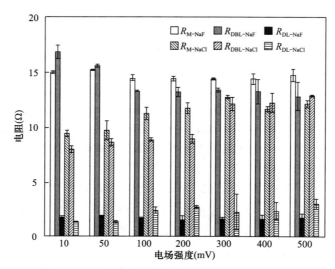

图 4-43　电场强度对膜电阻和边界层电阻的影响

因此，通过对以上两种电阻的控制可控制溶液中氟离子的去除率；然而，双电层电阻 R_{DL} 对两个体系总电阻影响很小。

由电化学阻抗谱法获得的数据可以看出，在不同电场强度的作用下，体系中的氯离子和氟离子的电迁移速率具有不同的特征。随着电场强度的增加，氯离子的电迁移速率减慢，氟离子的电迁移速率加快；在电渗析系统中，施加不同的电场强度，同样会改变两种阴离子在体系中的电迁移速率，因此可以通过增大电场强度来增加氟离子与氯离子在电渗析过程的竞争效应，增大电渗析过程中氯离子和氟离子的相对竞争性迁移速率，通过加强电场强度实现电渗析过程中氟化物的选择性去除。

4. 流场强度对电渗析过程除氟的影响

除了电场强度的影响，流场强度对电渗析过程竞争性除氟也具有重要作用。原水在不同的流场强度下通过电渗析具有不同的雷诺数，会对离子交换膜边界层厚度产生影响，从而改变离子交换膜边界层电阻。因此，可以通过对流场强度（以转速代替流场强度）的调节来改变电渗析过程中氯离子和氟离子的迁移规律，实现强化电渗析过程竞争性除氟。

Zhang 等人研究发现扩散边界层电阻与溶液的流速相关，并推导出扩散边界层公式：

$$\delta = \sqrt{3R_d C_d D} \tag{4-28}$$

式中　δ——扩散边界层厚度，μm；

　　　R_d——扩散边界层电阻，Ω；

　　　C_d——电容，F；

　　　D——电解质扩散系数，cm^2/s。

在此基础上仍然使用电化学阻抗谱研究流场强度对氯化钠体系和氟化钠体系中膜性能（通过电阻表征离子的电迁移速率）的影响，以提高电渗析过程中氟离子的相对竞争性电迁移速率。

图 4-44 展示了氯化钠和氟化钠体系中总电阻和总电容随流场强度的变化情况。从图中可以看出，当流场强度从 200r/min 增加到 1000r/min 时，两个体系的总电阻和总电容都呈现减小的趋势，具体变化情况如表 4-7 所示。

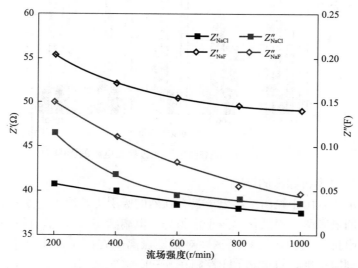

图 4-44　不同流场强度下氯化钠和氟化钠体系总电阻和总电容的变化情况

流场强度对氟、氯体系总电阻、总电容的影响   表 4-7

流场强度	200r/min	400r/min	600r/min	800r/min	1000r/min	减小率
$Z'_{NaCl}(\Omega)$	40.6233	39.9827	38.4310	37.9803	37.5153	7.651%
$Z''_{NaCl}(F)$	0.1163	0.0684	0.0445	0.0396	0.0354	69.561%
$Z'_{NaF}(\Omega)$	55.6540	52.0580	50.5870	49.6820	48.9878	11.978%
$Z''_{NaF}(F)$	0.1515	0.1116	0.0826	0.0557	0.0454	70.033%

由表 4-7 可知，流场强度从 200r/min 增加至 1000r/min 时，氯化钠体系总电阻减小率为 7.651%，氟化钠体系总电阻减小率为 11.978%。可以看出，增大流场强度能够增大氟、氯离子通过离子交换膜的电迁移速率，并且氟离子相对氯离子减小得更快。因此，增大流场强度可以增大氟离子与氯离子之间的相对竞争性电迁移速率，提高电渗析过程选择性除氟。

同样，通过 Gamry Echem Analyst 数据分析软件对电化学阻抗谱法得到的氯化钠体系和氟化钠体系总电阻进行解析，得到如图 4-45 所示的结果。可以发现，氯化钠体系和氟化钠体系中膜电阻 R_M 在影响氟、氯离子的电迁移速率中占主导地位，但是流场强度的改变对膜电阻影响较小，但图 4-45 显示出体系总电阻随流场强度的增大而减小的趋势。通过对扩散边界层电阻和双电层电阻的解析可以发现，体系总电阻减小的趋势与体系中扩散边界层电阻减小的趋势一致，即流场强度影响的是离子交换膜表面的扩散边界层电阻。随着流场强度的增加，扩散边界层厚度减小，扩散边界层电阻减小。因此，在电渗析除氟过程中可以通过增大流场强度削减扩散边界层厚度，减小扩散边界层电阻，提高氟、氯离子之间的相对竞争性电迁移速率，进而实现溶液中氟、氯离子的选择性分离。

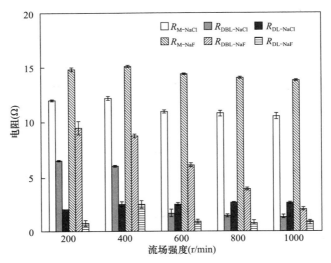

图 4-45　流场强度对膜电阻和边界层电阻的影响

5. 进水 pH 对电渗析除氟的影响

氟化物溶于水时，由于氟离子对电子具有强烈的吸引力，容易与水中的氢离子结合形成不能完全电离的氢氟酸，而氯化物溶于水为完全电离状态。因此，通过对溶液的酸碱性控制进行电化学阻抗谱实验，探究酸碱性对氟、氯离子在离子交换膜中电迁移速率的影响。结合饮用水国家标准，将进水 pH 控制在 5～9。

图 4-46 显示了溶液 pH 发生变化时氯化钠体系和氟化钠体系总电阻和总电容的变化情况。由图可知，当溶液 pH 发生变化时，两个体系中的总电阻变化较为明显，而电容几乎不发生变化，因此，溶液 pH 是通过影响体系总电阻而影响离子的电迁移速率的。图 4-46 中氟化钠体系总电阻随着 pH 的增加而减小，而氯化钠体系总电阻在中性条件（pH＝7）时出现最大值，即此时氟离子相对于氯离子通过离子交换膜的电迁移速率最快。

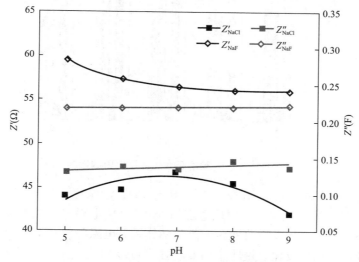

图 4-46　不同 pH 下氯化钠和氟化钠体系总电阻和总电容的变化情况

对于氟化钠体系中总电阻随着 pH 的变化情况，可以考虑从氢氟酸水解平衡方程 $F^-+H_2O\rightleftharpoons HF+OH^-$ 着手分析。当进水溶液呈酸性时，氟在水中以氢氟酸的形式存在，水中导电性离子减少，体系总电阻增大；随着水溶液碱性的增强，水中导电性氟离子增加，溶液电阻减小，总电阻减小。然而，氯离子在水溶液中不发生水解，调节 pH 不会影响其存在形态，但是 pH 的改变也会对氯化钠体系总电阻产生影响。

通过对膜电阻、扩散边界层电阻和双电层电阻进行分析得到图 4-47 所示的结果，发现 pH 会对氯化钠体系的膜电阻产生影响，其膜电阻的变化规律与氯化钠体系总电阻的变化规律一致。在 pH＝7 时出现最大电阻，不难发现 pH 改变氯化钠体系总电阻的实质是改变了膜电阻；而氟化钠体系中总电阻的变化趋势与扩散边界层电阻变化一致，说明 pH 主要改变的是氟化钠体系的扩散边界层电阻，其原因可以归结为 pH 改变了水溶液中氟离子的存在形态，而对膜电阻影响较小。综上可以发现，当溶液 pH＝7 时，氟化钠体系的总电阻相对最小，氟离子的相对电迁移速率最快，即在 pH＝7 时更有利于电渗析过程选择性除氟。

基于世界卫生组织规定的饮用水中氟离子允许质量浓度，对于氟离子超标的饮用水采用电渗析工艺进行去除，在电渗析过程中氟离子的选择性及去除率与水体中氯离子高度相关。研究中采用电化学阻抗谱法测量不同条件下的膜电阻变化情况对氟离子和氯离子在膜中的迁移、传输性质进行了表征。

研究发现，氯离子和氟离子质量浓度的变化会对离子迁移速率产生相同的影响，当离子的质量浓度增加时，膜电阻显著减小，离子过膜的传输速率加快，当离子的质量浓度低

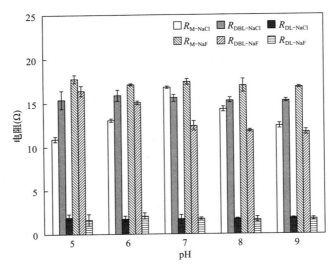

图 4-47　pH 对膜电阻和边界层电阻的影响

于 0.1mg/L 时，扩散边界层电阻在总膜电阻中占主导地位，当离子的质量浓度高于 0.1mg/L 时，扩散边界层电阻和双电层电阻趋于 0，纯膜电阻成为控制离子传输过膜的主要因素。当体系中外加电场发生改变时，氯化钠体系总电阻与外加电场成正比，而氟化钠体系总电阻与外加电场成反比，说明增加电场强度可以加快氟离子在 AMX-4 中的传输速率，而减小氯离子在 AMX-4 中的传输速率，即增大了氟离子相对氯离子的过膜传输速率（相对竞争性电迁移速率）；当体系流场强度发生变化时，氟离子和氯离子体系总电阻都呈现减小的趋势，增大流速可以提高氟、氯离子的过膜传输速率，但是与氯离子体系相比，氟离子体系减小的趋势更快、更明显，通过增大流速可以提高氟离子的相对竞争迁移速率。通过对总膜电阻的分析发现，质量浓度、电场、流场导致的膜电阻改变实质上是以上因素导致的扩散边界层电阻引起的；而在溶液的 pH 实验中发现，中性条件下氟离子的相对电迁移速率最大，对氟化钠体系而言，pH 改变了扩散边界层的电阻从而对体系总电阻产生影响，而在氯化钠体系中，pH 主要改变了体系中的纯膜电阻而改变氯离子的过膜传输速率。

综上所述，在高电压、高流速时，可以通过削减离子交换膜与溶液界面的扩散边界层电阻实现更高的离子过膜传输速率。同时，在高流速、高电压的条件下还可以提高氟离子与氯离子之间的相对竞争性电迁移速率，从而提高氟离子的选择性去除率。

4.4.2　地下水除钙

电渗析过程基于离子交换膜利用电势从溶液中去除带电离子，通过离子交换膜定向传输带正、负电荷的离子，同时拒绝带相反电荷离子的输送。电渗析膜堆由一系列阴离子交换膜（AEM）和阳离子交换膜（CEM）与隔板在阴、阳极间交替排列组成。

Ca^{2+} 是带正电的二价阳离子，在电渗析过程中向阴极迁移。Ca^{2+} 向阴极迁移的过程中，带正电的一价 Na^+ 透过 CEM 和 Ca^{2+} 间产生竞争性迁移，最终被 AEM 截留，导致在 IEM 之间形成富含 Ca^{2+}、Na^+ 的浓缩液和去除离子稀释液。图 4-48 显示了电渗析系统选择性除钙的机制和过程。电渗析因为选择性去除溶解性离子而备受关注，硬水软化

去除 Ca^{2+} 的过程中，Na^+ 和 Ca^{2+} 同属溶解性离子，Ca^{2+} 吉布斯自由能远大于 Na^+。强化提高 Ca^{2+} 的竞争性迁移主要从场控（流场、电场）、多室膜堆结构及选择性分离膜等方面入手。

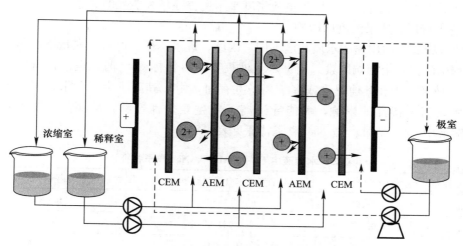

图 4-48　电渗析系统选择性除钙机制和过程

4.4.2.1　工艺条件对电渗析除钙的影响与选择性探究

1. 电压和电流密度的影响

电渗析技术利用电势驱动带电离子迁移过膜从而达到选择性分离的目的，因此，施加在膜堆上的电势是溶液中离子去除的关键因素。Kabay 等人研究发现，在工作电压（10V、20V、30V）逐渐增加时，工作电压为 30V 时的功耗比 20V 时降低了 30%，且工作电压为 30V 时明显缩短了电渗析运行时间，即提高了 Ca^{2+} 去除率，这是因为提供了更高的电势，即增加了驱动力。外加电压升高，二价阳离子选择性增加，因为在较高电压下，阴极对阳离子的吸引力更强，以及有效地控制离子间相互作用和膜相中二价离子与固定电荷团的相互作用，同时场控效应与离子价态成正比，价态越高，效应越显著。

电渗析是电化学过程，受欧姆定律制约。当超过膜堆极限电流密度时，水的解离会导致体系电阻的增大，从而降低整体工艺效率，但是这并不影响离子的迁移。对越过极限电流的电渗析可以通过调节膜尺寸和优化膜堆设计来提高传输效率。Galama 等人在模拟人工北海海水脱盐研究中发现，当测试外加电流密度（10A/m²、30A/m²、100A/m²、300A/m²）逐渐增加时，组合溶液中 Ca^{2+} 通过膜传输比例先增大后减小，最高时 Ca^{2+} 的选择性去除率为 60%，分离因子高达 6.82。这是因为二价离子对膜的亲和力高于单价离子，但是 Ca^{2+} 的选择性也受初始质量浓度的差异、扩散系数的差异（二价离子在膜上的扩散系数比单价离子低，小 2~3 倍）和浓差极化的影响。Greben 等人也验证了上述结论，Ca^{2+} 的迁移数随电流密度的增加而减少。在钙钠当量比为 1∶1 的情况下，电流密度上升为 1A/dm² 时，钙、钠选择性系数从 1.4 降至 1.12，这不能完全归因于带正电的静电屏障对不同电荷阳离子传输的影响，因为这些离子的水合作用的强烈差异也应该考虑在内。

因此，可以通过增加电压或电流密度来提高除钙效率，但是随着电压或电流密度的升高，会产生非常强的局部电场，这可能会促进靠近膜表面区域的阳离子的排斥，并减少它们在膜中的扩散，不利于传质，同时也会出现电渗析饮用水淡化过程中能耗过高的问题。所以，需要选择一个适宜的电压和电流密度来平衡去除率和能耗的关系。

2. 进水特征和质量浓度的影响

不同区域和不同用途的水质盐度不同，因此，进水特性、原水的质量浓度是电渗析除 Ca^{2+} 过程中的另一个影响因素。当进水溶液仅有单一目标 Ca^{2+} 时，电渗析可以达到理想的除 Ca^{2+} 效率，当和其他单价或多价离子共存时，由于其离子半径、水合离子半径及水合能等相关离子特性的影响，可能导致离子发生竞争性迁移，从而降低除 Ca^{2+} 效率。25℃水溶液中 Ca^{2+}、Mg^{2+}、Na^+ 离子特征见表 4-8。

25℃水溶液中 Ca^{2+}、Mg^{2+}、Na^+ 离子特征 表 4-8

阳离子种类	离子半径（nm）	吉布斯水合能（kJ/mol）	水合离子半径（nm）
Na^+	0.098	365	0.365（0.276）
Ca^{2+}	0.100	（1306）1505	0.412
Mg^{2+}	0.057	（1828）1830	0.428

Kabay 等人关于盐组合（$NaCl+CaCl_2$、$CaCl_2$）和质量分数（25%、50%、75%）对电渗析除 Ca^{2+} 效率影响的研究中表明，随着溶液中 Ca^{2+} 比例的升高，其去除率明显降低，从 98.3% 降至 94.6%，因此，可以优化其溶液成分，以提高去除率。Firdaous 等人发现，溶液中 Na^+ 质量浓度的升高会显著降低 Ca^{2+} 的去除率，尤其是对于具有更高水合能的 Ca^{2+}，离子随水合壳在膜内扩散过程中，通过液—膜相时需要脱水迁移过膜，加大了 Ca^{2+} 阻力。Ye 等人还测试了进料溶液中钙镁离子的质量比对去除率的影响，实验结果表明，当钙镁离子的质量比从 1：3 增加到 4：3 时，浓缩室分馏的 Ca^{2+} 从 55.82% 提高到 64.29%，且钙镁离子的质量比在 2：3 的情况下表现出 Ca^{2+} 较好的渗透选择性，因为 Ca^{2+} 水合离子半径（0.412nm）明显小于 Mg^{2+}（0.428nm），迁移过膜空隙耗能较小，也是 Ca^{2+} 和 Mg^{2+} 竞争性电迁移的结果。

离子特性和跨膜过程特性（即膜特性、跨膜压力等）影响膜的渗透选择性，同时水合壳的大小和强度影响离子跨膜能力，该过程的选择性主要取决于离子水合半径和水合能，所以离子的选择性应该综合考虑液—膜相之间的相对自由能差异。

3. pH 的影响

众多研究人员发现，利用电渗析技术对硬水软化的过程中，膜结垢的问题一直存在，为了避免此现象，经过大量实验总结出最佳 pH 范围为 4～6。Ahdab 等人在利用电渗析技术去除 Ca^{2+} 对膜污染的研究中发现，pH 为 11～12 的不含碳酸盐的进料溶液通过阳膜脱盐，出现明显结垢，污垢物质似乎是氢氧化钙，很容易用酸冲洗干净，当降低 pH 时，结垢物明显减少。

Kabay 等人比较系列 pH 在电渗析除钙过程的影响。调整 pH 为 2、4、6、8，分别测试不同 pH 下的传质情况。结果显示伴随 pH 的增大，电渗析运行时间也逐渐增加。单价钠盐的操作时间比二价钙盐短，这表明 Ca^{2+} 的传输低于 Na^+ 的传输，可能是不同的 pH

环境改变了 Ca^{2+} 的存在形式。

溶液的 pH 改变了 Ca^{2+} 的存在状态，比如络合，因此应该在保证饮用水安全的基础上确定适宜的 pH 范围，以提高去除率。具体的 pH 还应该综合考虑初始质量浓度、膜性质、温度等影响因素。

4. 温度的影响

一般来讲，在较高的温度环境下，离子通量也较大，这是因为温度主要改变了进水溶液性质和溶解性离子的特性，从而导致离子在溶液中的迁移率和扩散率的增强，同时，不同的温度条件对于离子交换膜孔隙间的扩张度和膜堆的膨胀度也会产生影响，进而对目标离子选择性渗透率产生影响。

Benneker 等人在研究极限电流状态下温度梯度对电荷和离子选择性迁移效率的影响中发现，当温度 30℃时，Ca^{2+} 的选择透过系数最高，为 0.98，这主要是因为膜电阻随温度的升高明显降低。此外，温度也会对不同离子与膜之间的相互作用产生影响，例如，离子水合半径与膜相互作用的影响。

上述研究表明，温度可以应用于调整选择性，且不需要改变其他操作参数。除了在溶液中扩散系数的改变外，不同离子的极化对温度也有不同的响应。升高温度增强了 Ca^{2+}、Mg^{2+} 的相对极化，导致这些离子对膜的亲和性更强，增强了多价离子的传输。但是过高的温度会破坏膜内基质，因此在保证电渗析高效传输效率的同时，应综合考虑膜的正常工作。

5. 进水流速的影响

原水流速对电渗析除 Ca^{2+} 效率的影响有积极和消极两方面。在高流速下，较高的线速度会导致边界层厚度的减小，降低膜表面区域的浓差极化，从而提高 Ca^{2+} 去除率；然而，较高的线速度降低了离子在膜堆中的停留时间，离子通过膜的迁移时间更少，这对 Ca^{2+} 的去除是不利的。当膜堆中充入电解质溶液，施加电流时，膜界面处会形成如图 4-49 所示的双电层和扩散边界层，且双电层电阻具有质量浓度依赖性，即随着初始质量浓度的增加膜电阻呈下降趋势。另外，扩散边界层厚度随溶液流速的增加而下降，进而可以提高离子传输效率。

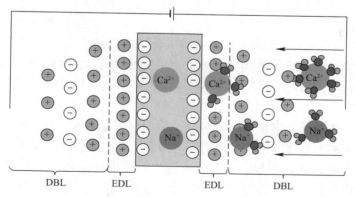

图 4-49　膜界面处形成的双电层（EDL）和扩散边界层（DBL）的示意图

已经有部分研究表明了流速与 Ca^{2+} 去除效率的关系。Hoyt 等人的研究显示，在选择性膜中，改变流速（4.1cm/s、6.1cm/s）对 Ca^{2+}、Na^+ 传输影响不大，为了进一步确定流速对 Ca^{2+} 去除效率的影响，在标准膜中进行同样的实验，随着标准膜中溶液线速度的升高，Ca^{2+} 的迁移数明显增加。这表明，在标准膜中，高电流密度下，高流速有利于 Ca^{2+} 的传输。

Kabay 等人利用电渗析去除 Ca^{2+}、Mg^{2+} 时发现，增大原水流速（0.6L/min、1.2L/min、1.8L/min），对 Ca^{2+} 去除率并没有产生明显的影响，原因可能是流量区变化小，对边界层厚度的影响较小。一定范围内流速的增加可以有效减弱液膜相间边界层的厚度，有利于 Ca^{2+} 的迁移传输。因此，在合适范围内，提高流速可以去除水中更多的 Ca^{2+}。

6. 膜性质的影响

离子交换膜主要由高分子骨架、固定基团及基团上的可交换离子三大基本部分组成。根据离子透过类型，离子交换膜可分为 CEM 膜和 AEM 膜，其在选择性地允许带电离子通过的同时，阻碍其他带相同电荷离子的迁移；根据膜内官能团的不同，进一步分为均相膜和异相膜。利用电渗析技术对硬水软化的过程中，不同类型的膜去除 Ca^{2+} 的效果是不同的，这主要是由于膜的含水量、交联度、离子交换容量等特征参数不同引起的（表4-9）。近年来，新的制造和修饰技术的发展，极大提高了膜的选择性、化学和机械稳定性等性能。

不同类型的膜去除 Ca^{2+} 的效果　　　　表4-9

膜类型	水的质量分数（%）	离子交换容量（mmol/g）	膜厚度（mm）	通量 [mol/(m²·h)]
CMV 膜	39.9	4.31	0.14	0.067
CMX 膜	26.5	2.46	0.18	0.053

Reig 等人通过膜改性比较不同交换容量对电渗析除 Ca^{2+} 效率的影响。由表4-9可知，CMV 膜比 CMX 膜具有更好的输运特性，因为苯丙氨酸对 S30-缬氨酸的表面聚合降低了 Na^+ 的质量浓度，为 Na^+ 提供了一层屏障。

单价和多价离子的选择性分离在脱盐和资源化利用等方面具有重要的应用价值，因此，为了更好地去除目标离子，单价选择性膜被广泛关注且应用。Ahdab 等人研究了单价选择性膜在微咸水中是否在去除二价离子的同时具有足够的单价选择性，结果显示，Ca^{2+} 的去除率是 Na^+ 的3.6～4.6倍，单价离子（Cl^-、Na^+）显示出相对于二价离子（Ca^{2+}、Mg^{2+}、SO_4^{2-}）有效的单价选择性。Cohen 等人使用改性膜进行了地下水灌溉质量升级实验，发现改性膜能够捕获特定的离子基团，具有二价离子选择性，在脱盐过程中去除的 Ca^{2+} 和 Mg^{2+} 明显多于 Na^+。

7. 选择性探究

电渗析技术的选择性分离优势在资源化、能源化方面备受关注，同时也存在膜污染、通量与选择性之间的平衡等问题。为了消除共存离子对电渗析除钙过程中的干扰，表4-10总结了从离子交换膜、优化参数、工艺改进三个方面提高除钙效率的应对措施。在膜领域，纳滤膜在电渗析技术中的应用拓宽了选择性的新思路，与选择性电渗析相比，纳滤膜将二价/单价离子的选择因子从4提高到7。应用新型离子交换膜与其他技术耦合工艺是克服电渗析技术不足的有效途径。

共存离子干扰应对措施

表 4-10

应对措施	具体方案	适用范围	存在问题
离子交换膜	单价选择膜	如 Ca^{2+} 和 Na^+ 等离子	单价离子具有高效去除作用，二价离子无法消除
	膜类型	所有阳离子	针对 Ca^{2+} 去除范围较小，选膜复杂
	膜改性	所有阳离子	针对 Ca^{2+} 选择性吸附捕获膜有待开发
优化参数	电压、温度等	所有阳离子	可以适当减小，不能完全去除
工艺改进	电极	特定离子	过程复杂，难度大
	ED 耦合工艺	所有阳离子	能消除部分离子干扰且探索性强

膜污染是制约电渗析技术在苦咸水淡化领域应用的一个重要因素。Ca^{2+} 和 Mg^{2+} 等是水中常见的膜结垢离子，膜结垢导致膜面电阻升高，进而影响脱盐性能。目前主要通过膜改性或优化膜工艺来提升膜抗污染性能。相比于 CEM 膜，AEM 膜的表面结垢和污染问题尤为严重。因为苦咸水中大多数天然有机污染物都带有负电荷，很容易通过静电吸引被吸附在 AEM 膜表面，可以通过提高膜表面负电荷密度和亲水性等方法提高其抗污染性能。同时，通过对膜表面改性，即通过同性静电排斥方法阻止膜污染。

4.4.2.2　电渗析技术的应用展望

美国地质调查局的一项研究表明，苦咸地下水的体积超过盐水年使用量的 800 倍，为新鲜地下水使用量的 35 倍以上。因此，增加对苦咸水的开发可能会缓解淡水供应的压力（特别是在较干燥的内陆地区）。目前，世界上建立了 2000 多座电渗析淡化厂，且基于电渗析及其相关工艺处理的脱盐水占全球总量的 3%，这确定了电渗析技术对于苦咸水处理的实用性。同时，电渗析对苦咸水淡化比对海水淡化更有利，因为它的能源需求较低。电渗析在处理盐度为 1000～5000mg/L 的苦咸水时最有效，其能量需求范围为 0.4～4kWh/m³，且通过优化条件，可以达到理想水质，表 4-11 比较了几个电渗析试点淡化应用效果。

电渗析试点淡化应用效果比较

表 4-11

地点	容量 (m^3/d)	进水类型	TDS 质量浓度 (mg/L)	能耗 (kWh/m³)	成本 (美元/m³)
印度拉吉斯坦	1	咸水	5000	1kWh/kg	5.8
美国新墨西哥州	2.8	咸水	1000	0.82	16
日本福冈	200	咸水	700	0.6～1	5.8
西班牙阿林坎特大学	6～15	咸水	3600	2.47	1.87

电渗析系统运行过程中需要的能耗受溶液特性、膜类型和设备维护等因素影响，含盐量越高，能耗越高。He 等人通过优化电渗析系统的运行模式和原水特性，与传统设计相比，成本降低了 42%。当前我国自行制造的电渗析装置单台日产水量可达 50m³，国内投入实际生产的装置已达到 4000 多台，并且通过对工艺设备、设备维修等方面的优化，显示了电渗析技术在处理苦咸地下水的显著优势。

近年来，在发展中国家或能源结构较为单一的地区，利用清洁能源（太阳能、风能等）和电渗析耦合的苦咸水淡化技术，为偏远干旱地区解决饮水安全提供了新视角。He 等人在印度农村利用光伏供电电渗析进行淡水生产的试点实验，研究表明，盐度在 300～3000mg/L 之间的地下水可以在 12L/h 的条件下脱盐，回收率可达 80%，在 2000mg/L

时，电渗析光伏发电系统的成本比反渗透低 50%。随着电渗析技术的革新与提升，其在苦咸水淡化领域的应用已得到明显发展。

电渗析因离子电迁移和水质机动调整等特征，在苦咸水除 Ca^{2+} 领域应用具有可行性，又由于其高选择性、低能耗等优势，已成为研究和应用热点。本节在回顾电渗析除 Ca^{2+} 的技术原理及在水处理方面的部分应用的同时，着重介绍了电流和电压、进水特质、质量浓度、流速等因素对电渗析除 Ca^{2+} 的影响规律。结果表明，增加电势（极限电流密度下）即增加驱动力、进水流速，压缩双电层厚度和离子交换膜改性是提高电渗析除 Ca^{2+} 的关键因素。基于这些影响规律，可以考虑特定目标流体以指导操作，提取更有价值的离子。同时，指导电渗析或其他基于离子交换膜过程操作和更加智能的应用，以满足实践中的各种脱盐需求。笔者认为该技术未来发展方向主要集中在以下几个方面：

（1）以选择性电迁移原理为基础，开发特定离子膜电极，适当加大场控（电场和流场）参数以提高 Ca^{2+} 去除率，实现低能耗、高传质效率。

（2）膜堆及组件是场控电迁移的关键因素，通过将传统三室结构（阳膜—阴膜—阳膜）改为新型四室结构（阳膜—阴膜—阴膜—阳膜），针对不同区域高盐苦咸水，且与其他膜分离系统耦合，在保证 Ca^{2+} 去除率的同时，控制成本，降低能耗。

（3）离子交换膜是电渗析系统运行的核心部件，加强膜改性和复合膜技术的研发，开发对苦咸水淡化具有高效性能的 IEMs（如渗透率、污垢阻力和传质等），达到高效除钙、高稳定性、低电阻和低膜污染等目的。

本章参考文献

[1] 李利文，甘义群，周爱国，等. 离子交换树脂法高效提取水中硝酸盐研究 [J]. 环境科学与技术，2012，35（S2）：54-57，61.

[2] 费宇雷，曹国民，张立辉，等. 离子交换树脂脱除地下水中的硝酸盐 [J]. 净水技术，2011，30（1）：20-24.

[3] BANU H T, SANKARAN M. One pot synthesis of chitosan grafted quaternized resin for the removal of nitrate and phosphate from aqueous solution [J]. International Journal of Biological Macromolecules，2017，104（B）：1517-1527.

[4] SHABAN Y A, EL MARADNY A A, AL FARAWATI R K. Photocatalytic reduction of nitrate in seawater using C/TiO₂ nanoparticles [J]. Journal of Photochemistry and Photobiology A：Chemistry，2016，328：114-121.

[5] VORLOP K D. Erste schritte auf dem Weg zur edelmetall-katalysierten nitratund nitrit-Entfernung aus Trinkwasser [J]. Chemie Ingenieur Technik，1989，32（61）：836-845.

[6] GONGDE C, HAIZHOU L. Photochemical removal of hexavalent chromium and nitrate from ion-exchange brine waste using carbon-centered radicals [J]. Chemical Engineering Journal，2020，396（15）：125-136.

[7] 李军，曾金平，陈光辉，等. 碳氮比对包埋颗粒反硝化过程中亚氮积累的影响 [J]. 北京工业大学学报，2017，43（6）：942-948.

[8] 张倩倩. 生物渗透反应墙治理地下水硝酸盐固相碳源优化 [D]. 杭州：浙江农林大学. 2015.

[9] CHOE S, CHANG Y Y, HWANG K Y, et al. Kinetics of reductive denitrification by nanoscale zero-valent iron [J]. Chemosphere，2000，41（8）：1307-1311.

[10] RYU A, JEONG S W, JANG A, et al. Reduction of highly concentrated nitrate using nanoscale zero-

valent iron：effects of aggregation and catalyst on reactivity ［J］. Applied Catalysis B：Environmental，2011，105（1-2）：128-135.

［11］杨婷，张延光. 厌氧流化床生物技术处理高硝态氮化工废水［J］. 环境科技，2018，31（2）：46-48.

［12］FEMKE R，CHRIS C T，LOUIS A S. Denitrification and anammox remove nitrogen in denitrifying bioreactors［J］. Ecological Engineering，2019，138：38-45.

［13］JIANG CHEN，YANG QI，WANG DONGBO，et al. Simultaneous perchlorate and nitrate removal coupled with electricity generation in autotrophic denitrifying biocathode microbial fuel cell［J］. Chemical Engineering Journal，2016，308：783-790.

［14］松浦刚，S.索里拉金，陈益棠. 优先吸附—毛细孔流动模型的改进［J］. 水处理技术，1982，（4）：32-43.

［15］REBOIRAS M D. Electrochemical properties of cellulosic ion-exchange membranes II. Transport numbers of ions and electro-osmotic flow［J］. Journal of Membrane Science，1996，109（1）：55-63.

［16］许骏，王志，王纪孝，等. 反渗透膜技术研究和应用进展［J］. 化学工业与工程，2010，27（4）：351-357.

［17］于琦，汪娴，龚正，等. 电化学法去除饮用水中氟化物研究进展［J］. 水处理技术，2022，48（3）：7-12.

［18］雅茹，陈姝璇，奥妮琪，等. 水中氟离子去除方法的研究进展［J］. 三峡生态环境监测，2022，7（3）：1-13.

［19］陈东. 饮用水除氟技术研究综述［J］. 山东化工，2021，50（2）：261-262.

［20］GMAR S，BEN SALAH SAYADI I，HELALI N，et al. Desalination and defluoridation of tap water by electrodialysis［J］. Environmental Processes，2015，2（1）：209-222.

［21］ARDA M，ORHAN E，ARAR O，et al. Removal of fluoride from geothermal water by electrodialysis（ED）［J］. Separation Science and Technology，2009，44（4）：841-853.

［22］TANG W，KOVALSKY P，CAO B，et al. Fluoride removal from brackish groundwaters by constant current capacitive deionization（CDI）［J］. Environmental Science and Technology，2016，50（19）：10570-10579.

［23］PARK G，HONG S P，LEE C，et al. Selective fluoride removal in capacitive deionization by reduced graphene oxide/hydroxyapatite composite electrode［J］. Journal of Colloid and Interface Science，2021，581：396-402.

［24］杜敏，宁静恒，杨道武，等. $CaCl_2$-PAC 工艺处理酸性高氟废水［J］. 环境工程学报，2015，9（4）：1837-1841.

［25］马兴冠，贺一达，高强，等. 活性氧化铝吸附法处理含氟污水工况研究及应用［J］. 沈阳建筑大学学报（自然科学版），2015，31（6）：1120-1128.

［26］SHENVI S S，ISLOOR A M，ISMAIL A F. A review on RO membrane technology：Developments and challenges［J］. Desalination，2015，368：10-26.

［27］魏菊，张守海，武春瑞，等. 单体结构对聚酰胺类复合膜分离性能的影响［J］. 高分子学报，2006，（2）：298-302.

［28］岳鑫业，林泽，刘文超，等. 多巴胺改性的聚酰胺低压反渗透膜性能优化研究［J］. 水处理技术，2018，44（1）：61-64，75.

［29］SONG XIAOXIAO，GAN BOWEN，QI SAREN，et al. Intrinsic Nanoscale Structure of Thin Film Composite Polyamide Membranes：Connectivity，Defects，and Structure-Property Correlation［J］. Environmental Science and Technology，2020，54（6）：3559-3569.

［30］GERARD R，HACHISUKA H，HIROSE M. New membrane developments expanding the horizon for the application of reverse osmosis technology [J]. Desalination, 1998, 119 (1-3): 47-55.

[31] GAMBIER A, KRASNIK A, BADREDDIN E, et al. Dynamic modeling of a simple reverse osmosis desalination plant for advanced control purposes: 2007 American Control Conference [C]. New york, USA, 2007.

[32] 赵春霞, 顾平, 张光辉. 反渗透浓水处理现状与研究进展 [J]. 中国给水排水, 2009, 25 (18): 1-5.

[33] BURKE J E, MICKLEY M, TRUESDALL J, et al. Usefulness of networking in membrane plant-design and operation [J]. Desalination, 1995, 102 (1-3): 77-80.

[34] RAUTENBACH R, KOPP W, VANOPBERGEN G, et al. Nitrate reduction of well water by reverse-osmosis and electrodialysis-studies on plant performance and costs [J]. Desalination, 1987, 65 (1-3): 241-258.

[35] GREGOR J. Arsenic removal during conventional aluminium-based drinking water treatment [J]. Water Research, 2001, 35 (7): 1659-1664.

[36] 刘莉, 王庚平, 赵虎群, 等. 太阳能纳滤苦咸水淡化技术在西北地区饮用水处理中的应用 [J]. 城镇供水, 2011, 9 (18): 61-65.

[37] 李世勇, 武福平, 张子贤, 张国珍等. 不同国产纳滤膜对饮用水中氟离子的去除影响研究 [J]. 水处理技术, 2021, 47 (4): 62-65.

[38] SACHIT D E, VEENSTRA J N. Analysis of reverse osmosis membrane performance during desalination of simulated brackish surface waters [J]. Journal of Membrane Science, 2014, 453: 136-154.

[39] NAJAFI F T, ALSAFFAR M, SCHWERER S C, et al. Environmental impact cost analysis of multi-stage flash, multi-effect distillation, mechanical vapor compression, and reverse osmosis medium size desalination facilities: 2016 ASEE Annual Conference and Exposition [C]. New orleans, Louisiana, USA, 2016.

[40] GONG SICHENG, DING CHAO, LIU JIA, et al. Degradation of Naproxen by UV-irradiation in the presence of nitrate: Efficiency, mechanism, products, and toxicity change [J]. Chemical Engineering Journal, 2022, 430: 133016.

[41] WANG LI, CAO TIANCHI, DYKSTRA, J. E. et al. Salt and water transport in reverse osmosis membranes: beyond the solution-diffusion model [J]. Environmental Science and Technology, 2021, 55: 16665-16675.

[42] CHEN YUNFENG, LIU CHANG, SETIAWAN, L. et al. Enhancing pressure retarded osmosis performance with low-pressure nanofiltration pretreatment: Membrane fouling analysis and mitigation [J]. Journal of Membrane Science, 2017, 543: 114-122.

[43] WALTER DEN, CHIA-JUNG WANG. Removal of silica from brackish water by electrocoagulation pretreatment to prevent fouling of reverse osmosis membranes [J]. Separation and Purification Technology, 2008, 59 (3): 318-325.

[44] LIN DACHAO, ZHANG HAN, WANG ZHIHONG, et al. New insights into the influence of pre-oxidation on membrane fouling during nanofiltration of brackish water considering inorganic-organic complexation and oxidant reduction byproducts [J]. Science of the Total Environment, 2023, 905: 167364.

[45] WANG SHAN, YOU YONGJUN, WANG XINGPENG, et al. Fouling mechanism and effective cleaning strategies for vacuum membrane distillation in brackish water treatment [J]. Desalination, 2023, 565: 116884.

[46] WANG JUNLING, LIU QINGGUANG, XU LEI, et al. Impacts of water hardness on coagulation-UF-NF process using aluminum salts [J]. Separation and Purification Technology, 2023, 314:

123611.

[47] LAHOUSSINE T V, WIESNER M R, BOTTERO J Y. Fouling in Tangential-Flow Ultrafiltration-the Effect of Colloid Size and Coagulation Pretreatment [J]. Journal of Membrane Science, 1990, 52 (2): 173-190.

[48] DŁUGOŁĘCKI P, ANET B, METZ S J, et al. Transport limitations in ion exchange membranes at low salt concentrations [J]. Journal of Membrane Science, 2010, 346 (1): 163-171.

[49] ZHANG WENJUAN, MA JUN, WANG PANPAN, et al. Investigations on the interfacial capacitance and the diffusion boundary layer thickness of ion exchange membrane using electrochemical impedance spectroscopy [J]. Journal of Membrane Science, 2016, 502: 37-47.

[50] KABAY N, DEMIRCIOGLU M, ERSÖZ E, et al. Removal of calcium and magnesium hardness by electrodialysis [J]. Desalination, 2002, 149 (1-3): 343-349.

[51] GALAMA A H, DAUBARAS G, BURHEIM O S, et al. Seawater electrodialysis with preferential removal of divalent ions [J]. Journal of Membrane Science, 2014, 452: 219-228.

[52] GREBEN' V P, RODZIK I G. Selectivity of transport of sodium, magnesium, and calcium ions through a sulfo-cationite membrane in mixtures of solutions of their chlorides [J]. Russian Journal of Electrochemistry, 2005, 41: 888-891.

[53] KABAY N, KAHVECI H, İPEK Ö, et al. Separation of monovalent and divalent ions from ternary mixtures by electrodialysis [J]. Desalination, 2006, 198 (1-3): 74-83.

[54] BENNEKER A M, KLOMP J, LAMMERTINK R G H, et al. Influence of temperature gradients on mono-and divalent ion transport in electrodialysis at limiting currents [J]. Desalination, 2018, 443: 62-69.

[55] HOYT N C, ERTAN A, NAGELLI E A, et al. Electrochemical impedance spectroscopy of flowing electrosorptive slurry electrodes [J]. Journal of the Electrochemical Society, 2018, 165 (10): 439.

[56] MÕNICA REIG, FARROKHZAD H, BRUGGEN B V D, et al. Synthesis of a monovalent selective cation exchange membrane to concentrate reverse osmosis brines by electrodialysis [J]. Desalination, 2015, 375: 1-9.

[57] AHDAB Y D, LIENHARD J H. Desalination of brackish groundwater to improve water quality and water supply [M] //MUKHERJEE A, SCANLON B R. Global Groundwater. Amsterdam: Elsevier, 2021.

[58] COHEN. B, LAZAROVITCH N, GILRON J. Upgrading groundwater for irrigation using mono-valent selective electrodialysis [J]. Desalination, 2018, 43 (1): 126-139.

[59] HE WEI, WRIGHT N C, AMROSE S, et al. Preliminary field test results from a photovoltaic electrodialysis brackish water desalination system in rural India: International Design Engineering Technical Conferences and Computers and Information in Engineering Conference [C]. Quebec, Canada, 2018.

污 水 篇

第 5 章

西北村镇生活污水治理概况

5.1 西北村镇生活污水治理相关政策

5.1.1 水质标准

近年来，各省（自治区、直辖市）发布实施的农村生活污水处理标准，越来越贴合当地实际情况。通过对比山西、陕西、甘肃、青海、宁夏、新疆和内蒙古七省（自治区）发布的农村生活污水排放标准，并参考《城镇污水处理厂污染物排放标准》GB 18918—2002和《农田灌溉水质标准》GB 5084—2021，提出西北村镇生活污水排放标准的实施建议，为相关研究和工程人员提供政策依据。

5.1.1.1 相关重要标准

《城镇污水处理厂污染物排放标准》GB 18918—2002 根据污染物的来源及性质，将污染物控制项目分为基本控制项目和选择控制项目两类。基本控制项目主要包括一般处理工艺可以去除的常规污染物，以及部分一类污染物，共 19 项。选择控制项目包括对环境有较长期影响或毒性较大的污染物，共计 43 项。根据城镇污水处理厂排入的地表水域的环境功能和保护目标，以及污水处理厂的处理工艺，将基本控制项目的常规污染物标准值分为一级标准、二级标准、三级标准。一级标准分为 A 标准和 B 标准（表 5-1）。一类重金属污染物和选择控制项目不分级。

《城镇污水处理厂污染物排放标准》基本控制项目限值（日均值）　　　表 5-1

基本控制项目	一级标准		二级标准	三级标准
	A 标准	B 标准		
化学需氧量（CODCr）（mg/L）	50	60	100	120①
五日生化需氧量（BOD5）（mg/L）	10	20	30	60①
悬浮物（SS）（mg/L）	10	20	30	50
动植物油（mg/L）	1	3	5	20
石油类（mg/L）	1	3	5	15
阴离子表面活性剂（mg/L）	0.5	1	2	5
总氮（以 N 计）（mg/L）	15	20	—	—

基本控制项目		一级标准		二级标准	三级标准
		A 标准	B 标准		
氨氮（以 N 计）（mg/L）		5（8）	8（15）	25（30）	—
总磷（以 P 计）（mg/L）	2005 年 12 月 31 日前建设	1	1.5	3	5
	2006 年 1 月 1 日起建设	0.5	1	3	5
色度（稀释倍数）		30	30	40	50
pH		6～9			
粪大肠菌群数（个/L）		10^3	10^4	10^4	—

① 下列情况下按去除率指标执行：当进水 COD 质量浓度大于 350mg/L 时，去除率应大于 60%；当进水 BOD 质量浓度大于 160mg/L 时，去除率应大于 50%。

注：括号外数值为水温大于 12℃时的控制指标，括号内数值为水温小于等于 12℃时的控制指标。

《农田灌溉水质标准》GB 5084 于 1985 年首次发布，1992 年和 2005 年分别进行了修订。2021 年为第 3 次修订，此次修订修改了标准适用范围，并增加了农田灌溉用水、水田作物和旱地作物等术语与定义，还增加了 9 项重金属及有机污染物的选择控制项目限值等一系列规定和要求。其中所定义的农田灌溉用水为满足农作物生长需求，经人为输送，直接或通过渠道、管道供给农田的水。水田作物的定义为适于水田淹水环境生长的农作物，如水稻等。而旱地作物的定义为适于旱地、水浇地等非淹水环境生长的农作物，如小麦、玉米、棉花等。表 5-2 为该标准基本控制项目限值。

《农田灌溉水质标准》基本控制项目限值　　　　表 5-2

项目类别	作物种类		
	水田作物	旱地作物	蔬菜
pH	5.5～8.5		
水温（℃）	35		
悬浮物（mg/L）	80	100	60[①]，15[②]
五日生化需氧量（BOD_5）（mg/L）	60	100	40[①]，15[②]
化学需氧量（COD_{Cr}）（mg/L）	150	200	100[①]，60[②]
阴离子表面活性剂（mg/L）	5	8	5
氯化物（以 Cl^- 计）（mg/L）	350		
硫化物（以 S^{2-} 计）（mg/L）	1		
全盐量（mg/L）	1000（非盐碱土地区），2000（盐碱土地区）		
总铅（mg/L）	0.2		
总镉（mg/L）	0.01		
铬（六价）（mg/L）	0.1		
总汞（mg/L）	0.001		
总砷（mg/L）	0.05	0.1	0.05
粪大肠菌群数（MPN/L）	40000	40000	20000[①]，10000[②]
蛔虫卵数（个/10L）	20		20[①]，10[②]

① 加工、烹煮及去皮蔬菜。

② 生食类蔬菜、瓜果和草本水果。

　　2018 年 9 月，生态环境部办公厅与住房和城乡建设部办公厅联合发布《关于加快制定地方农村生活污水处理排放标准的通知》，西北五省（自治区）及山西、内蒙古都随之发布了《农村生活污水处理设施水污染物排放标准》或《农村生活污水处理排放标准》。2018 年 12 月，陕西省生态环境厅与陕西省市场监督管理局发布《农村生活污水处理设施水污染物排放标准》DB 61/1227—2018；2019 年 8 月，甘肃省生态环境厅与甘肃省市场监督管理局发布《农村生活污水处理设施水污染物排放标准》DB 62/4014—2019；2019 年 10 月，新疆维吾尔自治区生态环境厅与新疆维吾尔自治区市场监督管理局发布《农村生活污水处理排放标准》DB 65 4275—2019；2019 年 11 月，山西省生态环境厅与山西省市场监督管理局发布《农村生活污水处理设施水污染物排放标准》DB 14/726—2019。2020 年 2 月，宁夏回族自治区市场监督管理厅与宁夏回族自治区生态环境厅发布《农村生活污水处理设施水污染物排放标准》DB64/700—2020；2020 年 4 月，内蒙古自治区生态环境厅、内蒙古自治区农牧业厅、内蒙古自治区住房和城乡建设厅发布《农村生活污水处理设施污染物排放标准（试行）》DBHJ/001—2020；2020 年 5 月，青海省市场监督管理局发布《农村生活污水处理排放标准》DB 63/T 1777—2020。七省（自治区）农村生活污水排放标准中污染物限值如表 5-3 所示。

七省（自治区）农村生活污水排放标准中污染物限值　　　　　　表 5-3

省份	标准等级	BOD$_5$ (mg/L)	COD$_{Cr}$ (mg/L)	TN (mg/L)	氨氮 (NH$_4^+$-N) (mg/L)	总磷 (TP) (mg/L)	SS (mg/L)	粪大肠菌群数 (MPN/L)	动/植物油 (mg/L)	阴离子表面活性剂 (mg/L)	pH
山西	一级	—	50	20	5 (8)	1.5	20	—	3	—	6~9
	二级	—	60	30	8 (15)	3	30		5	—	
	三级	—	80	—	15 (20)	—	50		10	—	
陕西	特别排放限值	—	60	20	15	2	20		5		6~9
	一级	—	80		15	2	20		5		
	二级	—	150			3	30		10		
青海	一级	—	60	20	8 (10)	1.5	15		3	1	6~9
	二级	—	80		8 (15)	3	20		5	2	
	三级	—	120		10 (15)	5	30		15	5	
甘肃	一级	—	60	20	8 (15)	2	20		3		6~9
	二级	—	100		15 (25)	3	30		5		
	三级（A）	—	120		25 (30)	—	50		15		
	三级（B）	—	200				100				5.5~8.5
宁夏	一级	—	60	20	10 (15)	2	20		3		6~9
	二级	—	100	30	15 (20)	3	30		5		
	三级	—	120	—	20 (25)	—	40		10		
内蒙古	一级	—	60	20	8 (15)	1.5	20		3		6~9
	二级	—	100		15	3	30		5		
	三级	—	120	—	25 (30)	5	50		10		

续表

省份	标准等级		BOD$_5$ (mg/L)	COD$_{Cr}$ (mg/L)	TN (mg/L)	氨氮 (NH$_4^+$-N) (mg/L)	总磷 (TP) (mg/L)	SS (mg/L)	粪大肠菌群数 (MPN/L)	动/植物油 (mg/L)	阴离子表面活性剂 (mg/L)	pH
新疆	直接排放	一级	—	60	20	8 (15)	1.5	20	10000	3	—	6~9
		二级	—				3	25	—	5	—	
		三级	—	120		25 (30)	5	30	—		—	
	生态恢复	A级	—	120	—	—	—	30	10000			
		B级	—	120	—	—	—	90	40000			
		C级	—	120	—	—	—	100				

5.1.1.2　标准分级解析

七省（自治区）农村生活污水处理排放标准均进行了不同层次分级，与 2018 年发布的《农村人居环境整治三年行动方案》中提出的"各地区要区分排水方式、排放去向等，分类制定农村生活污水治理排放标准"的要求相吻合。七省（自治区）的标准中所定义的农村生活污水皆为：农村居民生活活动所产生的污水。主要包括：洗涤、洗浴、厕所卫生间和厨房等生活排水，农村公用设施、农家乐、旅店饭馆、家庭农副产品加工和畜禽散养农户等排水。其中山西、陕西、宁夏、新疆、甘肃的农村生活污水处理排放标准皆适用于处理规模小于 500m³/d 的农村生活污水处理设施的水污染物排放管理，青海的标准适用于处理规模在 350m³/d 以下的农牧区水污染物排放管理，而内蒙古的标准对农牧区生活污水处理设施的最大处理规模适用范围虽然无明确限定，但在具体实施过程中通常参考适用于处理规模小于 500m³/d 的标准。

标准的分级主要基于两个方面：一是根据《地表水环境质量标准》GB 3838—2002 中受纳水体环境功能分类进行分级；二是根据生活污水处理设施的日处理量进行分级。七省（自治区）农村污水排放标准均设定三个细分级别，并按照受纳水体环境功能分类要求确定相关功能区域执行标准的高低。其中，各地农村生活污水排放标准规定了出水排入Ⅱ、Ⅲ类水域均需要执行一级标准，排入Ⅳ、Ⅴ类水域则执行二级标准，排入功能未明确水体执行三级标准。在此基础上通过污水处理设施的日处理规模细化了分级模式，集中式处理即日处理量大的设施需要执行的标准相对严格，而分散式处理即日处理量小的需要执行的标准设施则相对宽松。如山西、青海、新疆均规定了当设施日处理量大于 100m³/d 时即使排入Ⅳ、Ⅴ类水域也需要执行一级标准。

5.1.1.3　控制指标调研

1. 不同标准控制指标的选取

不同标准控制指标是不同省份之间农村生活污水污染排放的重要限定，体现各省份对农村地区经济相适应的生态环境保护需求及管理水平。

上述地区农村生活污水处理标准中均未对 BOD$_5$ 的质量浓度进行限值规定，其主要基于 BOD$_5$ 与 COD$_{Cr}$ 之间具有一定相关性，同时鉴于 BOD$_5$ 检测需将水样培养 5 天，检测时间长，而 COD$_{Cr}$ 属于国家重点控制污染物且检测方法多样、便捷，因此七省（自治区）的地方标准中均选取 COD$_{Cr}$ 作为首要控制指标。

七省（自治区）中，山西、宁夏、新疆农村污水处理标准对总氮（TN）的一级和二级标准均进行了限值要求，而陕西、甘肃、青海、内蒙古则仅对一级标准进行了限定。对于氨氮（NH_4^+-N），基本规定了限值。农村生活污水处理设施，尤其是分散式污水处理设施通常工艺简单、规模较小，且存在污泥难以回流导致脱氮除磷困难的现象，而在处理过程中NH_4^+-N较易被氧化去除，同时农村生活污水中NH_4^+-N在TN中的占比也较高，因此地方标准以NH_4^+-N作为限值也较为合理。

在氮元素充足的情况下，磷元素的浓度一旦达到形成富营养化条件的阈值，则会发生水体富营养化现象。为保护村落周边相关水体生态环境安全，七省（自治区）的标准中对总磷（TP）的浓度也进行了较为严格的限制。陕西、青海、新疆和内蒙古的一、二、三级标准均对TP规定了浓度限值。而山西、甘肃和宁夏在三级标准中不限TP的浓度。

西北村镇以旱厕为主，因此仅需要关注农村灰水中存在的粪大肠菌群数，而其质量浓度通常极低。灰水处理后，基于该地区夏季高热干旱和冬季严寒以及居民生活习惯等原因，其对村落周边居民生活环境影响相对较小。因此，仅新疆的农村生活污水排放标准中根据特殊需求对其一级标准和生态恢复标准中粪大肠菌群数进行了限值规定，而山西、陕西、甘肃、青海、宁夏、内蒙古均未对粪大肠菌群数作强制要求。

除内蒙古外，其余六省（自治区）均对动植物油的质量浓度有要求，但由于农村生活污水中动植物油较少，此限值通常针对农村餐饮行业排水。一般而言，农村生活污水中阴离子表面活性剂（LAS）的质量浓度较低且其检测方式较复杂，除青海省外，其余六省（自治区）均未对LAS进行要求。由于LAS对农作物生长影响较大，因此《农田灌溉水质标准》GB 5084—2021中对其进行了限定。

上述地区地方标准中pH的限值与《城镇污水处理厂污染物排放标准》GB 18918—2002的要求一致，但与《农田灌溉水质标准》GB 5084—2021的要求不同。主要是因为pH>8.5时，土壤中的氮肥易被氧化，钠离子活跃，对作物根系发育有抑制作用。因此，甘肃省三级B标准基于农田灌溉的需求，采用与《农田灌溉水质标准》GB 5084—2021一致的pH限值。

2. 主要控制指标限值分析

控制指标标准限值的确定应从水中污染物排放量、保护生态环境及人体健康安全等方面出发，与现行相关标准相结合，考虑当地农村生活污水排放趋势特征、水污染物处理设施建设管理状况以及污水处理工艺技术，因地制宜地设置污染物标准限值，保障农村水环境安全。图5-1对七省（自治区）的农村生活污水排放标准和《污水综合排放标准》GB 8978—1996、《城镇污水处理厂污染物排放标准》GB 18918—2002、《农田灌溉水质标准》GB 5084—2021进行了对比。

（1）COD_{Cr}质量浓度

除山西外，其余六省（自治区）一级标准对于COD_{Cr}的限值皆为60mg/L，与《城镇污水处理厂污染物排放标准》GB 18918—2002中一级B标准一致；二级标准各地并不一致，但其限值均小于或等于《城镇污水处理厂污染物排放标准》GB 18918—2002中二级标准（即小于100mg/L）；三级标准同样均低于或等于《城镇污水处理厂污染物排放标准》GB 18918—2002中的三级标准（即小于120mg/L），只有陕西的三级标准对于COD_{Cr}质量浓度的要求与《农田灌溉水质标准》GB 5084—2021中尾水用于水田作物灌溉的要求限

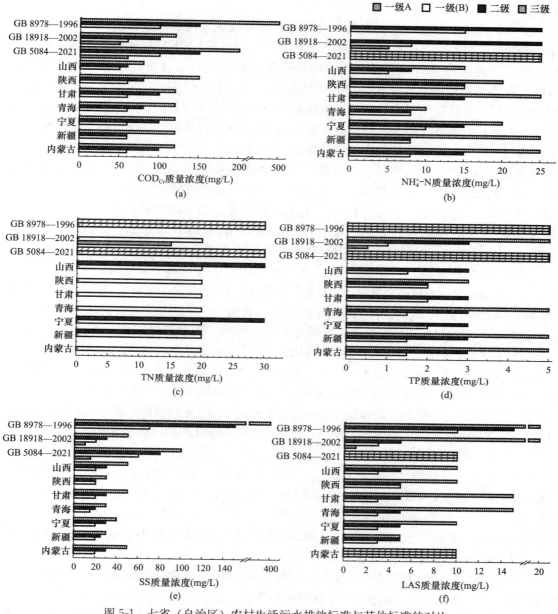

图 5-1　七省（自治区）农村生活污水排放标准与其他标准的对比

(a) COD_{Cr}；(b) NH_4^+-N；(c) TN；(d) TP；(e) SS；(f) LAS

值一致，均为 150mg/L。

（2）TN 与 NH_4^+-N 质量浓度

由图 5-1 可知，七省（自治区）农村生活污水排放标准中对于 TN 的一级标准均为 20mg/L，与《城镇污水处理厂污染物排放标准》GB 18918—2002 中的一级 B 标准一致。通常农村生活污水处理设施规模较小，因无强化脱氮除磷过程或运行不佳导致 TN 的去除率不高，因此整体对出水 TN 质量浓度的要求并不严格。而污水中 NH_4^+-N 易通过生物去除，且其指标较高时易导致水体富营养化，因此七省（自治区）对出水 NH_4^+-N 质量浓度限值要求较高。

另外，污水中 NH_4^+-N 的去除主要通过污水处理装置内的微生物内源呼吸和氨氧化细菌硝化反应进行，其生长适宜温度为 $20\sim35℃$，在 $15℃$ 以下反应速率将大幅降低。同时，由于该地区冬季气温普遍偏低，除陕西外，其余六省（自治区）的地方标准中对 NH_4^+-N 在不同温度下均有不同的排放限值要求。以对出水 NH_4^+-N 质量浓度要求最为严格的山西《农村生活污水处理设施水污染物排放标准》DB 14/726—2019 为例，当水温在 $12℃$ 以上时，其 NH_4^+-N 一级排放限值为 5mg/L，而温度为 $12℃$ 以下时则要求为 8mg/L，该指标与《城镇污水处理厂污染物排放标准》GB 18918－2002 中一级 A 标准一致；同时，其二级排放标准限值与《城镇污水处理厂污染物排放标准》GB 18918－2002 中一级 B 标准一致，而三级排放标准限值要高于《城镇污水处理厂污染物排放标准》GB 18918－2002 的二级标准。其他六省（自治区）的 NH_4^+-N 排放标准相比山西较为宽松，但至少均高于（或等于）《城镇污水处理厂污染物排放标准》GB 18918—2002 的二级标准。因此，NH_4^+-N 质量浓度在农村污水排放指标体系中同样扮演着重要的角色。

（3）TP 质量浓度

TP 是指污水中有机磷和无机磷的总和，以磷计。TP 的质量浓度到一定值会引起水体富营养化，西北村镇生活污水中 TP 的质量浓度一般为 $1\sim6$mg/L，远低于城镇污水（$4\sim10$mg/L）。一般农村生活污水处理工艺通过生物法除磷，TP 去除率较低。不过，鉴于进水 TP 质量浓度低，七省（自治区）的标准中 TP 排放限值要求均比《城镇污水处理厂污染物排放标准》GB 18918－2002 的要求低，其一级标准均低于《城镇污水处理厂污染物排放标准》GB 18918－2002 的一级 B 标准（即 1mg/L），二级标准则均与《城镇污水处理厂污染物排放标准》GB 18918－2002 的二级标准（即 3mg/L）相同，而三级标准则一般与《城镇污水处理厂污染物排放标准》GB 18918－2002 的三级标准（即 5mg/L）相同或不设限值。

（4）SS 质量浓度

生活污水中悬浮物（SS）较易去除，七省（自治区）的标准中对 SS 质量浓度的要求基本均按照《城镇污水处理厂污染物排放标准》GB 18918—2002 的一级 B（20mg/L）、二级（30mg/L）、三级（50mg/L）标准设置其一、二、三级标准，其中山西、甘肃、内蒙古的 SS 质量浓度的要求完全一致，其余省（自治区）均在此基础上在 10mg/L 左右波动。

（5）动/植物油与 LAS 质量浓度

污水中动/植物油类在降解过程中需消耗大量溶解氧，导致水体缺氧而发生水质恶化。除内蒙古外，其余六省（自治区）的标准中均规定了农村生活污水处理动/植物油质量浓度的限值。通常农村生活污水中的油脂类污染物的质量浓度很低，因此，山西、甘肃、青海、宁夏和新疆五省（自治区）同时规定动/植物油质量浓度限值仅在污水处理设施进水中含有农村餐饮服务污水时执行。污水中阴离子表面活性剂是一种生物难降解物质，大部分呈乳化胶状物体，通常来源于村落相关餐饮服务排水，其主要危害在于降低水体自净能力、对水生生物具有一定毒性且会影响其他污染物在介质中的迁移转化。七省（自治区）中仅青海对 LAS 的质量浓度进行了限值规定，且只适用于提供各类餐饮服务的农村旅游项目及经营性的农家乐、牧家乐等生活污水处理的情况。同时，其一、二、三级限值与《城镇污水处理厂污染物排放标准》GB 18918－2002 的一级 B 标准（1mg/L）、二级标准（2mg/L）、三级标准（5mg/L）一致。

5.1.2　技术标准

5.1.2.1　国家技术标准

1. 国家村镇污水相关政策

2007 年，国务院办公厅转发环保总局等部门《关于加强农村环境保护工作的意见》，其中指出，开展农村环境连片整治，是加快推进农村环境污染治理的重要举措，是建设生态建设示范区的重要内容，也是现阶段建设农村生态文明的有效途径。要充分认识加强农村环境保护的重要性和紧迫性，着力解决突出的农村环境问题。该意见明确了农村环境保护的指导思想、基本原则和主要目标，并强化了农村环境保护工作的具体措施。

2008 年，国务院首次召开全国农村环境保护工作电视电话会议，要求"要稳步推进农村环境综合整治"，实行"以奖促治"集中整治危害严重的环境问题，实行"以奖代补"鼓励开展生态示范创建，建设清洁家园，并把农村环境综合整治工作摆在更加突出的重要位置。

2009 年，国务院办公厅转发环境保护部等部门《关于实行"以奖促治"加快解决突出的农村环境问题实施方案》，提出实行"以奖促治"优先治理淮河、海河、辽河、太湖、巢湖、滇池、松花江、三峡库区及其上游、南水北调水源地及沿线等水污染防治重点流域、区域；重点支持农村饮用水水源地保护、生活污水和垃圾处理等。原环境保护部和财政部设立了中央农村环境保护专项资金，其中用于实行"以奖促治"的专项资金重点支持农村生活污水治理。

2011 年，《中华人民共和国国民经济和社会发展第十二个五年规划纲要》明确指出，加强农村基础设施建设和公共服务，推进农村环境综合整治。治理农药、化肥和农膜等面源污染，全面推进畜禽养殖污染防治。加强农村饮用水水源地保护、农村河道综合整治和水污染综合治理。强化土壤污染防治监督管理。实施农村清洁工程，加快推动农村垃圾集中处理，开展农村环境集中连片整治。严格禁止城市和工业污染向农村扩散。2011 年 12 月 15 日，国务院印发《国家环境保护"十二五"规划》，明确指出要提高农村生活污水和垃圾处理水平。鼓励乡镇和规模较大村庄建设集中式污水处理设施，将城市周边村镇的污水纳入城市污水收集管网统一处理，居住分散的村庄要推进分散式、低成本、易维护的污水处理设施建设。加强农村生活垃圾的收集、转运、处置设施建设，统筹建设城市和县城周边的村镇无害化处理设施和收运系统；交通不便的地区要探索就地处理模式，引导农村生活垃圾实现源头分类、就地减量、资源化利用。

"十二五"期间，我国国民经济进入了以工补农、以城带乡的阶段。第十二届全国人大常委会第八次会议审议通过全面修订后的《中华人民共和国环境保护法》，以法律形式确定应当在财政预算中安排资金支持农村生活污水处理。2014 年，《国务院办公厅关于改善农村人居环境的指导意见》提出，到 2020 年，全国农村居民住房、饮水和出行等基本条件明显改善，人居环境基本实现干净、整洁、便捷，建成一批各具特色的美丽宜居村庄的要求。要求应循序渐进改善农村人居环境，加快农村环境综合整治，重点治理农村垃圾和污水。原环境保护部办公厅制订了《农村环境质量综合评估技术指南》（征求意见稿），提出农村污水治理要统一规划、统一建设、统一管理，要建立污水处理等公用设施的长效管护制度，逐步实现城乡管理一体化，要探索提炼农村生活污水处理工程技术方案，充分考虑农村的特点，在总结分析大量工程实例的基础上提炼出农村生活污水处理工程技术方案，力求节省投资和运行费用，从具体技术工艺出发，运用工程造价计算方法，为工程投资建设提供具体指导。

2018 年，全国生态环境保护大会开启了新时代生态环境保护工作的新阶段。以深入学习浙江"千村示范、万村整治"工程经验为引领，中共中央办公厅、国务院办公厅印发了《农村人居环境整治三年行动方案》，要求因地制宜、梯次推进农村生活污水治理，着力解决农村污水横流、水体黑臭等问题。同年，生态环境部、农业农村部联合印发《农业农村污染治理攻坚战行动计划》，提出各省（区、市）要区分排水方式、排放去向等，加快制、修订农村生活污水处理排放标准，筛选农村生活污水治理实用技术和设施设备，采用适合本地区的污水治理技术和模式，保障农村污染治理设施长效运行。生态环境部办公厅、住房和城乡建设部办公厅发布《关于加快制定地方农村生活污水处理排放标准的通知》，旨在指导推动各地加快制定农村生活污水处理排放标准，提升农村生活污水治理水平。提出农村生活污水处理排放标准的制定，要根据农村不同区位条件、村庄人口聚集程度、污水产生规模、排放去向和人居环境改善需求，按照分区分级、宽严相济、回用优先、注重实效、便于监管的原则，分类确定控制指标和排放限值。

全国绝大多数省（区、市）出台了地方农村生活污水排放标准。农村生活污水处理排放标准逐渐成为农村环境管理、选择农村污水处理技术和工艺、指导污水处理设施建设和核算运行维护成本的重要依据。

2019 年，生态环境部会同水利部、农业农村部印发《关于推进农村黑臭水体治理工作的指导意见》，在农村地区启动黑臭水体治理工作，开展排查、摸清底数，选择典型区域先行先试，按照"分类治理、分期推进"的工作思路，充分调动农民群众的积极性、主动性，补齐农村水生态环境保护的突出短板。同年，中央农村工作领导小组办公室、农业农村部、生态环境部等九部门联合印发《关于推进农村生活污水治理的指导意见》，这是第一部专门针对农村生活污水治理的指导意见，阐述了农村生活污水治理的重要意义，确立了推进农村生活污水治理的总体要求、遵循的基本原则，确定了全面摸清现状、科学编制行动方案、合理选择技术模式、促进生产生活用水循环利用、加快标准制修订、完善建设和管护机制、统筹推进农村厕所革命和推进农村黑臭水体治理的八项重点任务等一系列规划方案、指导意见和技术标准。2019 年 9 月，生态环境部办公厅印发《县域农村生活污水治理专项规划编制指南（试行）》，指导各地编制县域农村生活污水治理专项规划，提高规划编制的科学性、系统性和可操作性。

2020 年，中国国际贸易促进委员会建设行业分会发布了《小型生活污水处理设备标准》T/CCPITCUDC-001—2021、《小型生活污水处理设备评估认证规则》T/CCPITCUDC-002—2021、《村庄生活污水处理设施运行维护技术规程》T/CCPITCUDC-003—2021 三项团体标准，自 2021 年 3 月 1 日起实施。《小型生活污水处理设备标准》在总结我国农村污水处理设备的现状及借鉴国外先进经验的基础上而编制，包括小型生活污水处理设备的信息登记、设计、制造、运输和安装等标准化信息，适合于预制化、一体化分散型生活污水处理设备，是供相关企业设计与制造以及农村用户和管理部门使用的农村生活污水治理指导性技术文件。《小型生活污水处理设备评估认证规则》在系统总结欧、美、日等发达国家和地区小型污水处理设备评估体系经验的基础上，综合考虑我国不同地域的相关气候、地理及经济条件等因素，构建适合我国国情的标准化评估流程；通过在标准进水及变化条件下考察设备对多种污染物的去除率评价，进行单元工艺与组合工艺、平台标准评估与现场评估等多元化的性能认证，提供设备准确的污染物单元削减能力，保证认证过程的公正性与评估结果的公平性。《村庄生活污水处理设施运行维护技术规程》在总结生活污水治理设施运维标准化主要内容的基础上，提出标准化运维，包括设施（收集系统、处理设施）运维、运维过程、运维人员、运维服务机构等主要内容。

2021 年，《中共中央　国务院关于全面推进乡村振兴加快农业农村现代化的意见》提出实施农村人居环境整治提升五年行动，统筹农村改厕和污水、黑臭水体治理，因地制宜建设污水处理设施。同年，《中共中央　国务院关于深入打好污染防治攻坚战的意见》提出持续打好农业农村污染治理攻坚战，要求注重统筹规划、有效衔接，因地制宜推进生活污水治理，基本消除较大面积的农村黑臭水体，改善农村人居环境。农村生活污水治理的污染防治攻坚战也从"坚决打好"到"深入打好"。为继续推进新发展阶段农村人居环境整治提升，2021 年 12 月 5 日，中共中央办公厅、国务院办公厅印发《农村人居环境整治提升五年行动方案（2021—2025 年）》，明确有较好基础、基本具备条件和地处偏远、经济欠发达地区三个类型地区农村生活污水治理和长效管护机制目标，提出分区分类推进治理，重点整治水源保护区和城乡接合部、乡镇政府驻地、中心村、旅游风景区等人口居住集中区域农村生活污水，加强农村黑臭水体治理，基本消除较大面积黑臭水体，是扎实推进新时期农村生活污水治理提效工作的重要依据。《农村环境整治资金管理办法》《住房和城乡建设部　国家开发银行关于推进开发性金融支持县域生活垃圾污水处理设施建设的通知》等指导性文件依次出台，吸引各类社会资本投入城乡基础设施建设，力争补足长期以来农村生活垃圾污水收集处理设施存在的欠账。

2021 年底，生态环境部等部门联合印发《"十四五"土壤、地下水和农村生态环境保护规划》（以下简称《规划》），对"十四五"土壤、地下水、农业农村生态环境保护工作作出系统部署和具体安排。《规划》坚持全面规划和突出重点相协调，对"十四五"时期土壤、地下水和农业农村生态环境保护的目标指标、重点任务和保障措施进行了统筹谋划。指出深化农业农村环境治理，包括加强种植业污染防治、着力推进养殖业污染防治、推进农业面源污染治理监督指导、整治农村黑臭水体、治理农村生活污水、治理农村生活垃圾、加强农村饮用水水源地环境保护等。

2022 年 1 月 25 日，生态环境部与农业农村部、住房和城乡建设部、水利部、国家乡村振兴局联合印发《农业农村污染治理攻坚战行动方案（2021—2025 年）》。该方案指出，围绕落实"十四五"生态环境保护目标和全面推进乡村振兴的总体要求，针对农村人居环境整治和农业面源污染突出短板，着力攻坚。到 2025 年，新增完成 8 万个行政村环境整治；农村生活污水治理率达到 40%；基本消除较大面积农村黑臭水体；化肥农药使用量持续减少，主要农作物化肥、农药利用率均降至 43% 以下；农膜回收率达到 85%；畜禽粪污综合利用率达到 80% 以上。2022 年，《中共中央　国务院关于做好二〇二二年全面推进乡村振兴重点工作的意见》提出，接续实施农村人居环境整治提升五年行动。从农民实际需求出发推进农村改厕，具备条件的地方可推广水冲卫生厕所，统筹做好供水保障和污水处理；不具备条件的可建设卫生旱厕。巩固户厕问题摸排整改成果。分区分类推进农村生活污水治理，优先治理人口集中村庄，不适宜集中处理的推进小型化生态化治理和污水资源化利用。加快推进农村黑臭水体治理。推进生活垃圾源头分类减量，加强村庄有机废弃物综合处置利用设施建设，推进就地利用处理。深入实施村庄清洁行动和绿化美化行动。

2. 国家技术标准

2010 年，住房和城乡建设部村镇建设司印发《分地区农村生活污水处理技术指南》，组织编制了东北、华北、东南、中南、西南、西北等地区农村生活污水处理技术指南，总结各地区农村生活污水特征与排放要求，排水系统、农村生活污水处理技术及选择、处理设施管理、工程实例，并配有各种污水处理工艺技术的参数和示意图。同年，环境保护部发布《农村生活污染控制技术规范》HJ 574—2010，规范了低能耗分散式污水处理、集中污水处理、雨污水收集和排放等技术。

2019 年，住房和城乡建设部发布了《农村生活污水处理工程技术标准》GB/T 51347—2019，该标准规范了农村生活污水处理工程建设、运行、维护及管理，成为农村生活污水处理工程选用适用技术、保证处理效果、开展监督管理的依据。结合当前农村需求和技术成熟度，结合"水十条"的要求，该标准建议以县级行政区域为单位实行统一规划、统一建设、统一运行和统一管理。在对农村生活污水处理建设、运行、维护和管理进行综合经济比较分析的基础上，应根据当地情况选择合适的处理方法和技术流程。

全国村镇生活污水治理相关标准、指南如表 5-4 所示。

全国村镇生活污水治理相关标准、指南　　　　　　　　　　表 5-4

序号	编号/文号	名称	实施/发布日期
1	GB 11607—1989	渔业水质标准	1990 年 3 月 1 日
2	GB/T 11730—1989	农村生活饮用水量卫生标准	1990 年 7 月 1 日
3	GB 8978—1996	污水综合排放标准	1998 年 1 月 1 日
4	GB 3838—2002	地表水环境质量标准	2002 年 6 月 1 日
5	GB 5084—2021	农田灌溉水质标准	2021 年 7 月 1 日
6	HJ 574—2010	农村生活污染控制技术规范	2011 年 1 月 1 日
7		城镇污水处理厂污泥处理处置技术指南（试行）	2011 年 3 月 14 日
8	GB 19379—2012	农村户厕卫生规范	2013 年 5 月 1 日
9	HJ 2032—2013	农村饮用水水源地环境保护技术指南	2013 年 7 月 17 日
10	HJ 2031—2013	农村环境连片整治技术指南	2013 年 7 月 17 日
11	GB/T 31962—2015	污水排入城镇下水道水质标准	2016 年 8 月 1 日
12	GB/T 37071—2018	农村生活污水处理导则	2018 年 12 月 28 日
13	HJ 945.2—2018	国家水污染物排放标准制订技术导则	2019 年 1 月 1 日
14	—	农村黑臭水体治理工作指南	2023 年 12 月 26 日
15	GB/T 51347—2019	农村生活污水处理工程技术标准	2019 年 12 月 1 日
16	—	农村生活污水处理设施水污染物排放控制规范编制工作指南（试行）	2019 年 4 月 18 日

序号	编号/文号	名称	实施/发布日期
17	—	农村厕所粪污无害化处理与 资源化利用指南	2020年7月14日

注：本表中所列标准、指南为本书完稿时的现行标准、指南，若后期有更新，以更新后的标准、指南为准。

5.1.2.2　地方技术标准

1. 西北村镇生活污水治理相关政策

近年来，西北五省（自治区）及山西、内蒙古陆续出台了一系列适应高原寒旱地区特点的农村污水专项规划、实施方案和指导意见等。2021年，七省（自治区）编制各省（自治区）生态环境保护规划，对"十三五"期间农村环境整治情况进行梳理，并对"十四五"时期的农村治理形势进行研判，提出了更高的治理目标，进一步推进农村污水的治理工作，用于提升农村人居环境治理水平，并取得了良好的治理效果。同时，为解决农村污水治理资金筹措困难的问题，在进一步加大政府、村集体和农民投入的同时，相继出台了一系列的政策，例如：甘肃印发了《关于推进农村生活污水治理项目融资支持的通知》，提出运用"金融活水"助推治理"农村污水"，以市场化方式推动项目融资模式创新。鼓励社会资本以规范的PPP项目、通过特许经营等模式参与农村污水的治理工作。但是，基于该地区经济欠发达的客观现实，许多地区的农村污水治理工作仍然缺乏建设和运维经费，项目资金问题在很多地区成为制约农村污水治理工作推进的重要因素。

（1）山西

《山西省贯彻落实〈农村人居环境整治提升五年行动实施方案（2021—2025年）〉的实施方案》中明确了山西省"十四五"时期农村人居环境整治提升的目标任务、重点内容和保障措施。2022年，重点是巩固"六乱"整治成果，持续开展村庄清洁行动，实施农村厕所革命、生活污水治理、生活垃圾治理、农业生产废弃物资源化利用、村容村貌整治提升五大行动。力争全年新改造农村户厕33万户，新开工建设600个行政村的生活污水治理设施，生活垃圾收运处置体系覆盖自然村比例达到92%，持续改善农村人居环境。落实好《山西省"十四五"农村厕所革命实施方案》，坚持数量服从质量、进度服从实效，求好不求快，一手抓问题厕所整改，一手抓新改厕质量，切实把好事办好、实事办实。

（2）陕西

2022年，陕西发布《陕西省农村人居环境整治提升五年行动（2021—2025年）实施方案》（以下简称《方案》）。《方案》坚持以人民为中心的发展思想，践行"绿水青山就是金山银山"理念，巩固拓展农村人居环境整治三年行动成果，围绕乡村建设行动，聚焦农村厕所革命、生活污水垃圾治理、村容村貌提升等重点任务，立足省情实际、突出陕西特色，进一步提升农村人居环境整治水平，不断满足人民群众对美好生活向往的现实需要，为全面推进乡村振兴、加快农业农村现代化、建设美丽陕西提供有力支持。

《方案》提出，要立足关中、陕北、陕南不同区域气候条件、地形地貌等，适应不同地区经济社会发展水平和风俗习惯，分类确定目标任务。先规划后建设，以县域为单位，统筹推进农村人居环境整治提升各项重点任务，实现与农村公共基础设施建设、乡村产业发展、乡风文明进步等协同推进、互促共赢。要遵循乡村发展规律，突出农村特点，注重乡土味道，坚持农业农村联动、生产生活生态融合，促进农村宜居宜业、农业高质高效和农民富裕富足。要充分尊重农民意愿，激发群众内生动力，推动构建政府、市场主体、村集体、农民等多方共建共管格局。要立足三年行动基础，强化衔接，先建机制，后建工程，建管用并重，促进系统化、规范化、长效化政策制度和工作推进机制进一步形成。

《方案》明确了目标任务：到 2025 年，陕西省农村人居环境显著改善，生态宜居美丽乡村建设取得新进展。农村卫生厕所普及率达到 85%，厕所粪污有效处理和资源化利用水平显著提升，长效管护机制进一步健全；农村生活污水治理率达到 40% 以上，乱排乱放得到管控，基本消除较大面积农村黑臭水体；农村生活垃圾进行收运处理的自然村比例稳定在 90% 以上，无害化处理水平明显提升，有条件的村庄实现垃圾分类、源头减量；各项长效管护机制健全，农民群众卫生健康和环境保护意识显著增强；村庄绿化覆盖率稳定在 30% 以上，村容村貌和基础设施建设水平持续提升，农村人居环境得到进一步改善。

《陕西省"十四五"土壤、地下水和农村生态环境保护规划》提出，坚持保护优先、预防为主、风险管控，突出精准治污、科学治污、依法治污，坚决打好净土保卫战和农业农村污染治理攻坚战，着力解决一批土壤、地下水和农业农村突出生态环境问题，保障农产品质量安全、人居环境安全、地下水生态环境安全，推动建设生态宜居美丽乡村。到 2025 年，全省土壤和地下水环境质量总体保持稳定，受污染耕地安全利用成效得到巩固提升，重点建设用地安全利用得到有效保障。

（3）青海

2022 年，青海省生态环境厅、省工业和信息化厅、省财政厅、省自然资源厅、省住房和城乡建设厅、省水利厅、省农业农村厅共同编制了《青海省"十四五"土壤和地下水生态环境保护规划》，明确指出，到 2025 年，全省土壤和地下水环境质量总体保持稳定，土壤和地下水污染源得到基本管控，受污染耕地和重点建设用地安全利用得到巩固提升，土壤和地下水环境风险得到进一步控制，土壤和地下水污染防治体系建立健全，进一步保障老百姓"吃得放心、住得安心"。到 2035 年，全省土壤环境质量稳中向好，地下水环境质量总体改善，农用地和建设用地土壤环境安全得到有效保障，土壤环境风险得到全面管控，实现"土净食洁居安"。

（4）内蒙古

内蒙古自治区党委办公厅、人民政府办公厅印发《农村牧区人居环境整治提升五年行动实施方案（2021—2025 年）》，明确提出力争到 2023 年，全区农村牧区新建卫生厕所 30 万户，生活污水治理率达到 26%，生活垃圾收运处置体系覆盖 50% 的行政村。到 2025 年，农村牧区人居环境显著改善，生态宜居美丽乡村建设取得新进步，农村牧区新建卫生厕所 45 万户左右，卫生厕所普及率进一步提高；农村牧区生活污水治理率达到 32% 左右，沿黄流域及"一湖两海"周边农村牧区生活污水治理率达到 60%，其他地区治理率达到 30%，农村牧区生活垃圾收运处置体系覆盖 60% 以上的行政村，有条件的村庄实现生活垃圾分类、源头减量，农村牧区生活垃圾无害化处理水平进一步提高；农村牧区道路硬化、绿化、美化持续改善；农村牧区人居环境治理长效管护机制基本建立。

城镇近郊区等有基础、有条件的地区，农村牧区人居环境基础设施建设水平全面提升，卫生厕所基本普及，生活污水治理率明显提升，生活垃圾全面有效处置并推动分类处理试点示范，长效管护机制全面建立。

有较好基础、具备条件的地区，农村牧区人居环境基础设施持续完善，户用厕所愿改尽改、应改尽改，生活污水治理率有效提升，生活垃圾收运处置体系基本健全，长效管护机制基本建立。地处偏远、居住分散、基础条件薄弱的地区，农村牧区人居环境基础设施明显改善，卫生厕所普及率稳步提升，生活污水垃圾治理水平取得积极进展，村容村貌持续改善。

2022 年，内蒙古自治区生态环境厅等八部门共同印发《内蒙古自治区"十四五"土壤、地下水和农村牧区生态环境保护规划》，明确了"十四五"期间全区土壤、地下水、农村牧区生态环境保护工作的指导思想、基本原则、主要目标和保障措施等。该规划提出，"十四五"时期，全区土壤和地下水环境质量总体保持稳定，局部稳中向好，受污染耕地、重点建设用地安全利用得到巩固提升；重点区域农业面源污染得到有效管控，农村牧区生态环境基础设施建设加快推进，生产生活方式绿色转型取得显著成效，农村牧区生态环境持续改善。

在土壤污染防治方面，内蒙古从耕地、建设用地明确强化土壤污染防治的任务和措施。从严格建设用地准入管理、防范工矿企业新增土壤污染和有序推进风险管控与修复三个方面，保障建设用地安全利用。其中，2022 年要对受污染耕地土壤污染状况进行加密调查；2023 年，执行颗粒物和镉等重金属污染物特别排放限值；到 2025 年，土壤污染重点监管单位要完成一轮土壤和地下水污染隐患排查。

在地下水污染防治方面，内蒙古以保护和改善地下水环境质量为核心，从建立地下水环境管理体系，加强污染源头预防、风险管控和修复，加强地下水型饮用水源保护三个方面明确具体任务和措施。到 2025 年，完成全区地下水环境状况"一张图"，以鄂尔多斯市、包头市两个地下水污染防治试验区为试点，开展地下水污染防治分区管理。2023 年，完成全区地下水污染防治分区划分，落实地下水防渗和监测措施，开展地下水污染防治重点排污单位周边地下水环境监督性监测，选取 10 家企业实施防渗改造试点工程。

在农村牧区污染防治方面，到 2025 年，新增完成 1600 个行政村生活污水治理任务，全区农村牧区生活污水治理率达到 32%；鼓励河湖长制体系向村级延伸，实现农村牧区黑臭水体有效治理；到 2024 年，完成乡镇级集中式饮用水水源保护区划定和勘界立标。

（5）宁夏

2022 年 7 月 1 日，宁夏回族自治区党委办公厅、人民政府办公厅印发了《宁夏农村人居环境整治提升五年行动实施方案（2021—2025 年）》，明确指出到 2025 年，农村卫生厕所普及率达到 85%以上；农村生活污水治理率达到 40%；农村生活垃圾得到治理村庄实现全覆盖；每年创建一批农村人居环境整治提升示范县、示范乡、示范村；农村人居环境治理水平显著提升，长效管护机制基本建立。主要聚焦农村人居环境整治提升四项工作，在巩固三年行动成果的基础上，提出了 6 个方面的整治提升任务。

1）持续提升农村改厕水平。全力推进农村厕所革命、强化农村改厕质量管控、加强厕所粪污无害化处理与资源化利用。

2）持续提升农村污水治理水平。加快推进农村生活污水治理和加大农村黑臭水体整治力度。

3）持续提升农村垃圾治理水平。优化完善生活垃圾收运处置体系、推进农村垃圾分类减量与利用、推进农业生产废弃物资源化利用。

4）持续提升村容村貌整治水平。强化分类指导、加强乡村风貌引导、改善村庄公共环境、推进乡村绿化美化、接续开展村庄清洁提升行动。

5）持续提升长效管护水平。建立运维管护制度、健全长效管护机制。

6）持续提升村民自管自治水平。发挥农民主体作用、普及文明健康理念、多元参与齐抓共建。

2022年1月，宁夏回族自治区生态环境厅等部门印发《宁夏回族自治区"十四五"土壤、地下水和农村生态环境保护规划》，明确提出，到2025年，全区土壤和地下水环境质量总体保持稳定，受污染耕地和重点建设用地安全利用得到巩固提升。到2035年，全区土壤和地下水环境质量稳中向好，农用地和重点建设用地土壤环境安全得到有效保障，土壤环境风险得到全面管控；农业面源污染得到遏制，农村环境基础设施得到完善，农村生态环境根本好转。

（6）甘肃

2022年，甘肃省印发《甘肃省农村人居环境整治提升五年行动实施方案（2021—2025）》，提出甘肃省"十四五"时期深入打好农业农村污染治理攻坚战的具体目标为新增完成1200个行政村环境整治，农村生活污水治理率达到25%，基本消除较大面积黑臭水体；化肥农药使用量持续减少，主要农作物化肥、农药利用率均降至43%，废旧农膜回收率达到85%；畜禽粪污综合利用率达到80%以上。到2025年，全省农村环境整治水平显著提升，农业面源污染得到初步管控，农村生态环境持续改善。

甘肃省生态环境厅等七部门联合印发《甘肃省"十四五"土壤、地下水和农村生态环境保护规划》，对"十四五"期间深入打好净土保卫战进行了全面部署：到2025年，全省土壤和地下水环境质量总体保持稳定，受污染耕地和重点建设用地安全利用得到巩固提升。规划提出，加强土壤生态环境保护与风险管控，强化重金属污染源头管控，巩固提升受污染耕地安全利用水平，严格建设用地准入管理，强化土壤污染重点监管单位日常监管和执法检查。扎实推进地下水生态环境保护，加强污染源头预防、风险管控与修复，加强地下水污染防治管理体系建设，加强地下水饮用水水源环境保护，加强地下水污染协同防治。持续改善农业农村生态环境，加强种植业面源污染防治，着力推进养殖业污染防治，有效解决农村生态环境突出问题。提升生态监管能力建设，完善污染防治法规与制度体系，健全生态环境监测网络，加强生态环境监管，强化科技支撑。

（7）新疆

2022年2月25日，新疆维吾尔自治区党委办公厅、人民政府办公厅印发《自治区农村人居环境整治提升五年行动方案（2021—2025年）》明确提出，到2025年，农村人居环境显著改善，生态宜居美丽乡村建设取得新进步。农村卫生厕所普及率稳步提高；农村生活污水治理率达到30%左右，乱倒乱排得到管控；农村生活垃圾基本实现有效治理，有条件的村庄实现农村生活垃圾分类、源头减量；村庄基础设施布局逐步优化，村庄绿化、美化覆盖面不断扩大，村容村貌进一步提升；长效管护机制逐步建立，农民环境保护和卫生健康意识明显增强，农村人居环境治理水平显著提升。到2025年，形成20个示范引领县，农村卫生厕所基本普及；农村生活污水得到有效治理；农村生活垃圾收运处置体系全覆盖，大力推广农村生活垃圾分类、源头减量；长效管护机制全面建立；村庄绿化美化行动全面开展，村容村貌得到全面提升；充分分享农村人居环境带来的红利，推动农村一、二、三产业融合发展，60%以上的村庄打造成为乡土特色、业兴民富、人文和谐的自治区级生态宜居美丽乡村示范村。形成 38 个稳步发展县，农村卫生厕所普及率显著提升；农村生活污水治理率不断提高；农村生活垃圾收运处置体系全覆盖，鼓励农村生活垃圾分类、源头减量；长效管护机制基本建立；扎实实施一批牵引性强、有利于生产消费"双升级"的农村基础设施工程，农村生产生活条件改善，乡村面貌发生明显变化。打造 35 个巩固提升县，农村卫生厕所普及率稳步提高；农村生活污水治理水平得到提升；农村生活垃圾收运处置体系覆盖率达 90%，探索农村生活垃圾分类、源头减量；长效管护机制逐步建立；传统村落保护力度加大，村庄绿化美化行动深入开展，村容村貌提升，建成一批特色宜居村庄。

2. 西北村镇生活污水治理相关技术标准

自 2011 年起，七省（自治区）出台了一系列村镇污水治理相关指南和规范。已发布的省级技术标准中，由于发布时间较早、沿用城镇标准、落地性较差等因素，有待进一步修订和完善。

西北村镇生活污水治理相关标准如表 5-5 所示。

西北村镇生活污水治理相关标准　　　　　　　　　　　　　表 5-5

序号	编号	名称	实施日期
1	DB64/T 710—2011	农村集中式饮用水水源地保护工程技术规范	2011 年 11 月 28 日
2	DB64/T 873—2013	农村畜禽养殖污染防治项目投资指南	2013 年 9 月 16 日
3	DB64/T 868—2013	农村生活污水分散处理技术规范	2013 年 9 月 16 日
4	DB64/T 875—2013	农村生活污水处理工程投资指南	2013 年 9 月 16 日
5	DB64/T 869—2013	农村生活污水处理设施运行操作规范	2013 年 9 月 16 日
6	DB63/T 1389—2015	农牧区生活污水处理技术指南	2015 年 9 月 30 日
7	DB63/T 1685—2018	青海省农牧区生活污水处理工程建设导则（试行）	2018 年 9 月 28 日
8	DB64/T 518—2017	农村生活污水处理工程技术规程	2018 年 9 月 28 日
9	DB61/1227—2018	农村生活污水处理设施水污染物排放标准	2019 年 1 月 29 日
10	DB62/4014—2019	农村生活污水处理设施水污染物排放标准	2019 年 9 月 1 日
11	DB61/T 1273—2019	农村人居环境　污水治理管理规范	2019 年 10 月 29 日
12	DB14/726—2019	农村生活污水处理设施水污染物排放标准	2019 年 11 月 1 日
13	DB65 4275—2019	农村生活污水处理排放标准	2019 年 11 月 15 日
14	DBHJ/001—2020	农村生活污水处理设施污染物排放标准（试行）	2020 年 4 月 1 日

序号	编号	名称	实施日期
15	DB64/700—2020	农村生活污水处理设施水污染物排放标准	2020 年 5 月 28 日
16	DB63/T 1777—2020	农村生活污水处理排放标准	2020 年 7 月 1 日
17	DB14/T 727—2020	农村生活污水处理技术指南	2020 年 9 月 10 日

注：本表中所列标准为本书完稿时的现行标准，若后期有更新，以更新后的标准为准。

5.2 西北村镇污水治理现状

5.2.1 西北村镇污水产、排特征

5.2.1.1 农村生活污水基本特征

农村生活污水一般是指在农户日常生活中形成的污水，一般来自厨房污水、厕所污水和洗浴污水。而按照其污染源，农村生活污水又可分成来自厕所的"黑水"和来自沐浴、洗衣和厨房的"灰水"。污染物中大多是有机物，含有少量病原性微生物，可生化性较高。农村生活污水中氮磷元素较多，生活污水中 80%～90% 的氮和 50%～57% 的磷来自黑水，重金属等有害物质较少，可就近就地资源化利用。

5.2.1.2 西北村镇用、排水特征

针对村镇生活污水治理现状进行调研，调研范围包括山西、陕西、甘肃、青海、宁夏和内蒙古，涵盖 41 个市、104 个县（旗）、522 个村，每个省（自治区）涵盖 1 个创新型县和 1 个国家农业科技园区。

基于 SPSS 软件分析上述地区村镇用、排水实地调研数据，从偏度和峰度来看，除用、排水系数外，用水量以及排水量均不服从正态分布。据其分布形态，分别进行自然对数变换，对数据转化前后的分布形态进行 Kolmogorov-Smirnov 检验，如表 5-6 所示。

生活污水用、排水量及用、排水系数对数转换后的 K-S 检验结果　　表 5-6

指标	原始数据			对数变换后数据		
	偏度	峰度	P	偏度	峰度	P
用水量	0.91	1.19	0.002	−0.29	−0.071	0.200*
排水量	1.44	4.27	0.025	−0.100	−0.020	0.200*
用、排水系数	−0.66	2.29	0.200*	—	—	—

* 真显著性的下限。

注：单样本 Kolmogorov-Smirnov 检验，$P>0.05$ 可认为服从正态分布。

用水量及生活污水排水量经自然对数变换后符合正态分布，故用算数平均值加减标准差来代表六省（自治区）的人均用、排水量，因此该地区农村人均用水量为 36.48L/d±20.10L/d，人均排水量为 22.64L/d±13.82L/d（表 5-7），用水与排水的比值呈正态分布，用、排水系数比为 0.62±0.11。根据实地调研结果，内蒙古的用、排水涉及范围最广，宁夏的标准偏差最大说明数据变化幅度大。

六省（自治区）生活污水用、排水量　　　　　　　　　　　表 5-7

省份	人均用水量（L/d）	用水量范围［L/(d·人)］	人均排水量（L/d）	排水量范围［L/(d·人)］
甘肃	34.63±7.35	25.00～42.00	21.83±7.37	9.00～34.00
内蒙古	38.49±20.94	1.80～77.50	23.32±14.55	1.10～65.40
宁夏	33.67±35.80	13.00～75.00	20.33±21.36	8.00～45.00
青海	25.41±11.20	10.00～65.00	18.47±8.71	6.00～45.00
山西	29.60±11.50	7.00～50.00	22.54±10.21	5.00～46.20
陕西	34.35±14.45	11.00～50.00	20.49±9.84	6.00～40.00
总体	36.48±20.10	1.80～77.50	22.64±13.82	1.10～65.40

　　上述地区人均用水量以及人均排水量变化幅度较大，这表明指标随地域、季节、气候及农户生活方式等因素的不同而存在较大差异。实地调研的农村生活污水人均用水量以及人均排水量远低于《农村生活污水处理工程技术标准》GB/T 51347—2019 中的参考值。

　　经调研，农村生活用水变化系数大，居民生活规律相近，导致农村生活污水排放量早、晚比白天大，8：00、11：00、20：00 为高峰时段。夜间排水量小，甚至出现断流，水量变化明显，即排放呈不连续状态，具有变化幅度大的特点。农村生活用水量时间特征如图 5-2 所示。

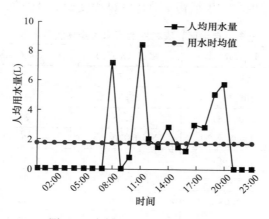

图 5-2　农村生活用水量时间特征

5.2.1.3　生活污水空间差异

　　以七省（自治区）市级污染源普查数据为基础进行空间自相关分析，结果表明该地区农村生活污水排放量空间自相关性显著，呈现出明显的集聚现象，且集聚现象在省会城市周围更容易出现。在七省（自治区），除太原市未表现出明显的空间自相关性外，其他省会城市都表现出不同的集聚特点。银川市、乌鲁木齐市及周边明显表现出 H-H 聚集性，西宁市、兰州市、西安市及周边明显表现出 H-L 聚集性的特点，呼和浩特市周边明显有 L-H 聚集性，在青海—甘肃—宁夏—陕西的交界地带污水排放量低（L-L 聚集性）。研究结果表明，省会城市的集聚特点明显展现出省会城市的污水排放量高于周边地区的现象。

根据地理学第一定律，地理空间上的所有值都是互相联系的。在区域化变量存在空间相关性的基础上，以变异函数理论和结构方程为基础，利用克里金插值法对第二次全国污染物普查数据进行无偏最优估计。可以得出，污水排放量在新疆北部、内蒙古西部地区，以及陕西南部地区明显较高，在青海南部、甘肃南部呈现明显较低的空间分布特征。

5.2.1.4　水质特征

农村生活污水主要水质指标有COD_{Cr}、氨氮、总氮、总磷，COD_{Cr}表示水中还原性物质被氧化分解所消耗氧化剂的量，是农村生活污水的主要指标之一。在农村生活污水中，氨氮的任意排放是造成周围水体富营养化的主要因素，要严格控制。TN是水中各种形态无机氮和有机氮的总和。TP主要来源于生活污水、化肥、有机磷农药及洗涤剂所用的磷酸盐增洁剂等。

根据全国第二次污染物普查数据，七省（自治区）村镇生活污水中，COD_{Cr}、氨氮、TN和TP的质量浓度平均值分别为1030.63mg/L、21.10mg/L、40.93mg/L和4.25mg/L。其中，内蒙古和山西的生活污水中COD_{Cr}的质量浓度较低，分别为965.64mg/L和832.10mg/L；山西、甘肃、青海和内蒙古的农村生活污水中氨氮的质量浓度低于七省（自治区）平均值，分别为13.76mg/L、14.58mg/L、11.10mg/L和17.02mg/L；山西、甘肃、青海和内蒙古的农村生活污水中TN、TP的质量浓度也相对较低（表5-8）。可以看出，陕西、青海和新疆的农村生活污水总体污染程度相对其他省（自治区）较重。

七省（自治区）农村生活污水污染物质量浓度　　　　　　　表5-8

省（自治区）	COD_{Cr}（mg/L）	氨氮（mg/L）	TN（mg/L）	TP（mg/L）
山西	832.10	13.76	28.12	3.25
陕西	1072.94	33.51	57.55	5.45
甘肃	1100.58	14.58	31.49	3.70
青海	1121.82	11.10	26.17	3.16
宁夏	1058.66	29.79	51.54	4.95
新疆	1062.65	27.92	51.34	5.02
内蒙古	965.64	17.02	40.32	4.23
七省（自治区）平均值	1030.63	21.10	40.93	4.25

5.2.1.5　农村生活污水去向

经调研，西北村镇生活污水中灰水的主要回用去向为院内菜园（7%）、农田（3%）和林草地（2%），如图5-3所示；粪污的主要回用去向为农田（43%），其次为院内菜园（23%），如图5-4所示。

农村生活污水排放方式受传统生活习惯影响较严重，多数农户将生活污水就近泼洒于房前屋后或道路街边的土沟排放至就近的水体，目前我国农村生活污水排放途径排序为：直接排入附近水体＞直接排入附近农田＞进入农村集中式污水处理设施＞进入市政管网＞排入户用污水处理设备。农村生活污水的无序排放导致农村居民的生活环境受到污染，包括地下水、地表水及周边土壤等环境介质，危害农村地区生态安全，影响农村居民的身体健康。

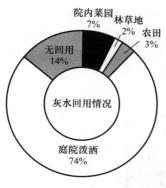

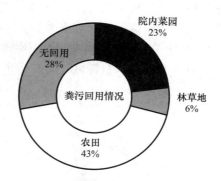

图 5-3　西北村镇灰水的去向　　　　　图 5-4　西北村镇粪污去向

5.2.2　西北村镇污水收集现状

调研结果显示，七省（自治区）中有 47％的村庄没有进行污水收集（图 5-5）；进行污水收集的村庄以管道收集为主，占总调研村庄数的 40％。管道以重力流为主，部分村庄存在户管与村落主干管不衔接的问题，有 13％的村庄采用沟渠收集污水。

截至调研日，调研区域共有 53％的村庄对农村生活污水进行了收集，在收集过程中，采用雨污合流制，并且以黑灰水混合收集为主，在进行收集的村庄中，单独收集灰水的村庄占比为 36％，而黑灰水混合收集的村庄占 61％（图 5-6）。

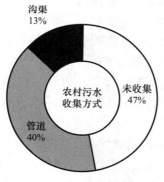

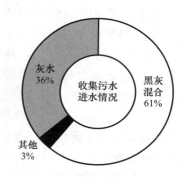

图 5-5　农村污水收集方式　　　　　图 5-6　收集污水进水情况

无论管道还是沟渠，以重力收集为主，占比高达 97％。管道材料主要包括 PVC、硬质聚氯乙烯（UPVC）、聚丙烯（PP）、聚乙烯（PE）和水泥管等，其中以 PP、PVC 和 UPVC 为主，分别占 71％、13％和 8％（图 5-7）。截至目前仍有 47％的村庄未对农村生活污水进行收集，其中灰水主要以庭院泼洒为主。

5.2.3　西北村镇污水处理现状

1. 治理现状

近年来，七省（自治区）加快推进村镇污水处理设施建设，处理能力快速增长，收集处理体系不断完善，但发展不平衡，与全国平均治理水平还存在一定的差距。据《2021年城乡建设统计年鉴》中公布的数据，七省（自治区）有 3185 个建制镇，1924 个乡。除宁夏的建制镇污水处理率（93.33%）高于全国建制镇平均污水处理率（67.96%）外，其他省（自治区）建制镇污水处理率为25.92%～51.85%，远低于全国建制镇平均污水处理率；除陕西和宁夏的乡污水处理率（44.44%和56.31%）高于乡平均污水处理率（36.94%）外，其他省（自治区）的乡污水处理率为10.69%～33.43%，远低于全国乡平均水平。

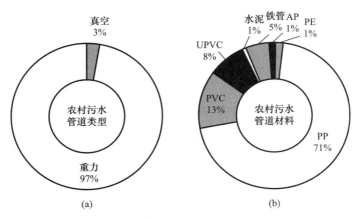

(a)　　　　　　　　　　　　(b)

图 5-7　农村污水收集管道类型及管材占比

(a) 管道类型；(b) 管道材料

在农村污水治理方面，随着农村污染防治攻坚战的有效推进，农村污水治理在近年来得到了有效推进，但整体治理率仍然不高。有关资料显示，2020年七省（自治区）的农村生活污水治理率处于12%～43%区间，其中陕西农村污水治理率最高，达到43%，甘肃农村污水治理率为21%，青海农村污水治理率最低（仅为12%），宁夏农村污水治理率为26%，新疆农村污水治理率为31%。甘肃和青海的农村污水治理率达不到全国平均水平。整体而言，七省（自治区）还有超过70%的农村污水没有得到有效治理（图5-8）。

通过对实地调研数据分析可知，西北村镇污水处理模式主要分为分户处理、村集中处理、纳入城镇管网处理三种。调研的村庄中，纳入城镇管网处理和分户处理是主要的处理模式。在进行污水收集的村庄中，还有51%的村庄没有实现有效处理（图5-9）。

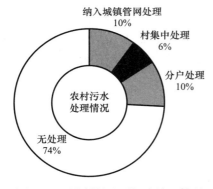

图 5-8　西北村镇生活污水处理情况

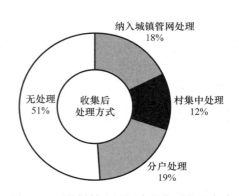

图 5-9　西北村镇生活污水收集后处理方式

2. 工艺现状

西北村镇目前采用的污水处理设施中，多以预处理单元＋单一主处理单元为主，仅有 18％的处理设施采用组合工艺（图 5-10）。因组合工艺操作复杂、运维难，所以具有地广人稀特征的西北村镇更宜采用单一工艺。

经调研，在所有已建成的集中式污水处理设施中，所选用的处理工艺包括厌氧-缺氧-好氧（A²O）、厌氧-好氧（A/O）、膜生物反应器（MBR）、一体化设施、循环生物滤池（WRBF）、EMTO 复合酵素处理技术、生物接触氧化、人工湿地等。其中以 A²O、A/O、MBR 及一体化设施为主，在所有建成的设施中占比分别达到 31％、24％、11％和 8％（表 5-9）。现有工艺选择与其村落所处地理位置具有一定相关性。例如，MBR 工艺主要沿河道附近分布，其出水标准较高。

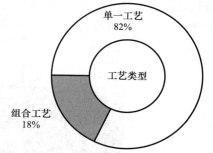

图 5-10　西北村镇生活污水处理工艺类型

已建集中式污水处理设施工艺统计　　表 5-9

工艺	类型	设施数量（个）	占比（％）	处理规模（t/d）
A²O	生物	57	31	10～500
A/O	生物	44	24	10～500
MBR	生物	21	11	3～300
一体化设施	生物	14	8	5～200
WRBF	生物	11	6	10～300
EMTO 复合酵素处理技术	生物	7	4	5～25
生物接触氧化	生物	2	1	3、500
人工湿地	生物生态组合	2	1	150
其他		25	14	—

（1）A/O 工艺

A/O 工艺也叫厌氧好氧工艺（图 5-11），除了可去除废水中的有机污染物外，还可同时去除氮、磷，对于质量浓度较高的有机废水及难降解废水，在好氧段前设置水解酸化段，可显著提高废水的可生化性。

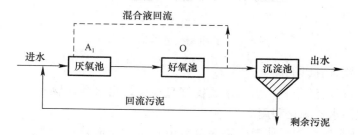

图 5-11　A/O 工艺示意图

（2）A²O 工艺

A²O 工艺是传统活性污泥工艺、生物硝化及反硝化工艺和生物除磷工艺的综合

（图 5-12）。该工艺处理效率一般能达到：BOD_5 和 SS 为 90%～95%，总氮为 70% 以上，磷为 90% 左右，一般适用于要求脱氮除磷的大中型城市污水处理厂。但 A^2O 工艺的基建费和运行费均高于传统活性污泥工艺，运行管理要求高，所以当处理后的污水排入封闭性水体或缓流水体引起富营养化，或影响给水水源时，才采用该工艺。

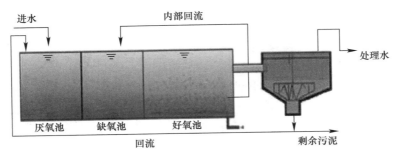

图 5-12　A^2O 工艺示意图

（3）MBR

MBR 是由膜分离与生物处理相结合的一种污水处理技术（图 5-13）。以膜组件取代传统生物处理技术末端二沉池，利用膜分离设备截留水中的活性污泥与大分子有机物，在生物处理单元中保持高活性污泥的质量浓度，提高生物处理有机负荷，从而减少污水处理设施占地面积，并通过保持低污泥负荷减少剩余污泥量。膜生物反应器系统内活性污泥（MLSS）的质量浓度可提升至 8000～10000mg/L，甚至更高；污泥龄（SRT）可延长至 30d 以上。膜生物反应器因其有效的截留作用，可保留世代周期较长的微生物，实现对污水深度净化，同时硝化菌在系统内能充分繁殖，硝化效果明显，为深度除磷脱氮提供可能。

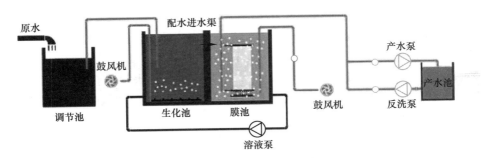

图 5-13　膜生物反应器工艺示意图

膜生物反应器具有以下优点：

1）高效地进行固液分离，出水水质良好且稳定，出水悬浮物和浊度接近于零，可直接回用，可实现污水资源化利用。

2）膜的高效截留作用，使微生物完全截留在生物反应器内，实现反应器水力停留时间（HRT）和污泥龄（SRT）的完全分离，运行控制灵活稳定，并有效克服了污泥膨胀的问题。

3）系统在长泥龄下运行，剩余污泥产量低，减少了后续的污泥处理处置费用。

4) 增殖缓慢的微生物（如硝化细菌）的截留和生长，使系统硝化效率高。通过改变运行方式可实现脱氮和除磷功能。

5) 泥龄可以非常长，大大提高难降解有机物的降解效率。

6) 系统内能维持较高的微生物量，处理装置容积负荷高，同时将传统污水处理的曝气池与二沉池合二为一，并取代了三级处理的全部工艺设施，大幅减少占地面积，节省土建投资。

7) 易于实现自动控制，操作管理方便灵活。

但是，膜生物反应器存在几点不足：膜造价和基建投资高；易出现膜污染，缩短了膜的使用寿命；给操作管理带来不便；能耗高；污水处理过程会受到膜污染的影响，运行成本高。我国生活污水处理应用膜生物反应器的投资成本为 $2500 \sim 5000$ 元$/(\text{m}^3 \cdot \text{d})$，均值为 3800 元$/(\text{m}^3 \cdot \text{d})$，高于全国城镇污水处理厂平均值 [2200 元$/(\text{m}^3 \cdot \text{d})$]。

膜生物反应器适用于生活小区、宾馆、饭店、度假区、学校、写字楼等分散用户的日常生活污水处理，及啤酒、制革、食品、化工等行业的有机污水处理。膜生物反应器的产水常用于灌溉、洗涤、环卫、造景等非饮用功能。

因气候条件限制，东部地区常用的人工湿地处理技术在西北村镇应用较少，即使应用，也需要建设冬季保温设施。调研发现，西北村镇生活污水处理出水的去向以农业灌溉回用为主。西北村镇现有污水处理设备往往参照东部地区标准，将污水处理至一级 B 标准，甚至一级 A 标准后排放，而这种高标准的处理对于用于农业灌溉而言属于过度处理，浪费资金的同时损失了污水中的氮和磷等营养元素。另外，现有设备和技术大多并未考虑病原菌问题，对于安全的资源化利用方式与路径考虑不足，存在一定的潜在风险。

3. 处理规模

基于对内蒙古的调研分析，从设计和建设规模来看，其村镇污水处理设施的设计规模在 50t 以下的占 54%；设计规模为 $50 \sim 100\text{t}$ 的占 16%；设计规模在 200t 以上的占 15%（图 5-14）。总体设计规模比城市污水处理厂小，符合村镇生活污水排放量比城市生活污水排放量低的客观事实。然而在对比实际进水量和处理规模与建设设计规模时发现，实际处理规模/设计规模的均值为 61.8%（图 5-15），一半以上的处理工艺处于不饱和运行状态，设计规模过大、进水量较小也是造成部分设施难以稳定运行的主要原因。

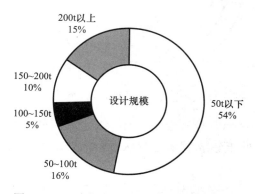

图 5-14　已建集中式污水处理设施设计规模

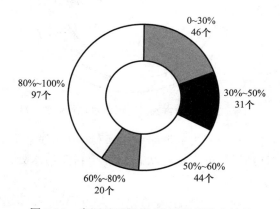

图 5-15　实际处理规模/设计规模分布情况

4. 排放标准

在排放标准方面，基于对内蒙古的调研分析，目前已建成的设施执行标准不一，分别包括《农田灌溉水质标准》GB 5084—2021、《城镇污水处理厂污染物排放标准》GB 18918—2002 和《农村生活污水处理设施污染物排放标准（试行）》DBHJ/001—2020。其中 41％的设施执行 GB 5084—2021，23％的设施执行 GB 18918—2002 一级 A 标准，17％的设施执行 DBHJ/001—2020 三级标准（图 5-16）。然而，调研结果却发现，这些设施的排水去向与其所执行标准严重脱节。例如，包头市阿柏树沟嘎查、柴脑包村、土黑麻淖村的建成设施采用工艺为 A/O，其处理出水主要用于农田、林地回用，但其设计标准是 GB 18918—2002 一级 A，远高于《农田灌溉水质标准》GB 5084—2021 的标准，而巴彦淖尔市公田村、新安村的建成设施采用工艺为 MBR，但其设计标准为 GB 5084—2021 或 DB-HJ/001—2020 三级。选用工艺与排放去向、执行标准不符，也在一定程度上影响了设施的正常运维。

2021 年，对内蒙古西部 39 个日处理能力在 20t 及以上的农村生活污水处理设施开展化学需氧量、氨氮、总磷、悬浮物指标监测，其中 37 个农村生活污水处理设施执行《农村生活污水处理设施污染物排放标准（试行）》DBHJ/001—2020 二级标准，剩余执行三级标准。结果发现，7 个农村生活污水处理设施出水水质超标，处理设施达标率为82.05％。

5. 运维

目前现有农村污水处理设施运维承担方主要分为企业（第三方）、村集体、村民主体、旗（县）政府、乡镇政府 5 类。其中集中式污水处理设施运维方式以企业（第三方）为主，其次是村集体及乡镇政府（图 5-17）。

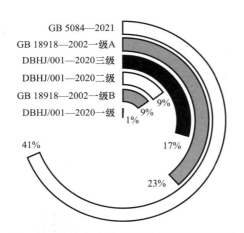
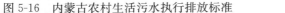
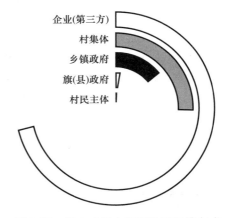

图 5-16　内蒙古农村生活污水执行排放标准　　　图 5-17　集中式污水处理设施运维方式

对内蒙古的调研中，167 个村庄建有集中式农村污水处理设施，有 143 个村庄的污水处理设施处于运行状态，24 个村庄污水处理设施处于建成后未运行状态，设施运行率约为 86％。

导致设施停运的原因大致可分为无运维公司、收水困难、无运维资金、设备损坏、未交付使用、无配套管网 6 种情况。导致设施停运的原因中因规划或设计时调研不足、未考虑村庄未来搬迁问题导致收水困难的涉及 7 个村庄；因设备损坏无法运行的共 6 个村庄，其中有 3 个村庄的设施为 2014 年、2015 年建成运行，缺乏维护维修，设备损坏较严重（图 5-18）。

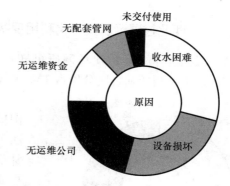

图 5-18　现有农村生活污水处理设施中建成后无法正常运行的主要原因

比较发现，由专业化运行公司负责运行的污水处理设施，由于财政安排运行经费补贴，除收水困难造成设备停运外，设施普遍能够正常运行。相比之下，由乡镇政府负责运行的污水处理设施，运行维护资金需由乡镇自筹，多因无运维资金，导致污水处理设施运行效率低的情况时有发生（表 5-10）。

污水处理设施运维方式　　　　　　　　　　表 5-10

运维单位	数量（个）	正常运行数量（个）	冬季停运数量（个）	未运行数量（个）
企业（第三方）	120	106	6	8
乡镇政府	68	48	9	11
旗（县）政府	3	3	0	0
村集体	49	36	8	5
村民主体	12	11	1	0
无	13	0	0	13

6. 成本

据调研数据分析可知，目前现有农村生活污水处理设施费用差距较大，但总体建设费用较低，平均建设费用为 238.8 万元，投资 0～30 万元/套的最多，100 万～300 万元/套次之（图 5-19）。年运维费用以 1 万～5 万元/套最多，5 万～20 万元/套次之，村镇地区污水处理设施年运维费用偏高，进一步制约了村镇生活污水治理（图 5-20）。

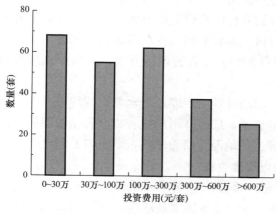

图 5-19　现有农村生活污水处理设施投资费用

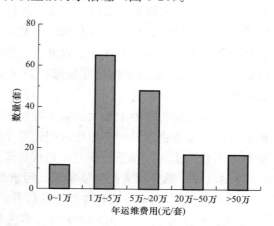

图 5-20　现有农村生活污水处理设施年运维费用

5.2.4 西北村镇污水资源化利用现状

根据统计结果及现场调研可知，西北村镇的厕所以旱厕为主，占总调研村庄数的 75%，水冲厕所和公厕分别占 13% 和 12%（图 5-21）。

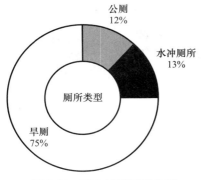

图 5-21 西北村镇厕所类型

近年来，西北村镇生活污水处理后资源化利用的比例呈逐年上升趋势，主要资源化利用方式包括出水灌溉回用、工业回用和混合粪污堆肥资源化。其中，农田、林草地、菜园灌溉占比较大，约 60%。此外，一些单户或联户型分散式污水处理设施，其出水主要用于村民菜园浇灌。

工业回用占比较小，典型的包括包头市达茂旗石宝镇石宝村采用一体化污水处理设备，处理规模 150t/d，年运行费用 110 万元，出水作为石宝铁矿的 3 号尾矿库绿化用水；赤峰市敖汉旗四家子镇四家子村采用 A^2O 工艺，处理规模 400t/d，执行 GB 18918—2002 一级 A 标准，年运行费用 110 万元，出水由双峰矿业回用。

另外，依托改厕实施生活污水混合粪污堆肥在内蒙古是一种重要的资源化形式，通过对内蒙古的调研发现，共计 1958 个村庄采用了这种模式。统计分析发现，这些村庄的厕所主要可以分为三类：双坑交替式旱厕；生态旱厕；水冲厕所＋化粪池。

5.3 西北村镇污水治理存在的问题

5.3.1 收集方面

5.3.1.1 分散村落地形复杂，集中村落空间狭小

西北村镇地貌类型繁多，有山地、丘陵、高平原、平原、沙漠、沙地及台地等，因地貌多样，农村住户根据地势修建房屋，故部分地区房屋高低不齐且比较分散，管道敷设施工难度大。同时，农村住房分布相对分散，导致农村污水管道建设成本较高，直接限制了农村生活污水收集治理工作的有效推进。部分地区地势平坦，住户房屋距离较近，存在建筑集中、胡同/街道狭窄拥挤等现象，房前屋后无法设计管道埋置方案，从而影响污水治理的成效。

西北地区拥有世界上最大的黄土堆积区，湿陷性黄土对埋地排水管道的埋设存在一定的危害，如果管道埋设时不考虑湿陷性黄土的影响，那么降雨后或者排水管道渗漏后，沟槽湿陷形成汇水导致地下被掏空，造成管道经过的地面及路面塌陷，增加施工建设难度。

5.3.1.2 部分村落间歇性供水，污水难以有效收集

西北村镇供水以自来水为主，自打井为辅。部分农村采用间歇供水方式，每日供水 1～3 次，供水时长 4～15h，供水时段多为早、中、晚等用水高峰期，间歇式供水家庭的储水设施以屋顶水箱、水桶和水缸为主，存在流量小、水压低、供水不稳定、冬季由于供水管道冻裂而停供等问题。同时，由于排水量较小，管道内水流速度较小，无法对淤积沉

积物进行自清洁，容易发生管道堵塞问题。间歇式供水家庭多用盆等容器洗手，水可反复使用，生活污水排放量较小，导致污水难以收集。

调研发现，西北村镇生活污水排放呈不连续状态，具有变化幅度大的特点。农村大多数年轻人外出务工，村庄中剩余的居民多为老人和小孩，导致节假日和春节期间用水量明显增大，其余时间用水量较小；冬季寒冷漫长，进城务工或生活的农民明显增加，所以冬季生活污水断流的可能性更大且断流时间较长。农家乐、旅游村等，节假日人流潮汐现象明显。

5.3.1.3　传统房屋未考虑厕所布局，村落施工破路恢复成本较高

西北村镇老式民居一般无排水系统，平均住宅面积 70～90m²，按传统建房习惯，老式房屋在建设过程中并未考虑家庭厕所的设计和建设，跨度为 4.5m 的房屋内部空间局促，不具备改建水冲厕所的条件（图 5-22、图 5-23）。

图 5-22　传统房屋结构

图 5-23　农村房前屋后

随着人居环境整治，大部分村落都已铺装水泥路，敷设集中收集污水管道需要破路，施工成本较高，同时农村供水管网、乡村路网、电网、互联网等管线复杂，施工难度大。若进行分散式处理，有些污水设备只能安装在庭院内，由于室内卫生间在北侧居多，安装污水设备入户管道需做顶管处理，顶管长度为 10～12m，顶管作业费用增加了施工成本，同时顶管作业仅适用于主体结构稳固的房屋。

目前西北村镇排水管道普及率较低，主要是由于运维水平的落后导致传统排水管道堵、冻、臭问题突出。由于收纳污水较少，管道易出现淤积堵塞问题。该地区冬季严寒，

未按标准建设的排水管道,冬季易出现冰冻堵塞问题,甚至出现冻裂的现象。管道破损未进行及时维护,输送污水时易出现污水的泄漏,造成管道周边恶臭问题明显。

5.3.2 处理方面

5.3.2.1 建设过程管理仍需增强

1. 政策保障

目前只有个别地区对当地的农村生活污水处理制订了相关的政策,地方政策体系中尚未对农村环境基础设施建设制订相关地方性法规,因此需要建立健全西北地区的地方性法规,明确建设、环保、财政等各部门的职责,使农村污水处理设施的建设获得地方性法规支持,以法律法规的强制力和执行力推进农村环境的改善,保证农村生活污水治理的长效性。将法律法规贯穿污水处理全过程,明确责任主体,增强责任意识。

2. 加强质量管理

在污水处理建设工程项目中,不仅应根据相关规定对项目可行性、立项、报建以及招标投标等环节严格管理,还应组织监理、质检以及施工人员共同参与项目施工管理。政府部门应参与工程项目质量、合同、工期以及进度的管理,确保政府主导作用得到充分发挥。同时,应充分尊重施工以及监理方的自主权,不应过多干预,并基于项目设计、操作规程与相关规范的前提与监理、施工单位达成一致,三方协同做好工程项目质量管理工作。

污水处理工程项目建设中,施工环节由多道繁杂工序构成,不同工序之间彼此制约且相互关联。对于工程项目而言,工序质量是重要基础,对项目整体质量有着决定性影响。因此,施工过程中应高度重视各道工序的质量控制,作业过程中应严格遵循相关工艺流程,牢牢把控人、物料、机械、方法以及环境五个要素,确保各道工序操作中投入品质量过关,防止产生系统性因素变异,从根本上保障各道工序施工效果。

工程质量受到设计以及施工各环节的影响,其中任何一个分部/分项工程或者生产环节质量均会受到环境条件、操作者、施工工艺、机具以及工程材料等因素的影响,所以质检人员应充分重视可能对工程项目建设质量产生不良影响的因素,高度关注那些容易出现质量问题的工序与环节,实施有效、强力的管控。

5.3.2.2 处理技术适用性不强

1. 缺乏实地调研,处理水量与实际不符

由于污水处理设施设计时缺乏在充分调研人口年龄结构、生活习惯的基础上,研判实际的农村用水量、排污系数、收集系数及变化系数,导致西北村镇污水设施设计规模过大,进水量达不到运行负荷,使得设施无法正常运行。

同时,污水设备已建好,但未配套管网,采用吸粪车进行拉运,拉运费用 $100\sim300$ 元/次,村民缴费意愿不强,污水收集率低,设施运行困难。

部分区域污水治理未与农村居民生产生活需要和习惯充分结合,造成虽已建成管网和设施,但农村居民习惯将生活污水用于庭院泼洒和浇灌菜地,或将厕所粪污用于农田施肥,或是为节水不用水冲厕所仍用旱厕,造成处理设施利用率低。调研还发现,空心村、旅游村、农家乐等村镇人员数量变化大。在农区,农民冬季喜欢搬入城中居住;在牧区,牧民夏季多数时间在牧场居住,使得家中排水量偏低或无排水,造成水量收集不足,甚至收集不到污水，给污水处理工艺稳定运行带来很多困难，运行与维护难度较大。此外，偏远的山区或典型牧区，电力供应比较紧张，造成污水处理设施有时无法运行。

2. 农区牧区排水时空差异大，处理装置抗冲击能力较弱

调研发现，在农区或农牧结合的村庄，生活污水处理多为雨污合流，致使在雨季进水量加大，也有极少数村庄采用雨污分流制，但由于管道质量及施工问题，造成管道破裂，雨季地下水位升高，形成雨水倒灌，夏季用水量大和雨水的稀释导致污染物质量浓度较低，而冬季部分村民进城居住，污水排水量较少，污染物质量浓度相对较高，严重影响污水处理装置正常运行。在牧区，农村生活污水以分散处理为主，情况和农区正好相反，夏天放牧时期，牧民大部分时间居住在牧场，冬季牧民很少外出，排水量增加。

3. 冬季超长低温期，设施布设区域风沙大

西北村镇冬季低温期长达 6 个月，新疆冬天最低温度甚至可以达到 -52.3℃，冻土层厚度 1.3～3.5m，冻土层过厚对罐体的质量和承压要求较高，增加施工费用和难度，冬季低温也会导致污水处理设施的处理效率降低甚至无法正常运行。另外，大部分农村地区因水功能区划、附近地表径流无环境容量（季节性河流）或者附近无长流地表水等问题，导致冬季污水处理后的出水没有合理去向。

西北地区属温带大陆性气候，夏季炎热冬季寒冷，降水稀少，降水期短且集中，气候干旱，且距离冬季风源地近，冬春季大风天气多，降水少，土壤易被大风吹走形成风沙天气，加之很多地区草场退化土壤沙化，不论是从山前丘陵到平原，还是从高平原到河谷沿岸，都可看到连片或零星的风沙地貌存在。风沙大容易造成水泵、气泵等机械损坏，增加维修频次和运行费用。

4. 治理模式单一，处理工艺缺乏长时间实践验证

目前，农村污水处理技术仍处于探索阶段，尚缺乏适合区域性推广的技术。大多村镇污水处理设施都在建设或试运行中，运行时间不长，而分散型污水处理设施运行时间更短，无法全面评价工艺的实际处理效果及反应器的材质和长期稳定处理效果。在北方寒冷地区，缺乏农村污水处理的成功案例，工艺选择和工程设计有待实践验证。许多在寒冷地区已展开的工程，由于污水处理设施出水在冬季难以排出，通常将出水排入蓄水池或通过渗井灌入地下，但该方式存在污染土壤和地下水的风险，如图 5-24 所示。

图 5-24　污水处理后排入蓄水池/塘

西北村镇地域广袤、人口稀少、冬季严寒、居住分散，大多农户院落宽阔（图 5-25），

特别是在典型牧区，牧民房屋相距较远，如鄂尔多斯市鄂托克旗，牧民房屋距离都在 5km 以上，此类地区适合采用分散式污水处理设施。分散式污水处理设施建设还要根据当地电力供应、村民支付电费意愿情况，考虑选择微动力或无动力处理设施。由于气候严寒、房屋结构不尽相同（图 5-26），如很多村落聚集地区多数房屋布局紧凑，没有闲置的地方安放冲水马桶，而且由于干旱缺水及生活习惯，多数居民习惯将洗涤、洗漱等生活污水泼洒庭院，因此"一刀切"式整体推进同一种污水处理模式也是不现实的，须依据不同区位条件、人口规模、排放去向、利用方式和人居环境改善需求等实际情况，因地制宜选择污水处理模式。

图 5-25　内蒙古农村牧区院落布局

图 5-26　内蒙古农村牧区房屋结构

　　阿拉善盟希尼套海嘎查是阿拉善盟著名的旅游村，几乎家家户户都有民宿，村民生活条件好，年收入高，排水系统完善（图 5-27）。村民建设污水处理设施意愿特别强烈，但由于没有相关规划，导致污水处理设施迟迟无法建设。污水处理设施"用不上"，严重影响了该村民宿、农家乐的接待质量。

　　由于污水处理项目分期分批次进行，中标企业不同，采用的污水处理工艺也不同，同一村庄多家企业参与建设、设备供应、运维，造成运维管控过程复杂。部分污水处理设施冬季经常出现故障，本地技术人员只能处理简单故障（如简单开关按钮操作），如遇复杂故障，需联系设备供应商的专业技术人员。调研中发现一处已停运 2 个月的污水处理设施，专业技术人员无法及时到现场维修，污水未经处理直接排出，造成环境污染。

图 5-27 阿拉善盟希尼套海嘎查污水收集处理现状图

5. 敏感水体出水水质要求高，部分设施设计与实际运行不符

调研发现，沿黄河 3km 内现有农村生活污水处理设施工艺以 MBR 居多，处理后出水可达《城镇污水处理厂污染物排放标准》GB 18918—2002 一级 A 标准，但由于邻近黄河，出水经一定程度过滤后进入黄河，而进入黄河须达到地表水 Ⅲ 类标准。因此，因设计和运行等问题，导致已建污水处理设施尾水仍需拉运至附近较大污水处理厂站处理后进行回用（图 5-28）。但转运费用较高，不少地方直接弃用已建设施，造成极大浪费。

图 5-28 处理出水拉运处理

5.3.2.3 已建设施运维缺乏保障

1. 治理资金投入缺口大，投资来源单一

"十三五"期间，国家发展改革委共安排中央预算内投资超 180 亿元，支持城镇污水处理项目建设，中央财政累计安排农村环境整治资金 258 亿元，支持开展农村生活污水治理、垃圾处理、饮用水水源地保护、规模以下畜禽养殖污染治理等工作。国家发展改革委在中央预算内投资中设立专项，会同农业农村部，启动实施包括农村生活污水治理在内的农村人居环境整治整县推进工程。但"十四五"时期，农村生态环境保护任务依然艰巨，仍有约 2/3 的村庄未达到环境整治要求，已整治地区成效还不稳定。农村黑臭水体问题突出，约 3/4 的村庄未完成生活污水治理，资源化利用水平不高，农业源水污染物排放量仍处于高位。对于经济相对欠发达地区，农村生活污水治理即使采取 PPP 模式，也是极大的挑战。

　　大部分农村生活污水治理设施建设资金主要依赖中央和省级财政投入,市县两级资金投入较少。农村生活污水处理设施具有建设点多、规模小、投入大、收益少等特点,社会资本投入少、农村居民无力投入,只能靠财政资金投入,投资来源单一。已建设好的农村生活污水处理设施数量逐年增多,部分县级财政落实运行经费存在困难。在对内蒙古各旗(县、区)经济状况的调研中发现,已建的农村污水处理设施多数建设在经济条件较好的地区,如包头市、鄂尔多斯市,可见经济状况是农村污水治理的先决条件。

　　2. 治理设施运维成本高,村民难以负担且负担意愿较弱

　　生活污水治理设施的建设、运行、维护等费用高,如分散式污水处理模式每年每户要缴纳100~150元电费,污水拉运模式拉运费每户50~350元/次,清掏周期每3个月至半年一次,对于广大村民来说是一笔不小的开支,靠政府下拨资金远远不够。农村自来水收费率低,附加收取污水处理费存在诸多困难。调查发现,仍有22.9%的农村居民不愿意出资,有57.50%的村民每年仅愿承担100元以内的运行成本(图5-29)。收费难,难以保障正常运行,导致农村地区买不起设备,或者已建成但没有经济条件维护污水处理厂的日常运营费用,只能闲置。

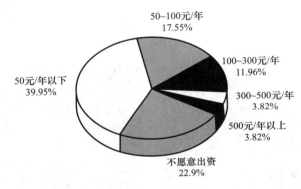

图 5-29　农村居民支付运行成本意愿

　　3. 处理技术工艺操作复杂,运维人员专业素质要求高

　　许多农村污水处理设备运行步骤复杂,需要专业技术人员才能操作。但由于农村的经济、地理等条件所限,许多专业技术人员不愿到农村污水处理厂工作,导致污水处理设备闲置。另外,进水水质水量波动大,极大威胁污水处理设施的稳定运行。

　　例如,鄂尔多斯市某村,当地政府相关部门为建设适应本地实际情况的污水处理设施,对全国多地成功案例进行实地考察和调研,结合本地实际情况,针对当地广大牧区居民居住分散、供电不稳定、牧民缴纳污水处理设施电费意愿不高等问题,提出建设风光互补能源自给的单户型污水处理设施方案,然而调研中发现,部分牧民认为处理设施一直开机会降低使用寿命,导致设备用时开、闲时关,影响设施正常运行;还有部分牧民不会判断设施是否正常运行,设备出现故障或停机没有进行及时报修,造成管道反味严重,导致牧民认为污水处理设施不好用而闲置(图5-30)。

　　4. 设施质量参差不齐,第三方服务期满后设施运维停滞

　　通过调研发现,部分施工过程存在偷工减料的行为。相关部门在采购设备(气泵、水泵、污水处理设备罐体材质)时,更倾向选择价格低廉但质量难以保障的设备,造成设备

容易损坏，尤其是分散式污水处理设施，维修频率很高，运维人员约 10 天巡视一次，每次发现有 30％～50％用户出现各种问题，造成运维成本升高，居民满意度下降。服务期内免费维护，服务期满后专业运维单位与政府交接存在一定问题，后期无法保障正常运维。甚至部分村庄的化粪池没有对罐体进行密封，导致雨季罐体经常被雨水灌满，村民无法使用（图 5-31、图 5-32）。

图 5-30　鄂尔多斯市水泉子村已停运的污水处理设施

图 5-31　闲置的生态厕所

(a)　　　　　　　　　　(b)

图 5-32　施工质量问题
（a）污水处理装置气泵；（b）洗菜水排放管道

5.3.3 资源化利用方面

5.3.3.1 资源化利用率较低

西北村镇污水回用以农业灌溉为主，整体资源化利用率远低于全国平均水平，部分区域出水水质远高于回用标准。西北村镇干旱缺水，农户对于农业灌溉用水的需求量巨大，而现有污水处理设施往往将污水处理至一级标准后排放，运行费用很高，这种高标准的处理对于用于农业灌溉而言标准过高，造成大量的资金浪费并且浪费了污水中的氮、磷等营养元素。因此，侧重集中处理达标排放而忽视资源化利用的现象较为普遍。

西北村镇土地贫瘠、水资源匮乏，将生活污水中的氮、磷等营养元素过度处理不仅会使设施能耗较高、工艺复杂，也提高运维的难度并增加投资成本，同时也造成水资源的浪费和营养元素的流失，不利于污水资源化利用。

西北村镇经济水平相对较差，污水处理设施的建设和运维资金普遍不足，难以有效支撑现有设施的长期稳定运行。基于该地区经济欠发达、村镇污水治理基础薄弱的客观现实，西北村镇污水治理以资源化利用为主的治理方式仍需加强。

5.3.3.2 村域资源化意识薄弱

1. 基层干部思想认识不足，污水治理协调成本高

部分乡镇、村一级干部重视程度不够，认识不到农村污水处理与资源化利用的重要性，因而对农村污水处理与资源化利用不够积极，特别是经济不发达地区，这加剧了农村污水处理设施在建设用地协调、管网敷设和污水处理费用收集方面的难度。

2. 政府与村民主体沟通不畅，村民意愿未充分体现

各地在推进农村生活污水治理及改厕过程中，主要依靠行政推动，村民的主体作用未

图 5-33 已荒废的生态厕所

能充分发挥。农村生活污水处理设施站点的选择和管网敷设存在一定难度，有些受到当地村民阻挠。部分地区由于建设资金缺位，导致厕所建设成为"烂尾"工程（图 5-33），部分已建厕所施工质量存在问题，无法正常使用。调研中发现，村民对此怨声载道，希望恢复原状，不愿在自家院落里再进行任何施工改造。

调研发现，部分村庄仍未进行改厕，主要原因包括以下几方面：①村民改厕意愿比较强烈，但改厕进程未覆盖到该村落；②已申请专项资金但村民屋内或屋外不具备施工条件；③村民无改厕意愿，主要是村中老年人居多，更喜欢用传统旱厕（图 5-34）。

5.3.3.3 污水治理管理机制有待完善

1. 不同部门交叉管理，治理工作权责不清

农村污水治理存在多部门管理情况，管理口径不一，管理模式多样，管理体制与机制缺乏、任务责任不明确，难以保障治理工作全面稳步推进，没有把资源化利用和污水治理充分结合。

图 5-34　传统旱厕

2. 人居环境整治实施主体不同，村域污染治理未形成合力

虽然西北村镇生活污水治理力度不断加大，但与先进地区农村相比，设施建设率和污水处理率依然较低。同时，大部分西北村镇普遍存在畜（禽）散养现象，居民住房和牛棚、鸡舍、猪圈同在一个院子里，粪便随处可见，由于缺乏处理设施，畜禽粪便长时间积存，在夏季臭气熏天、苍蝇乱飞，阴雨天污水横流。畜禽粪便中的病原微生物和寄生虫卵以及滋生的大量蚊蝇，使得环境中病原生物种类增多。

此外，由于夏季高温干旱，部分季节性河流年平均流量较小，很多自然河道遇洪是河，无洪是沟，同时还存在许多人工开拓的退水沟，这些沟渠一年当中 90% 以上的时间处于干涸状态，只有雨季有中到大雨时才会产生连续水流。雨季时大量溢流污水、地面垃圾、农田径流进入水体造成有机污染和富营养化污染。同时，由于农村生活垃圾收集不彻底，农业生产废物如农膜、农药包装及农作物秸秆、病死动物尸体胡乱丢弃，导致附近坑塘、沟渠垃圾与秸秆遍布，河道断面不断减小，淤积堵塞严重，逐渐失去流动性，复氧能力不足，形成季节性黑臭水体。而旱季时，这类沟渠被当作生产、生活污水排水沟渠，造成土壤及地下水污染。

由于缺乏对农村人居环境综合整治工作重点、工作范围基本甄别和科学判断，导致前期规划不科学、不到位，使得农村生活污水处理设施建设与改水、改厕、改厨、改圈等工程未能有效衔接，综合整治协调性不足。

本章参考文献

[1] 李轶霄，郑天龙，杨晓霞，等. 西北地区农村生活污水排放标准对比及分析 [J]. 工业水处理，2024，44（1）：13-21.

[2] 国家环境保护总局. 地表水环境质量标准：GB 3838—2002 [S]. 北京：中国环境科学出版社，2002.

[3] 王丽君，夏训峰，朱建超，等. 农村生活污水处理设施水污染物排放标准制订探讨 [J]. 环境科学研究，2019（6）：921-928.

[4] XIE Y D, ZHANG Q H, DZAKPASU M, et al. Towards the formulation of rural sewage discharge standards in China [J]. Science of the Total Environment，2021，759：143533.

[5] 王俊能，赵学涛，蔡楠，等. 我国农村生活污水污染排放及环境治理效率 [J]. 环境科学研究，

2020，33（12）：2665-2674.

［6］刘俊新. 排水设施与污水处理［M］. 北京：中国建筑工业出版社，2010.

［7］李桂兰，严滢，李鹏宇，等. 基于村庄分散度的农村生活污水治理模式量化分析［J］. 环境工程学报，2024，18（2）：523-530.

［8］赖竹林，于振江，周雪飞，等. 我国农村化粪池技术发展现状及趋势［J］. 安徽农业科学，2020，48（19）：69-72.

［9］郑向群，高艺，徐艳，等. 三格化粪池在我国农村改厕中的应用现状及模式类型［J］. 农业资源与环境学报，2022，39（2）：209-219.

［10］刘建国，门颖欣，魏敬铤，等. 污水处理填料堵塞的形成机理及控制措施［J］. 工业水处理，2024，44（5）：1-13.

［11］李桂兰，马尚彬，李鹏宇，等. 风-光互补驱动农村污水生物-物理耦合多级处理系统开发［J］. 环境工程学报，2024，18（1）：160-168.

［12］刘建国，吕金鑫，李文凯，等. 农村重力流灰水收集系统的恶臭气体时空分布规律［J］. 环境工程学报，2023，17（8）：2565-2575.

第

6

章

西北村镇生活污水收集适用技术

6.1 重力流小管径高效收集关键技术

6.1.1 技术现状

西北村镇大体位于大兴安岭以西，昆仑山—阿尔金山、祁连山以北，地形以高原、盆地和山地为主，仅东南部为温带季风气候，其他区域为温带大陆性气候，冬季严寒干燥，夏季高温，降水稀少。由于气候干旱，气温的日较差和年较差都很大。大部分区域属中温带和暖温带。西北村镇人口稀少，农村用水量较少，排水属于间歇式排放，早、中、晚及洗浴时水量较大。而重力流排水系统是排水的收集、输送、处理和排放设施按一定的方式组合成的总体，排水管道作为排水系统的重要组成部分，担负着收集、输送污水的功能。目前城镇污水收集系统的管径较粗，由于农村地区居住相对分散，水质变化系数较大，使用大管径收集农村污、废水不切合实际情况。因此，确定了以小管径重力流排水管道作为应用基础，在常规小管径重力流排水管道的基础上开展机理研究和技术改进。

6.1.2 重力排水系统原理与组成

由于重力流小管径排水系统施工成本低，故在供水不足地区普及较快。与传统的重力排水系统不同，重力流小管径排水系统每个连接处都提供一级处理，只收集沉淀后的污水。砂砾、油脂和其他可能导致集水管堵塞的固体被分离出来，并保留在每个连接点上游的化粪池中，去除固体后，集水管不必参照传统的重力排水系统设计。

重力流小管径排水系统在截污池的入口处进行室内连接。所有家庭的污、废水都将在此点进入系统。截污池带有挡板式入口和出口，目的是通过 12～24h 的静态沉降，去除废水中的漂浮物和沉降固体。通常，一个单室化粪池用作截流池，通过竖管通风。

支管将截污池与集水管相连。通常，它们的直径为 200mm，但不应大于其所连接的集水管，一般包括一个止回阀或其他防回流装置，靠近与集水管的连接处。

集水管为小管径 UPVC 塑料管，典型管径排水管道已经被成功应用。干管挖沟至地面的深度足以通过重力收集大部分连接处沉淀的污水。与传统重力排水系统不同，重力流小管径排水系统的管道不一定敷设在均匀的坡度上，并在清扫口或检查井之间直线对齐。

在某些地方，干管污水可能被压到水力坡度线以下。此外，检查口和清扫口之间可能呈曲线形，以避免重力排水系统路径中的障碍物。

清扫口、检查井和通风口为检查和维护集水管提供通道。在大多数情况下，清扫口优于检查井，因为其成本较低，并且可以更紧密地密封，以消除通常通过检查井进入的大部分渗水和砂砾。通风口是维持干管污水自由流动状态所必需的。家庭管道中的通风口是足够的，除非存在凹陷的重力排水系统。在这种情况下，可能需要在主管道的高点处安装空气释放阀或通风口。

在高差不允许重力流动的地方，需要设置小型提升泵站。可使用梯级装置（见真空排水系统）或主线提升泵站。梯级装置是安装的小型提升泵站，用于将污水从一个小型连接群泵送至集水管，而主线提升泵站用于为大型排水池中的所有连接提供服务。

尽管术语"重力流小管径排水系统"已被普遍接受，但它并不是该系统的准确定义。重力流小管径排水系统最显著的特点是在每个连接点上游的拦截池中提供初级预处理。去除可沉降固体后，无须设计集水管以保持最小自清洁速度。在不要求最小速度的情况下，管道坡度可能会减小，从而降低开挖深度。不需要在所有连接处、坡度处和线形变化处都设置检查井。拦截池也衰减每个连接处的污水流速，从而降低峰值与平均流量比，低于通常用于确定传统重力排水系统设计流量的值。除了需要定期排空截流池中积聚的固体外，重力流小管径排水系统的运行方式与传统重力排水系统类似。

6.1.3 技术特点

6.1.3.1 重力流小管径高效收集防堵技术

农村排水管道主要用于污水的收集和排放，包括户管、支管和干管。本节选取重力流小管径排水管道中不同的排水管段，对其不同初始条件下的流态变化展开研究，并分析不同管道内流场、压力场、速度场、湍动能及壁面剪切力的变化情况。对于管道冲刷，选取的管径为75mm和50mm，选取细砂、土壤和油脂为冲刷物，在不同流量下进行冲刷，具体参数见表6-1。

重力流小管径排水管道在不同工况下的参数 表6-1

编号	材质（g）	粒径（目）	管径（mm）	坡度（‰）	流量（L/h）
1	细砂 100	10～120	50	5	40～320
2				10	
3				15	
4	细砂 100	10～120	75	5	40～320
5				10	
6				15	

模拟选取的管段包括直管、45°弯管和检查井，重力流小管径排水管道的管径小于传统重力排水管道，选取了几种较为常用的管径：直管分别选取160mm、110mm、75mm和50mm，45°弯管和带检查井管段分别为160mm、110mm和75mm。不同工况下的参数见表6-2~表6-8。

160mm 直管在不同工况下的参数　　　　表 6-2

编号	管径（mm）	检查井参数（mm）	检查井前管长（m）	检查井后管长（m）	入口流速(m/s)
1	160	内径：325 凹槽直径：200 井高：335	4	4	0.1
2					0.2
3					0.3
4					0.4
5					0.5
6					0.6
7					0.7
8					0.8

110mm 直管在不同工况下的参数　　　　表 6-3

编号	管径（mm）	检查井参数（mm）	检查井前管长（m）	检查井后管长（m）	入口流速(m/s)
1	110	内径：325 凹槽直径：200 井高：335	4	4	0.1
2					0.2
3					0.3
4					0.4
5					0.5
6					0.6
7					0.7
8					0.8

75mm 直管在不同工况下的参数　　　　表 6-4

编号	管径（mm）	检查井参数（mm）	检查井前管长（m）	检查井后管长（m）	入口流速(m/s)
1	75	内径：325 凹槽直径：200 井高：335	4	4	0.1
2					0.2
3					0.3
4					0.4
5					0.5
6					0.6
7					0.7
8					0.8

50mm 直管在不同工况下的参数　　　　表 6-5

编号	管径（mm）	管道长度（m）	入口流速(m/s)
1	50	4	0.1
2			0.2
3			0.3
4			0.4
5			0.5

160mm 45°弯管在不同工况下的参数   表 6-6

编号	管径（mm）	45°间距（mm）	弯曲段前管长（m）	弯曲段后管长（m）	入口流速（m/s）
1					0.1
2					0.2
3					0.3
4	160	325	4	4	0.4
5					0.5
6					0.6
7					0.7
8					0.8

110mm 45°弯管在不同工况下的参数   表 6-7

编号	管径（mm）	45°间距（mm）	弯曲段前管长（m）	弯曲段后管长（m）	入口流速（m/s）
1					0.1
2					0.2
3					0.3
4	110	325	4	4	0.4
5					0.5
6					0.6
7					0.7
8					0.8

75mm 45°弯管在不同工况下的参数   表 6-8

编号	管径（mm）	45°间距（mm）	弯曲段前管长（m）	弯曲段后管长（m）	入口流速（m/s）
1					0.1
2					0.2
3					0.3
4	75	325	4	4	0.4
5					0.5
6					0.6
7					0.7
8					0.8

1. 基于附属设施的防堵技术

（1）隔油池防堵技术

如今，随着人们的生活水平普遍提高，肉类、油脂类食物的食用量增加，导致向排水系统排放的脂肪、油和油脂显著增加。这些由家庭产生的带有油脂的污水通过重力流入化粪池、支管、干管，很难去除。曾设计了油脂拦截器对排水系统的油脂进行拦截，然而因为拦截器的设计和保留时间不足以将厨房中的油水进行分离。聚集在下水道中的油脂沉积物会粘结在管道内壁上，并缓慢堆积。这种固体堆积会导致下水道堵塞，最终会导致下水道溢流，对公众健康和环境造成严重危害。

　　隔油池立体图如图 6-1 所示。污水进入隔油池后，因油水密度的不同而在隔油池中上下分离，污油经由隔油池上部收油孔进入集油箱，由污油泵打入污油回收罐中；污水经隔油挡板由挡板底部进入集水箱，由液面高度挡板的高度来维持油水界面，保证将污油隔离在隔油池中；隔除了污油的污水由液面高度挡板上部溢流至排水箱后经排水口排出，经户管排入化粪池。

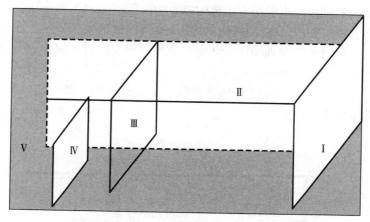

图 6-1　隔油池立体图

Ⅰ—隔油池入口；Ⅱ—收油孔；Ⅲ—隔油挡板；Ⅳ—液面高度挡板；Ⅴ—排水口

　　隔油挡板底部高度 $H_Ⅲ$ 按最大排水量计算，隔油挡板底部预留的污水流通面积应等于隔油池入口的流通面积，由此可确定隔油挡板的底部高度 $H_Ⅲ$（图 6-2）。

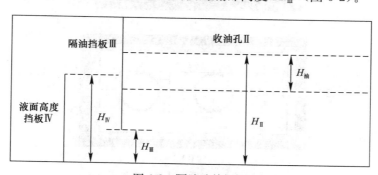

图 6-2　隔油池俯视图

　　收油孔孔径确定：按最大排油量计，收油孔的孔径不小于隔油池入口的孔径。

　　液面高度挡板的高度 $H_Ⅳ$ 计算：保证污油有效隔离的最基本条件是隔油箱中的油水界面高度大于隔油挡板的底部高度 $H_Ⅲ$，因隔油池的最高液面为收油孔的高度 $H_Ⅱ$，若污水密度 $\rho_水$ 为 1t/m³，设污油密度为 $\rho_油$，油层厚度为 $H_油$，显然，油层厚度的取值范围为：$0 < H_油 < H_Ⅱ - H_Ⅲ$，可得如下公式：

$$[H_Ⅳ - (H_Ⅱ - H_油)]\rho_水 = H_油 \rho_油 \tag{6-1}$$

$$H_Ⅳ = H_Ⅱ - H_油(1 - \rho_油) \tag{6-2}$$

　　收油孔高度 $H_Ⅱ$ 一般取隔油池高度的 80%，$\rho_油$ 一般在 0.7~0.8 之间，以实测为主。

通过以上参数的设置可知，按照上述参数设计的隔油池可满足绝大多数情况下的厨房油脂回收要求，并可保证进入污水排放系统时的污水含油量最低。

（2）化粪池防堵技术

化粪池在我国已经有一百多年的历史了，至今为止，对于化粪池的设置仍存在很大争议。但由于我国污水系统的不完善以及化粪池数量众多，因此在很长一段时间内，化粪池仍然是污水处理系统中一个重要组成部分。化粪池的基本工作原理是利用自由沉淀和厌氧发酵去除污水中的有机物。由于污水中固体颗粒物的密度不同，污水中密度较大的固体颗粒物会沉淀下来形成沉积层，密度较小的油脂等悬浮固体形成浮渣层，在沉积层和浮渣层中间的为悬浮液。化粪池内部则为厌氧环境，通过厌氧发酵对有机物进行降解，寄生虫卵和病原体被杀灭，从而使污水得到初步处理。经过初步处理后，污水进入第二格化粪池继续沉淀发酵，被进一步处理。经过充分处理后，污水进入第三格，然后排放到污水管网。化粪池结构示意如图 6-3 所示。

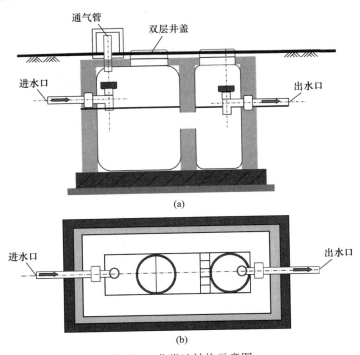

图 6-3　化粪池结构示意图

（a）纵剖面；（b）横剖面

目前我国城镇化粪池清掏尚不系统，95％以上的化粪池只是简单采用吸污车进行清掏，没有进行任何处理，直接排入市政污水管网中，容易造成堵塞。真正能从技术上满足行业需求的装备系统不足，出水水质与《污水排入城镇下水道水质标准》GB/T 31962—2015 的 A 级标准相差甚远。

化粪池布置方式分为两种：一种为集中式布置，另一种为分散式布置。集中式布置是以一个独立的建设单位为服务范围，如一个组团或者一个区域；分散式布置是化粪池设置在单户人家内。研究表明，随着化粪池容积的增大，其造价、土地利用、环境污染、运行管理等各项指标值已经达到较低值。对于容积小于 20m³ 的化粪池，砖砌化粪池在造价、性能和使用年限方面，都劣于钢筋混凝土化粪池。对于西北村镇，分散式化粪池更适宜，经化粪池处理后的粪污都被回用于当地农田；在管理方面，分散的化粪池进行分散式管理，化粪池内的上清液将进入重力流小管径污水收集系统，可以解决重力流小管径收集系统的堵塞问题。

对容积的计算是化粪池设计最主要的内容。化粪池容积主要由两部分组成，分别是有效容积和保护层容积，保护层厚度一般在 $250 \sim 450$mm 之间，所以保护层容积是定值。化粪池的有效容积由两部分组成，分别是污泥和污水部分，计算公式如下：

$$V = V_s + V_n \tag{6-3}$$

式中　V——化粪池的有效容积，m^3；

$\quad\quad V_s$——化粪池污水部分的容积，m^3；

$\quad\quad V_n$——化粪池污泥部分的容积，m^3；

$$V_s = \frac{\alpha N q t}{14 \times 1000} \tag{6-4}$$

$$V_n = \frac{\alpha N q T (1-b) K M}{(1-c) \times 1000} \tag{6-5}$$

式中　α——使用人数占总人数的百分比，%；

$\quad\quad N$——设计总人数，人；

$\quad\quad t$——设计停留时间，取 12h 或 24h；

$\quad\quad q$——每日每人污水量，L/(人·d)；

$\quad\quad K$——污泥体积缩减系数，取 0.8；

$\quad\quad T$——清掏周期，d；

$\quad\quad M$——污泥量（清掏污泥后遗留）容积系数，取 1.2。

化粪池一般采取分片设计，化粪池设计最重要的指标是水力停留时间。如果水力停留时间太长，会使化粪池容积和造价都大幅度增加；如果水力停留时间过短，则污水处理效果不明显。化粪池设计水力停留时间必须考虑到各种不利因素的影响，例如瞬时变化大的污水量对进水量不均匀性的影响和沉淀必需的层流状态由于发酵产生气泡的影响。化粪池水力停留时间一般按照 12h、24h 设计，清掏周期为 180d，化粪池容积为 $3m^3$。为防止化粪池对当地地下水造成污染，设计选用防渗化粪池。

（3）沉泥井防堵技术

经过隔油池与化粪池对污水中大颗粒物进行预处理后，极大减少了管道堵塞的风险，但也不排除还有一些悬浮物会进入排水管道，管道仍旧存在堵塞的风险。由于农村排水的变化系数较大，当污水断流时，也会存在管道堵塞的情况发生。目前排水管道中的沉积物日常维护困难，主要以人力清掏为主。目前研究人员开发了微型拦蓄冲洗门、自动虹吸冲洗装置，以及基于弹簧压缩的排水管道带自动翻转的堰板装置等。但这类设施均是将污染物转移至下游排水管道中，未从根本上消除排水管道中的污染物，同时可能导致下游管道的堵塞。因此，在排水系统中直接将管道的沉积物进行拦截是非常必要的，同时还应考虑后期将拦截的沉积物进行便捷、高效地清理。

沉泥井利用整流及消能原理实现对污水中污染物的拦截，可大幅减少小管径排水系统管道中沉积物的沉积，其结构示意见图 6-4。该装置包括井盖、吸泥盖、多孔拦截板、井

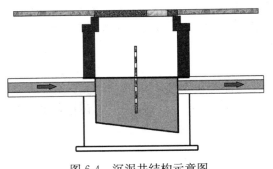

图 6-4 沉泥井结构示意图

室等，其中多孔拦截板表面设置多个不均匀的孔，孔的直径一般为 2~8cm，孔隙率一般在 50% 左右。井室内底部最高点到上游排水管道进水口底端的距离大于等于 20cm，井底坡度在 10% 以上。吸泥孔的直径大于 25cm，以确保吸泥泵能正常工作。

2. 基于水量控制的防堵技术

排水管道中沉积物的性质与其所处深度、厚度和位置有关，可分为 5 类：第一类主要为矿物颗粒，相对较粗且松散，位于管道最底层；第二类与第一类类似，但该类沉积物含有脂肪等黏性物质而显得更为稳固；第三类为可移动的细小颗粒，位于第二类沉积物上面，处于疏松的流动区；第四类为管壁上的生物膜和有机污泥等；第五类则为微小的有机和无机颗粒的混合物。在此基础上可将沉积物类别简化为底层粗颗粒沉积物、有机层和生物膜 3 类。

笔者构建了小管径重力排水中试系统，在此系统上进行重力排水系统堵塞发生规律的试验，利用不同流量对管道沉积物进行冲刷。

在前期预实验中，选取 $DN75$、$DN50$ 排水管，由不同进水流量（40L/h、60L/h、80L/h、100L/h、120L/h、140L/h、180L/h、220L/h、240L/h、260L/h、280L/h、300L/h、320L/h）得出不同管径（$DN75$、$DN50$），不同坡度（5‰、7.5‰、10‰、12.5‰、15‰）下利用游标卡尺测得水位高度，经过水力学公式计算得出流速，计算公式如下：

$$\alpha = \frac{h}{d} \tag{6-6}$$

$$\theta = 4\arcsin\sqrt{\alpha} \tag{6-7}$$

$$A = \frac{d^2}{8}(\theta - \sin\theta) \tag{6-8}$$

$$v = \frac{Q}{A} \tag{6-9}$$

式中　v——平均流速，m/s；

　　　Q——流量，m^3/s；

　　　A——横截面积，m^2；

　　　α——充满度；

　　　h——水位高度，m；

　　　d——直管内径，m；

　　　θ——充满角，rad。

对于 $DN50$ 与 $DN75$ 两种管道，当坡度相同时，流速随着流量的增大而增大。而当流量相同时，坡度越大，平均流速越大。同时，在流量为 40~320L/h、坡度为 5‰~15‰时，平均流速为 0.08~0.29m/s。对于 $DN50$ 管道，最小流速发生在坡度为 5‰、流量为 40L/h 时，平均流速为 0.09m/s；最大流速发生在坡度为 15‰、流量为 320L/h 时，平均流速为 0.29m/s。对于 $DN75$ 管道，最小流速发生在坡度为 5‰、流量为 40L/h 时，平均流速为 0.08m/s；最大流速发生在坡度为 15‰、流量为 320L/h 时，平均流速为 0.27m/s（图 6-5）。由此可见，当流量与坡度相同时，小管径的水流速度大于大管径的水流速度。因此小管径对于堵塞物质的冲刷力会更大一些。

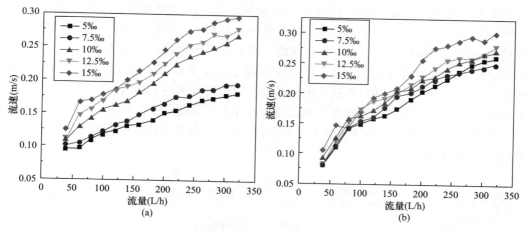

图 6-5　不同坡度下流量—流速图

（a）DN50；（b）DN75

根据前面的预实验，对 DN75 及 DN50 两种管道进行细砂冲刷实验，实验材料为 100g 细砂。如图 6-6 所示，当流量为 40～320L/h、坡度为 5‰时，对于 DN50 管道，平均流速为 0.094～0.181m/s，管道会发生堵塞，堵塞位置发生在投砂口处，所发生的运动状态为河床质和悬移质；堵塞高度为 0.025～0.030m，并且管道堵塞的高度随着进水流量的增大而减小，管道内残留量为 81.93～96.23g。对于 DN75 管道，平均流速为 0.097～0.260m/s，当流量小于 180L/h，流速小于 0.19m/s 时，会发生堵塞，堵塞高度为 0.026～0.028m，并且管道堵塞的高度会随着进水流量的增大而减小，堵塞位置发生在投砂口处，所发生的运动状态为河床质和悬移质，管道内残留量为 10.31～98.32g；当流量大于 180L/h、流速大于 0.2m/s 时，不会发生堵塞，所发生的运动状态为推移质、河床质和悬移质。

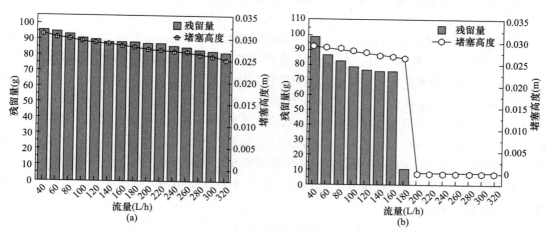

图 6-6　5‰坡度下不同管径管道残留量

（a）DN50；（b）DN75

　　管材不变，流量不变，坡度为10‰时，结果如图6-7所示。对于DN50管道，所对应平均流速为0.109~0.269m/s，当流量小于240L/h时，对应平均流速小于0.23m/s，会发生堵塞，堵塞高度为0.024~0.031m，并且管道堵塞的高度会随着进水流量的增大而减小，堵塞位置发生在投砂口处，所发生的运动状态为河床质和悬移质，管道内残留量为47.36~86.12g；当流量大于240L/h，对应平均流速大于0.23m/s时，不会发生堵塞，所发生的运动状态为推移质、河床质和悬移质。对于DN75管道，对应平均流速为0.094~0.270m/s，当流量小于160L/h时，所对应平均流速小于0.203m/s，会发生堵塞，堵塞高度为0.030~0.031m，并且管道堵塞的高度会随着进水流量的增大而减小，堵塞位置发生在投砂口处，所发生的运动状态为河床质和悬移质，管道内残留量为6.21~96.66g；当流量大于160L/h，对应平均流速大于0.203m/s时，不会发生堵塞，所发生的运动状态为推移质、河床质和悬移质。

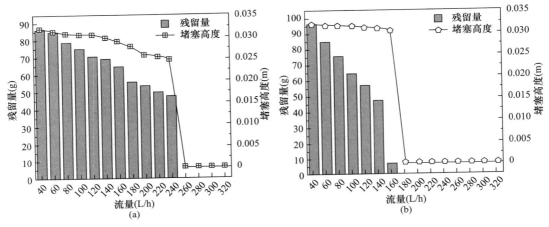

图6-7　10‰坡度下不同管径管道残留量
(a) DN50；(b) DN75

　　管材不变，流量不变，坡度为15‰时，结果如图6-8所示。对于DN50管道，所对应平均流速为0.124~0.295m/s，当流量小于180L/h，对应平均流速小于0.226m/s时，会发生堵塞，堵塞高度为0.027~0.031m，并且管道堵塞的高度会随着进水流量的增大而减小，堵塞位置发生在投砂口处，所发生的运动状态为河床质和悬移质，管道内残留量为39.38~85.42g；当流量大于180L/h，对应平均流速大于0.226m/s时，不会发生堵塞，所发生的运动状态为推移质、河床质和悬移质。对于DN75管道，所对应平均流速为0.105~0.301m/s，当流量小于180L/h，对应平均流速小于0.20m/s时，会发生堵塞，堵塞高度为0.026~0.030m，并且管道堵塞的高度会随着进水流量的增大而减小，堵塞位置发生在投砂口处，所发生的运动状态为河床质和悬移质，管道内残留量为10~98.36g；当流量大于180L/h，对应平均流速大于0.20m/s时，不会发生堵塞，所发生的运动状态为推移质、河床质和悬移质。

　　对于DN50的管道，坡度在5‰~15‰之间时：当平均流速大于等于0.24m/s时，管道沉积物发生的运动为推移质、悬移质和河床质，管道不会发生堵塞；当流速小于0.24m/s时，管道会发生堵塞现象；对于DN75的管道，坡度在5‰~15‰之间时：当平

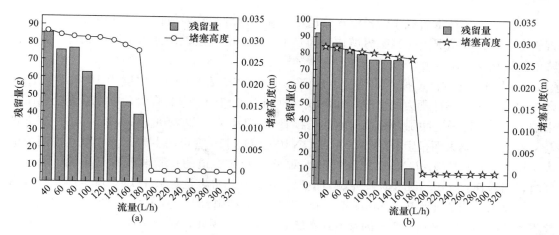

图 6-8　15‰坡度下不同管径管道残留量

(a) $DN50$；(b) $DN75$

均流速大于等于 0.2m/s 时，管道沉积物发生的运动为推移质、悬移质和河床质，管道不会发生堵塞；当流速小于 0.2m/s 时，管道会发生堵塞现象。当进水流量相同时，$DN75$ 管道相对于 $DN50$ 管道在防堵方面更具有优势。

3. 基于管径和坡度匹配的防堵技术

选取重力流小管径排水系统中的直管段，利用 SolidWorks 软件构建管网在不同管径、不同进水流速条件下的物理模型，利用 Fluent 软件模拟不同管道中流场的分布情况，分析不同变量对流场变化的影响，为重力流小管径排水系统的管网布线提供参考依据。

坡度为 10‰ 时，管径为 $DN50$、$DN75$、$DN100$、$DN150$，给定的初始流速为 0.1m/s、0.2m/s、0.3m/s、0.4m/s、0.5m/s。由图 6-9 可以发现，不同管径的冲刷力会随着给定区间内流速的增大而增大。当流速小于等于 0.3m/s 时，$DN75$ 管道的冲刷力最大，而当流速大于 0.3m/s 时，$DN50$ 管道的冲刷力会突然增大，当流速为 0.4m/s 时，$DN50$ 管道的冲刷力大于其他管径的管道。$DN75$ 管道与 $DN100$ 管道的冲刷力增长趋势随着流速的增大而相近，但 $DN75$ 管道更具有优势。

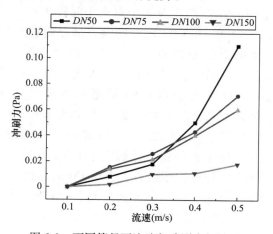

图 6-9　不同管径下流速与冲刷力的关系

　　研究发现，在重力流小管径污水管道中，临界速度和临界剪切力设计值都显著低于常规管道。在这种情况下，当临界剪切力为 $0.15N/m^2$ 时，足以保证管道冲刷条件，并可以降低管道堵塞风险。

　　利用 Fluent 软件模拟不同管径（$DN75$、$DN100$、$DN150$）、坡度为 10‰、带有 45°弯头的管道中流场冲刷力的情况，如图 6-10 所示。对于 45°弯头直管段前端 2m 处及距离末端 2m 处进行平均冲刷力模拟。前端三种管道（$DN75$、$DN100$、$DN150$）的冲刷力都会随着流速的增大而呈上升趋势，并且 $DN100$、$DN150$ 管道的上升趋势相近，冲刷力的大小排序为：$DN75 > DN100 > DN150$。对于 $DN75$ 管道的直管段前端与末端，坡度一样时，当流速大于 0.5m/s 时，冲刷力呈现直线上升趋势，远远大于 $DN100$ 与 $DN150$ 管道的冲刷力。当流速大于 0.6m/s 时，$DN75$ 管道的冲刷力大于 0.15Pa，此时发生堵塞的风险不大，而 $DN100$ 和 $DN150$ 的管道存在堵塞的风险。因此，对于三种管径管道的直管处，当坡度为 10‰时，流速大于 0.6m/s，冲刷力大于 0.15Pa，只有 $DN75$ 管道无堵塞风险。

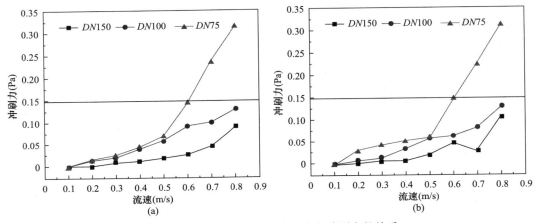

图 6-10　不同管径的管道中流速与冲刷力的关系
(a) 前端；(b) 末端

　　根据前面的设计，在污水弯管处安装两个 45°弯头，代替直角弯头或者直角检查井，对前端带有 45°弯头、后端带有 45°弯头及两个弯头中间段平均冲刷力模拟，如图 6-11 所示。三种管道（$DN75$、$DN100$、$DN150$）的冲刷力都会随着流速的增大而呈上升趋势，并且 $DN75$、$DN100$ 管道的上升趋势相近，冲刷力的大小排序为：$DN75 > DN100 > DN150$。对于 $DN75$ 和 $DN100$ 管道 45°弯头处，坡度一样时，当流速大于 0.5m/s 时，冲刷力呈近直线上升趋势，远远大于 $DN150$ 管道的冲刷力。当流速大于 0.6m/s 时，$DN75$ 和 $DN100$ 管道的冲刷力大于 0.15Pa，此时产生堵塞的风险不大，而 $DN150$ 管道存在堵塞的风险。对于两个 45°弯头中间段，$DN75$ 和 $DN100$ 管道坡度一样时，当流速大于 0.5m/s 时，冲刷力呈近直线上升趋势，远远大于 $DN150$ 管道的冲刷力。当流速大于 0.53m/s 时，$DN75$ 和 $DN100$ 管道的冲刷力大于 0.15Pa，此时发生堵塞的风险不大，而当 $DN150$ 管道的进水流速为 0.68m/s 时，冲刷力大于 0.15Pa，发生堵塞的风险不大，否则将会发生堵塞风险。对于三种管径的管道，当坡度为 10‰时，$DN75$、$DN100$ 管道的流速大于 0.6m/s，$DN150$ 管道的流速大于 0.68m/s，冲刷力大于 0.15Pa 时，不会产生堵塞风险，反之则存在管道堵塞风险。

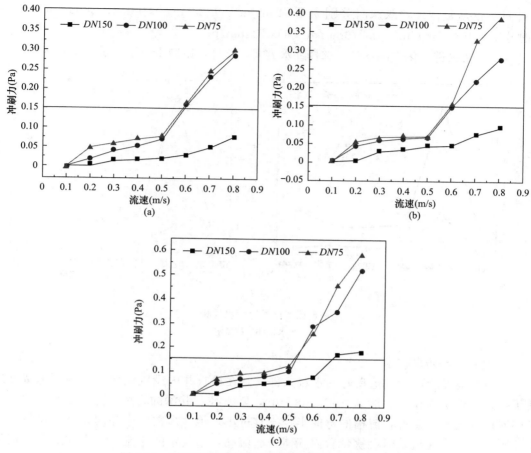

图 6-11　不同管径的管道中弯头处流速与冲刷力的关系

（a）弯头前端；（b）弯头末端；（c）弯管中间段

6.1.3.2　重力流小管径高效收集防臭技术

1. 源头控制防臭技术

（1）灰水化粪池检测结果与分析

普通化粪池的进水口与地面平行，进水产生了剧烈的跌水情况，导致异味增大。由图 6-12 可知，对于灰水化粪池，硫化氢（H_2S）的质量浓度，跌水时为 1.262mg/m³，不跌水时为 0.296mg/m³；苯乙烯（C_8H_8）的质量浓度，不跌水时为 1.702mg/m³，跌水时为 6.16mg/m³；氨气（NH_3）的质量浓度，跌水时为 1.228mg/m³，不跌水时为 0.342mg/m³。三甲胺（C_3H_9N）、二甲基二硫醚（$C_2H_6S_2$）和甲硫醚（C_2H_6S）的质量浓度，在跌水时分别为 1.14mg/m³、1.142mg/m³ 和 1.832mg/m³，而不跌水时分别为 0.252mg/m³、0.362mg/m³ 和 0.288mg/m³。

（2）灰黑水化粪池检测结果与分析

对于灰黑水化粪池，H_2S 的质量浓度，跌水时为 1.108mg/m³，不跌水时为 0.318mg/m³；C_8H_8 的质量浓度，不跌水时为 1.046mg/m³，跌水时为 5.806mg/m³；NH_3 的质量浓度，跌水时为 1.364mg/m³，不跌水时为 0.365mg/m³；C_3H_9N、$C_2H_6S_2$

和 C_2H_6S 的质量浓度，跌水时分别为 $1.14mg/m^3$、$1.226mg/m^3$ 和 $4.338mg/m^3$，不跌水时分别为 $0.235mg/m^3$、$0.276mg/m^3$ 和 $0.734mg/m^3$。

因此，污水进入化粪池不建议选择跌水方式，这样可以减少由于跌水产生异味。

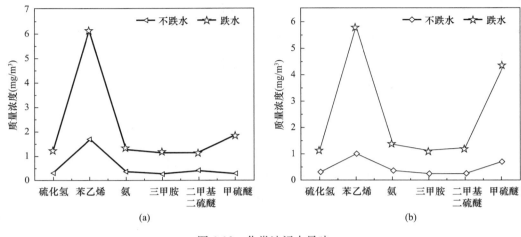

图 6-12　化粪池污水异味

(a) 灰水；(b) 灰黑水

2. 过程控制防臭技术

根据各地经验，为创造良好的水流条件，宜在检查井内设置流槽。流槽顶部宽度应便于在井内养护操作，一般为 $0.15\sim0.20m$，随管径、井深的增加，宽度还需加大。为了创造良好的水力条件，流槽的弯曲半径不宜过小。绝大多数检查井的井盖采用排气井盖的原因是：水在流动时会挟带管内气体一起流动，呈气水两相流，气水和上升气泡反复冲刷管道内壁，使管道内壁易破碎、脱落和积气。在流速突变处，急速的气水撞击井壁，气水迅速分离，气体上升冲击井盖，产生较大的上升顶力。曾经发生过排水管道坡度突变处的检查井井盖被气体顶起，造成井盖变形和损坏的事故，故井盖宜采用排气井盖。

根据对内蒙古的调研可知，农村生活污水一般由农村居民生活污水和农村公共服务设施产生的污水组成，其中农村居民生活污水主要包括厨房污水、生活洗涤及沐浴污水和厕所污水。内蒙古农村生活污水人均排水量为 $23.40L/d\pm14.59L/d$，用、排水系数为 1.64 ± 1.43。由于村庄地理位置、经济发展水平和人口数量、生活习惯等存在一定的差距，污水排放量也存在一些差异，按照西、中、东部分区，内蒙古农村生活污水排水量呈中部最低、西部低、东部高的空间分布格局，人均排水量分别为 $20.64L/d\pm13.98L/d$、$18.83L/d\pm10.09L/d$、$25.66L/d\pm15.27L/d$。根据实际调研情况可知，农村排水量很小，不足以产生较大的顶力，故可以利用两个 $45°$ 弯头代替检查井，如图 6-13 所示。如果使用检查井，管道内产生的臭气会经过检查井排气口排到自然环境中，影响村庄环境；如果使用两个 $45°$ 弯头代替检查井，使管道处于封闭状态，可阻止管道内产生的异味排放到环境中。

6.1.3.3　重力流小管径高效收集防冻技术

1. 浅埋保温防冻技术

在冬季，由于气候寒冷，为了减少污水管道内热量的损耗，防止因为气温过低将管道

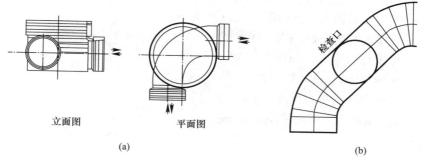

图 6-13　管道附属设施

(a) 污水流槽 90°井；(b) 45°弯头检查井

设施冻裂，需采取保温防冻措施。传统的防冻措施是将管道埋到冻土层以下，这样不仅会消耗大量的人力和物力，还会增加投资。浅埋加保温技术通过合理设计管道埋藏深度，既能减少投资，又能防止管道冻结。青海省海北州在冬季冻土层深度达到 2.5m，而陕西省汉中和铜川地区的冻土层深 0.08m，其他地区的冻土层深度均在上述深度之间。因此，针对不同地区应采取不同的浅埋与保温措施。

选取 2.5m 的 UPVC 排水管和直埋在小于 2.5m 的不同深度下采用 5cm 聚氯乙烯—聚乙烯保温排水管进行沿程热损失计算，具体计算步骤如下：

$$R_n = \frac{1}{\pi \times a_n \times d_n} \tag{6-10}$$

$$R_b = \frac{\ln\left(\dfrac{d_w}{d_n}\right)}{2\pi\gamma_g} \tag{6-11}$$

$$R_B = \frac{\ln\left(\dfrac{d_z}{d_w}\right)}{2\pi\gamma_B} \tag{6-12}$$

$$R_t = \ln\left[\frac{2H}{d_z} + \frac{\left(2\dfrac{H}{d_z} - 1\right)^2}{2} \times 2\pi\gamma_t\right] \tag{6-13}$$

$$H = h + \frac{\gamma_t}{a_k} \tag{6-14}$$

$$Q = \frac{(t - t_{db}) \times (1 + \beta) \times L}{R_n + R_B + R_b + R_t} \tag{6-15}$$

式中　a_n——介质与管道内壁的换热系数，W/(m² · ℃)；

a_k——土壤放热系数，W/(m² · ℃)；

γ_g——管材导热系数，W/(m · ℃)；

γ_B——保温材料导热系数，W/(m · ℃)；

γ_t——土壤导热系数，W/(m · ℃)；

d_n——管道内径，m；

d_w——管道外径，m；

d_z——保温层外表面直径，m；

R_n——介质与管道内壁的热阻，$(m\cdot℃)/W$；

R_b——管壁的热阻，$(m\cdot℃)/W$；

R_B——保温材料热阻，$(m\cdot℃)/W$；

R_t——土壤热阻，$(m\cdot℃)/W$；

H——管道埋设的折算深度，m；

h——地表面到管中心线的埋深，m；

t——介质温度，℃；

t_{db}——土壤表面温度，℃；

β——管道附件散热损失系数；

Q——沿程热损失，W；

L——管道长度，m。

具体计算结果见表 6-9。

浅埋保温排水管沿程热损失数据表　　　　　　　　　　表 6-9

省 （自治区）	埋深（m）	R_n [$(m\cdot℃)/W$]	R_b [$(m\cdot℃)/W$]	R_B [$(m\cdot℃)/W$]	R_t [$(m\cdot℃)/W$]	$Q(W)$
宁夏	2.5	0.097	0.017	0	8.067	6264.44
陕西	1.4	0.097	0.017	0.115	6.768	6039.20
山西	1.9	0.097	0.017	0.115	7.479	5519.50
青海	2.5	0.097	0.017	0.115	8.067	5875.83
甘肃	1.6	0.097	0.017	0.115	8.067	6026.50
新疆	2.0	0.097	0.017	0.115	7.479	6116.22
内蒙古	2.0	0.097	0.017	0.115	7.479	5967.03

根据上述数据，设置管道的长度为 1km，冻土层深度和温度都根据实际温度进行计算。发现对管道保温以后，沿程热损失会有不同程度的减小，可以适当提升管道的埋深，这样可以解决冰冻和挖掘成本高的问题。

2. 增大流量防冻技术

由于有自来水、洗衣机等，设计用水量取 50L/（人·d），排水量取 30L/（人·d），一户 3~4 人，一户人家一天排水量约为 120L。对于单户与联户的污水排放，选择不同类型的小管径进行排水，单户的管径选取 $DN50$ 或 $DN75$，联户的管径选取 $DN75$、$DN100$ 或 $DN150$。

由图 6-14 可知，对于 $DN50$ 的管道，一般选择为户用管，该型号的管道最大流速取为 0.5m/s，计算的流量为 1419.64L/h，选择最小流速为 0.1m/s 时，流量也可以达到 6.19L/h。$DN75$ 的管道作为户用管时，最大流速取 0.7m/s 时，流量可以达到 5433.07L/h，当流速为 0.1m/s 时，流量为 7.57L/h。单户人家每天排水量约为 120L，污水排放系数一般为 3~5，早、中、晚排水按照 6h 计算，1h 的排水量达到 20L，当用水量大时，甚至大于 20L。根据现场调研，农村户管产生的污水温度一般都在 20℃ 左右，因此对于户管产生的污水一般不会产生结冰的现象。

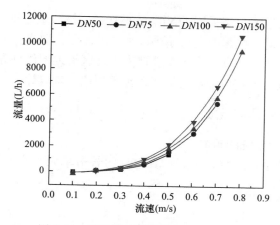

图 6-14　不同管径的管道流量—流速图

对于小管径而言，选择管径为 300mm 的管道，农村联户型污水收集主要为支管，选择 DN150 的管道进行分析。当进水流速最大为 0.8m/s 时，流量达到 10573.38L/h；流速为 0.1m/s 时，流量为 9.16L/h。利用 Fluent 软件模拟不同管道中结冰的情况，给定的初始水温为 5℃，当流速为 0.1m/s 时，235.2m 处开始结冰，240.9m 处会达到完全结冰状态。而当给定的温度为－10℃时，在 9.53m 处开始结冰，在 15.99m 处达到完全结冰的状态。为达到管道不冻结的目的，可以增加连接户数，以增加污水管道的流量。当户数增加到 10 户时，污水排放量会达到 1200L/d，当户数增加到 20 户时，污水排放量达到 2400L/d，在排水高峰期，流量可能会更大。对于 400L/h 的水量，经过计算流速可达到 0.3m/s。当流速为 0.3m/s，污水的温度为 0℃时，开始结冰的距离为 277.66m，完全结冰的距离达到 284.03m。实际情况是，污水一般进入支管后温度会达到 10℃以上，完全结冰的距离会远大于 284.03m。

6.1.4　技术适用范围

目前西北村镇污水排放现状为分散且不连续，不同位置处管道内充满度不同，并且农村的环境为管道灰黑水混排和灰水单排提供了有利条件。对于西北村镇，重力流小管径排水技术不仅具有较好的适用性，而且可以降低管网建设成本。通过对不同管道的水力学特性、管道内不同粒径颗粒物的沉积情况以及不同管道内有害气体的分布情况进行研究，为农村重力流小管径排水管道的建设提供理论支撑，同时也有助于优化排水管道的设计，并确保其安全运行，具有实用价值。针对西北村镇实际的地下温度，构建可行的防冻重力流小管径系统，也为重力流小管径排水系统的冻结风险预测提供理论支撑。在安全稳定运行的前提下，探索重力流小管径收集系统用于西北村镇污水收集的技术优化策略，研发具有工程可行性的排水系统方案。

6.2　真空流混合多级收集关键技术

6.2.1　技术现状

真空排水系统在我国南方农村地区应用较为广泛，在西安、新疆阿勒泰等农村地区也有少量应用。真空排水系统大多采用 $DN63$ 的小管径，按照重力排水系统防冻标准埋在冻土层以下。真空排水系统在我国西北村镇难以推广的原因主要有：真空排水系统初期建设成本较高；该地区冬季寒冷，真空排水系统在南方地区沿地形浅埋布设的方式在西北村镇并不适用；真空排水相对于重力排水的优势宣传不到位，难以让大众接受。

6.2.2 真空排水系统原理与组成

6.2.2.1 真空排水系统的组成

室外真空排水系统由污水收集单元、真空排污管道单元和真空泵站单元三部分组成，如图 6-15 所示。

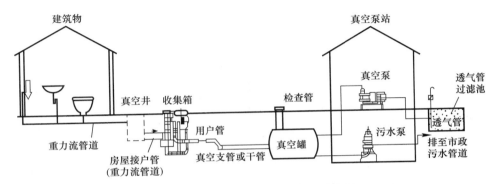

图 6-15 室外真空排水系统布置示意图

污水收集单元主要包括真空井、真空阀、液位计及进气管等。真空井用来临时收集建筑内的污水；真空阀安装在真空井内，与用户下水道及真空管支管式干管相连，用于切断和连通真空管路与重力管路。每户可设一个污水收集单元，为了节省成本也可多个住户共用一个。各个住户内的污水通过传统重力流管道或者真空便器及真空管排放到附近的真空井中，当真空井内的液位达到设定值时，真空阀自动开启，真空井内的污水在压力差的作用下与空气一起通过真空支管式干管进入真空泵站中的真空罐，真空阀在开启一段时间后将自动关闭。

真空排水系统管道由干管、支管、真空排出管、检查管组成。真空排出管为从真空井引出的真空管路；从真空阀的出口端到真空排水干管相连处的管道称为支管。真空井内的污水由支管流入干管，再由干管流入真空站，整个管网呈树状分布。干管主要由管道、弯头、提升段及截止阀组成。为利于输送污水，真空管路的敷设方式宜采用锯齿形。尽管真空排水系统的管道不易堵塞，但是为了防止意外情况，在提升段设置检查管，当管道内堵塞时打开检查管，利用外界大气压力来疏通管道内的堵塞物。

真空泵站一般包括真空罐、真空泵、污水泵，此外还有监控系统、电控系统、真空检测仪以及除臭设施等。真空罐是收集和储存污水的容器，安装在真空干管的末端，一个真空罐可以服务几条干管。当真空罐内污水达到设定水位时，启动污水泵，将污水排入室外污水检查井或者污水处理厂。真空泵是为真空系统提供足够真空度的装置，当真空罐内真空度低于下限值时，自动启动一台真空泵，将真空罐内的空气通过通气管排出；若真空度低于警戒值，将启动两台真空泵，直至真空泵达到设定值。

1. 真空泵站的选址

真空泵站宜布置于真空排水系统中心或地势低的位置，采用地埋式或半地下式的布置方式；真空泵站内会产生噪声并释放臭味，故应与周围建筑物保持足够的距离。受到大气压力的限制，真空排水系统最大真空度可以为 -0.1 MPa，而真空排水系统的工作压力在 $-0.07\sim-0.05$ MPa 之间，这也就意味着沿程损耗、提升损耗等损耗之和必须小于工作压力。因此，一个真空泵站的真空主干管的长度，在地形比较平坦的地区不宜大于 4km。

2. 真空罐

真空罐可埋入地下或设置在真空泵站内，这样既可以降低真空罐的地势高度，减少污水的总提升损失，又可以防止污水从真空罐倒流到真空管中。真空罐罐体应能够承受 90kPa 的负压；钢制真空罐的内外壁表面均应进行防腐处理；真空罐的最高液位不应超过其有效高度的 1/2，当超过最高液位时，设于罐内的液位计应发出信号并自动关闭真空泵。

由于真空排水系统服务对象的特殊性，往往要求在真空罐排污时也不允许停止对污水的收集。目前可以实现该要求的技术方案有：①双真空罐，即两个真空罐交替进行集污与排污。②二级真空罐。二级真空罐由上、下两个腔室组成，收集污水时上、下腔室连通，上腔收集污水，并通过重力落入下腔；排污时二级真空罐下腔室与大气连通，用污水泵加速排污，排污完成后再次与上腔室连通，上腔室始终保持负压并持续收集污水。与双真空罐相比，二级真空罐所需设备更小，容积利用率更高，但是对二级真空罐上、下腔室的连通与隔离部件的设计要求较高。③单真空罐带负压排放，即污水达到设定水位时不破坏真空，而是使用大扬程污水泵强制排放。相比于前两者，第三种技术方案的设备及控制更为简单，投资更少，且不会因为周期破坏真空而浪费系统的真空动力，但是对污水泵的扬程、系统气密性和气蚀余量等性能要求更高，是目前国内外使用的主流技术。

3. 真空泵

真空泵宜设于真空泵站内，应采用定型产品，宜选用旋叶式真空泵；选用的真空泵应能产生足够的真空度及抽吸力；对于集成真空泵，还应具有排污功能；真空泵在每小时最大启动次数及连续运转情况下应没有过热等其他问题。

4. 污水泵

所选用的污水泵应有足够的排污能力，抽吸力、压力和流量等要满足设计要求，同时满足真空罐的排水要求；在排污的过程中不应降低真空排水系统的排污能力；应有两台或两台以上相同运行能力的污水泵，其中一台为备用泵。

另外，真空泵站应设置蓄电装置，以保证在电网断电的情况下也能发出故障信号至值班室。

6.2.2.2 管道及附件

1. 管道敷设

在水平或少量起伏的地势下，若采用直接水平敷设的方式（图 6-16），此时管道呈液相在下、气相在上的分开流动形式，气液两相的接触面积也相对较小，气相对液相产生的较小剪切摩擦推动力不足以推动液相不断向前流动。若采用直接以大角度向下倾斜的敷设方式（图 6-17），必然会造成管道的埋深逐渐增大，增加开挖量，加大系统的建设成本。

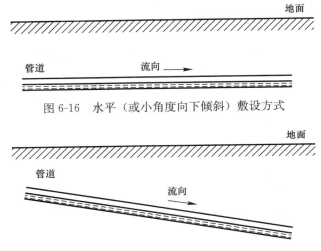

图 6-16 水平（或小角度向下倾斜）敷设方式

图 6-17 大角度倾斜向下敷设方式

在管道连续爬坡时，由于地形条件和管道埋深的限制，且真空排水系统为间歇性输送污水，若采用常规的重力敷设方式，将管道顺坡势平行敷设（图 6-18），有限的真空推动力将无法达到输送污水的目的。原因是在间歇性输送污水的真空排水系统中，当污水停止排放后，管道内的污水将以重力的状态回落到管道低洼处，在低洼处容易形成较长段的充满整个管道的封闭液柱。一方面，封闭的液柱会影响到管道系统内气路的畅通；另一方面，液柱的过水断面增大，液体流速减小，悬浮在污水中的颗粒物不易被水流带走而沉积在管底，容易造成管道淤积。

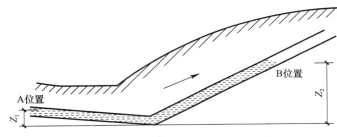

图 6-18 直接顺坡势平行敷设方式

因此，真空管路的敷设方式宜采用锯齿式（图 6-19），整个管道由提升段和下降段组成，每个提升段由一根直短管和两个 45°弯头组成，两个相邻锯齿形提升段之间的管道坡度不应小于 0.2%，方向顺水流向下。

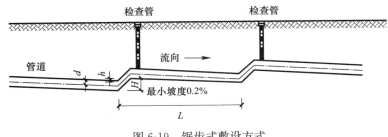

图 6-19 锯齿式敷设方式

管道连续爬坡时，应采用袋形敷设方式（图6-20），应在45°上升段前设U形弯。

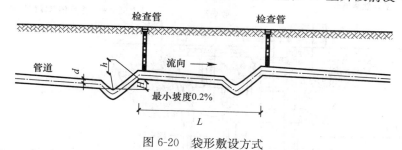

图6-20　袋形敷设方式

　　袋形敷设的好处是能有效控制真空管道的埋深，不致埋深过深，加大工程开挖量。另外，这种敷设方式使得污水在静止时停留在每个提升段底部，而不会集中在管道的终端造成堵塞，保证了管道内的空气畅通。

　　2. 管材要求

　　真空排水系统是利用真空压差来输送污水的，因此系统能否正常运行与管道的密封性好坏有很大关系，所有的管材和管件均应符合相关标准的要求，应选择气密性好、耐蚀耐磨的管材。同时，考虑到管道在负压下有变扁的可能，故所选的管道应具有良好的环刚度。UPVC管和高密度聚乙烯管（HDPE）都具有良好的气密性、防腐蚀能力及刚性，但是其线膨胀系数较大，安装时应考虑管道的伸缩变形。若真空排水系统采用铸铁管和钢管，则必须采取相应的措施，防止管路沉降，要求管道连接处必须能满足承受1.0MPa的压力，同时要保证不能因为埋管后的沉降而引起管道连接处错位开裂，导致管路密封失效。

　　3. 检修阀

　　在真空排水系统中需要设置检修阀，保证系统在维护或检修时真空阀的真空侧处于真空状态。检修阀应密闭性能好，在系统关闭状态下应保证真空管路的真空度，在开启状态下应保证排水顺畅。

6.2.2.3　真空井及附件

　　1. 真空井

　　真空井是真空排水系统中一个重要设备（图6-21）。真空井一般应靠近室内污水排出管道较集中的地方设置，重力流管道不宜过长，尤其是埋设较深的水平管。真空井带有监控系统，用来监测其液位和真空阀的工作状态。例如：当发生回流或发生长时间开启真空阀的情况时，可通过就地的信号或远程数据传输装置进行监控。

　　应保证安装在真空井内的真空阀干燥整洁，避免阀体被水淹没而损害真空阀。真空井内所有的连接元件、配件和箱体必须为防腐材料，如采用PE、PVC、合成材料或不锈钢材料。

　　2. 真空阀

　　真空阀安装在真空井内，真空阀开启后，污水及空气将被吸入真空排水管道，流入真空泵站，是真空排水系统中的一个重要设备。真空阀工作性能的好坏，直接影响到整个系统的正常运行。一旦真空阀因堵塞或其他原因不能正常工作，那么真空排水系统的这条管段也就无法正常工作。为避免污物堵塞阀体通道，真空阀阀体的通道直径一般为65mm，但流量大的地方，如饭店、宾馆和公共场所等，一般推荐75mm。真空阀必须由坚固、耐

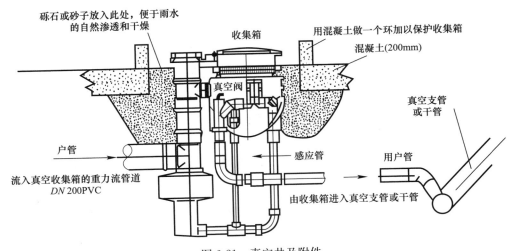

图中标注文字：
砾石或砂子放入此处，便于雨水的自然渗透和干燥　收集箱　用混凝土做一个环加以保护收集箱　混凝土(200mm)　真空阀　真空支管或干管　户管　感应管　用户管　流入真空收集箱的重力流管道 *DN* 200PVC　由收集箱进入真空支管或干管

图 6-21　真空井及附件

腐蚀的材料制成，如用具有良好的表面硬度和抗冲击强度的丙烯腈-丁二烯-苯乙烯三元共聚物（ABS）材料制作。同时，要求真空阀密闭封膜使用寿命不应少于 30 万次开启次数。

3. 感应管

感应管内壁应光滑，保证排水通畅。当管道内压力达到一定值，污水还没有达到压力传感器时，真空阀开始工作，利用真空将测量管内的污水以一定的速度快速吸走，达到测量管内部处于干净的状态。感应管可采用 PE、PVC 材料。

6.2.2.4　真空排水系统的应用领域

作为一种新型的排水系统，与传统重力排水方式相比，真空排水系统不但能节约用水、保护环境，并且具有不受地形限制、安装方便、不易堵塞、管径相对较小、经济性能好等优点。因此该系统的应用领域也相当广泛。

（1）公共建筑同层排水。同层排水是指卫生间内卫生器具的排水管（包括排污横管和排水支管）不穿越本层楼板进入下层空间，而是与卫生器具同层敷设，在本层套内接入排水立管的建筑排水系统。相对于传统的隔层排水方式，同层排水通过本层内的管道合理布局，彻底摆脱了相邻楼层间的束缚，避免了由于排水管道侵占下层空间而造成的一系列麻烦和隐患，包括产权不明晰、噪声干扰、渗漏隐患、空间局限等。真空坐便器的真空阀可安装在夹墙中，也可以安装在便器的后部（图 6-22、图 6-23）。

（2）大型公共地下建筑排水。传统的卫生排水方式在一般的地下建筑中被普遍采用，但是环境问题始终无法得到很好的解决，特别是在一些卫生间较多的地下建筑中，此类问题更为突显。若采用真空排水系统，可实现向上排水或同层排水，极大地提高了地下各层使用空间，同时真空排水系统作为一种全密闭的排水系统，有效地杜绝了异味、臭气的产生，卫生条件得到了质的提升。

（3）生态排水系统。生态排水是针对城市排水模式的缺陷提出的一种新理念。与传统的混合排放、末端治理的排水模式相比，生态排水的理念是实现生活污水的源头控制与资源回收。生态排水主张生活污水的源头分类和源头控制，即将人体排泄物单独收集和资源化利用，生活污水进行分散和接近源头处理，以避免远距离输送和不同来源的污水的混合以及输水管网的高费用。而真空便器与真空排水可以用于单独收集粪尿，经适当处理后回用于农田；杂排水由于污染负荷低，经过就近处理后可用于地表景观或绿化用水。另外，真空排水可实现分质处理，分质真空排水是指将大便、小便和杂排水这三种污染程度不同的污水，分别通过 3 个真空收集罐进行收集，用适当的方法进行处理后全部资源化利用（图 6-24）。

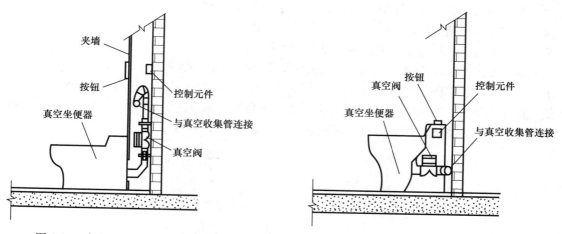

图 6-22　真空坐便器安装（有夹墙）　　　　图 6-23　真空坐便器安装（无夹墙）

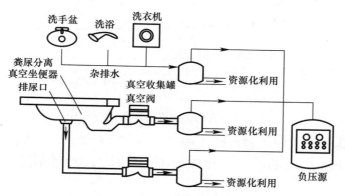

图 6-24　分质真空排水示意图

（4）水源保护区、地下水位高的区域。由于真空排水管道具有密闭性好、无渗漏的优点，因此可用于水源保护区，避免污水渗漏而污染水源。在地下水位高的地区也可避免地下水反渗入污水管道内，造成污水处理厂的负荷增加。

（5）生态敏感区、沙地、滨水地区。在地下水埋深浅且存在流沙的地质条件下，若采用传统的重力排水系统，管道埋深较大，由于地下水较丰富，开挖工程流沙现象严重，开挖难度大。而真空排水系统的管道埋深较浅，开挖量少，适应于沙地及滨水地区。

（6）邻近湖海度假区、风景区。真空排水系统尺寸灵活，可以用于污水流量大的地区，如度假区、风景旅游区。

（7）市政排水不能一步到位的新开发区域。由于真空排水系统无须化粪池、污水检查井及提升泵站等附属构筑物，并且施工安装方便快捷，因此适用于市政排水不能一步到位的新开发区域。

6.2.3 技术特点

6.2.3.1 真空流混合多级收集防堵技术

1. 高流速冲刷负压排水技术

真空排水系统输送污水时具有高水流速度，在真空排水系统最低工作压力下的最低流速为 1.55m/s，超过传统重力排水系统不淤积流速（0.6m/s）。可有效避免传统重力排水系统由于管道内水流速度较慢而发生淤积堵塞的风险。

如图 6-25 所示，随着真空排水系统工作压力的降低，管内流速也随之降低。真空排水系统在 −0.06MPa 时混合流最高流速可达 5.3m/s，单相流最高流速可达 1.8m/s。在最低工作压力为 −0.04MPa 时，混合流排水模式下最低流速可达 2.49m/s，单相流最低流速可达 1.55m/s，都远大于重力排水系统的不淤积流速（0.6m/s）。

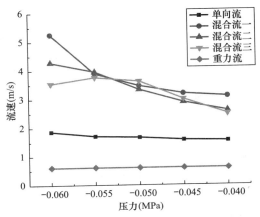

图 6-25 真空流管内流速与重力流不淤积流速对比

通过计算流体力学（CFD）模拟可得到与实验相同的结果，进一步验证了混合流模式的防堵优势。混合流模式输送污水时，管内高流速气体裹挟推动污水前进，管内流速更大，防堵性能更好。

通过 CFD 对真空排水管道进行污水传输模拟，流速云图与压力云图都显示，在真空排水提升段弯道处，发生了气体对污水的裹挟激励作用。相关研究表明，0.15Pa 的临界剪切力下，沉积和堵塞的风险较低。CFD 模拟结果如图 6-26 所示，在满足相同 10 户排水规模下，重力排水管道管径选取 $DN100$、$DN150$、$DN200$，进口流速选取 0.6m/s 的不淤积流速，模拟结果表明随着管径的变小管壁冲刷力变大、随着坡度的增大管壁冲刷力变大。在管径为 $DN100$、坡度为 15‰时，管道内管壁剪切力大于 0.15Pa，这一条件下传统重力排水系统的防堵性能较好。真空排水系统采用 VOF 模型，进口设置不同的气液比，模拟结果显示气液比越大，管壁剪切力越大；真空排水系统工作压力越大，管壁剪切力越大。真空排水系统管壁剪切力远大于传统重力排水系统，因此真空排水系统的防堵性能更好。

2. 混合流模式真空排水技术

目前真空排水模式分为单相流、混合流两种排水模式。如图 6-27 所示，在正常的工作压力（−0.06～−0.04MPa）下，混合流在不同气液比下的水流速度都高于单相流。因此混合流排水模式相比单相流具有更好的防堵性能。

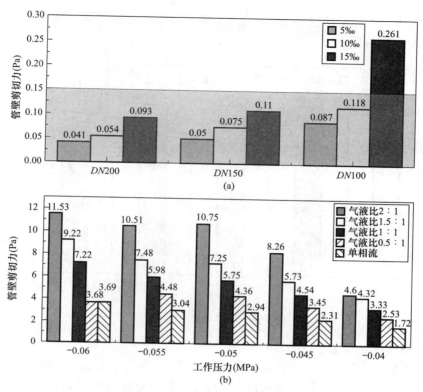

图 6-26　真空排水系统与重力排水系统管壁冲刷力 CFD 模拟结果
（a）重力排水系统；（b）真空排水系统

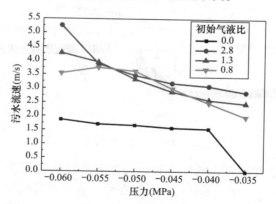

图 6-27　混合流与单相流排水模式下管内流速

3. 真空排水"锯齿形"布设防堵技术

（1）工作压力对水塞形成的影响

真空排水系统采用混合流排水模式，运行过程中应及时补充真空泵站压力，保持真空罐内$-0.07\sim-0.05$MPa 的工作压力，可有效降低水塞堵塞风险。

在混合流排水模式下，随着真空泵站工作压力的下降，压力对污水的负压抽吸作用减弱。真空泵站工作压力减小的同时，气液比增大，如图 6-28 所示，负压由-0.06MPa 下降至-0.04MPa，气液比从 1.09 上升至 1.55，这加剧了真空罐内的压力损失。若真空泵站工作压力降低到对污水的输送能力不足时，就有发生堵塞的风险。因此需及时开启真空泵，以维持真空罐内压力。

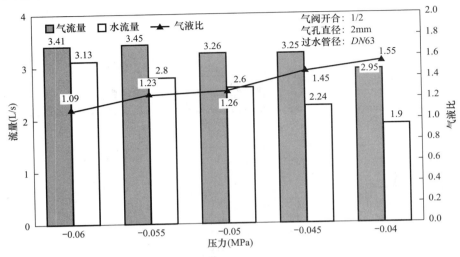

图 6-28　压力与气液比关系图

（2）管道布设对水塞形成的影响

真空管道采用如图 6-29 所示的带局部提升的"锯齿形"布设方式，即在管道系统中间设置一定数量的提升段，每个提升段由两个 45°弯头和一根直短管组成。这样，整个管道系统仅有提升段和下降段两部分，下降段一般以 0.2%～0.5% 的坡度顺水流方向向下敷设。

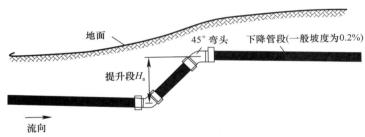

图 6-29　带局部提升的"锯齿形"布设方式

图 6-29 所示的管道敷设方式的优点有：①能有效控制真空管道埋深，大大减少开挖工程量，降低工程造价；②便于部分污水汇集在管道坡段的最低处，形成有效水塞，大大增大了气流对污水的有效作用面积，提高管道中高速气流对水的推动力，以确保污水越过提升段而被逐级输送到真空泵站；③使得污水在静止时停留在每个提升段的底部而不会都集中在管道的终端造成堵塞，同时保证管道内的空气通畅。

与重力排水系统不同，真空排水系统是利用真空负压产生的压差来强制性输送污水的系统，污水的流速（4～6m/s）远大于重力排水系统中的自净流速（0.6m/s）。因此，增大局部管道的坡度，对提高污水输送速度效果不大。而且，若管道的坡度增大，则增加管道埋设深度，增加了建设费用。在起伏不大或地势平坦的地方，水平管段坡度一般为 0.2%～0.5%。

当界面阀关闭后，管道内的污水通常停滞在管道低洼处。如果 $L \times i \geqslant D$（其中，i、

L、D 分别为坡度、向下倾斜管长度和内直径），则当污水静止时会出现如图 6-30 所示的情况。这时，管道两边被污水阻隔，空气流通不畅通。一旦管道内的真空度被破坏后，再次恢复的过程慢，当多用户同时使用时，将无法提供连续的真空动力。而且，当真空界面阀再次开启时，管道压力差难以使污水通过阻塞段，只有当阻塞段上游段的空气不断集聚达到一定的压力时，才能迫使阻塞段被冲开。

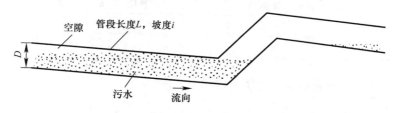

图 6-30　静止污水封闭堵塞管道示意图

因此，若采用"锯齿形"布管方式，当污水静止时，管道最低点处不能完全被水淹没，避免在管道中形成封闭液柱，而且留有一定的空隙，使得空气能够顺利流通；若因施工不便而无法避免低洼处的污水淹没整个管径，则应尽可能缩短管道低洼处封闭液柱的长度，使得气流能迅速从低洼处污水断面穿过，以保证整个管网迅速建立起真空状态。

设计时，为了使管道内形成空气通道，管道低洼处（液面与管内上壁之间）应留有空隙，以 d 表示，而且，管径和空隙应满足一定关系，即 $d=(10\%\sim20\%)D$，如图 6-31 所示。管道设计应满足以下条件：

$$L \times i \leqslant (D-d) \tag{6-16}$$

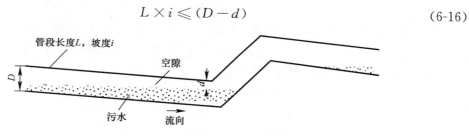

图 6-31　静止污水不封闭管道示意图

对于向下倾斜的管段，坡度 $i \geqslant 0.2\%$。现取极限情况，则有 $d=20\%D$，$i=0.2\%$，式（6-16）转化为：

$$L \times 0.2\% \leqslant 0.8D \tag{6-17}$$

由上述公式可得出不同管径的向下倾斜管段最大长度（表 6-10）。

不同管径的向下倾斜管段最大长度　　　　　　　　　　　　　　　　表 6-10

管径 DN（mm）	90	110	140	160	200
向下倾斜管段最大长度（m）	36	44	56	64	80

由于较长的真空排水管线常采用逐级提升输送布管技术，因此，极易在某些难以预料的位置出现低洼点，若此点后的上坡管线过长，则流体越过提升段消耗过多能量，不利于污水越过提升段，会出现污水淤积及管道气流不畅等难以事先控制的问题。为了有效利用能量，最好用几个小段提升段代替一个大段提升段。但每个提升段的长度越短，提升一定

高度所需提升段数量就越多，会增大局部阻力损失，同时给施工带来不便。故敷设管道时，应有目的地采用长度适中的提升管段。一般来说，管道沿线埋设深度是一定的，则每一个提升段的提升高度必须弥补前管段的跌落高度。由此方法可得出不同管径的管道所对应不同提升段的高度 H_a 的推荐值，如表 6-11 所示。

不同管径的管道所对应不同提升段的高度 H_a 的推荐值　　表 6-11

管径（mm）	75	110	160	200	250
H_a（m）	0.305	0.305	0.458	0.458	0.7

6.2.3.2　真空流混合多级收集防臭技术

1. 真空井防臭结构

通过真空井中导流管道的设计，可避免污水发生剧烈跌水，可有效降低真空井周围的异味。可通过加大挖深，使井内污水温度低于 15℃ 等措施，降低异味对周围环境的影响。

对真空井进行结构上的改进：为避免污水汇入真空井内发生剧烈跌水，污水口处连接一节向真空井底部延伸的管道，如图 6-32 所示。在进行结构上的改造后，臭气（OU）的质量浓度峰值相对于跌水时质量浓度峰值降低 45.2%、H_2S 的质量浓度峰值相对于跌水时质量浓度峰值降低 65.1%、C_8H_8 的质量浓度峰值相对于跌水时质量浓度峰值降低 73.2%、NH_3 的质量浓度峰值相对于跌水时质量浓度峰值降低 72.3%、C_3H_9N 的质量浓度峰值相对于跌水时质量浓度峰值降低 71.8%、$C_2H_6S_2$ 的质量浓度峰值相对于跌水时质量浓度峰值降低 69.9%、C_2H_6S 的质量浓度峰值相对于跌水时质量浓度峰值降低 48.8%（图 6-33、图 6-34）。由此可见，避免跌水可使真空井周边异味显著降低，异味的持续时间也比跌水时短。

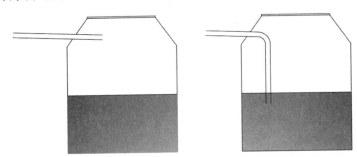

图 6-32　真空井防跌水结构

2. 夏季真空井深埋低温防臭

对土默特左旗示范基地地下温度长期监测发现，6~8 月，地下温度随着深度的增加而降低，在 1.5m 左右的深度趋于稳定（图 6-35）。实验结果表明，随着污水温度的降低，尤其在 15℃ 左右时异味下降明显。真空井中间位置深埋 1.5m 左右，可保障真空井内污水所处的环境温度为 20℃ 左右。

开展不同水质在不同温度下异味差异实验，发现在污水温度低于 15℃ 时，不同水质散发的异味明显减少，如图 6-36 所示。

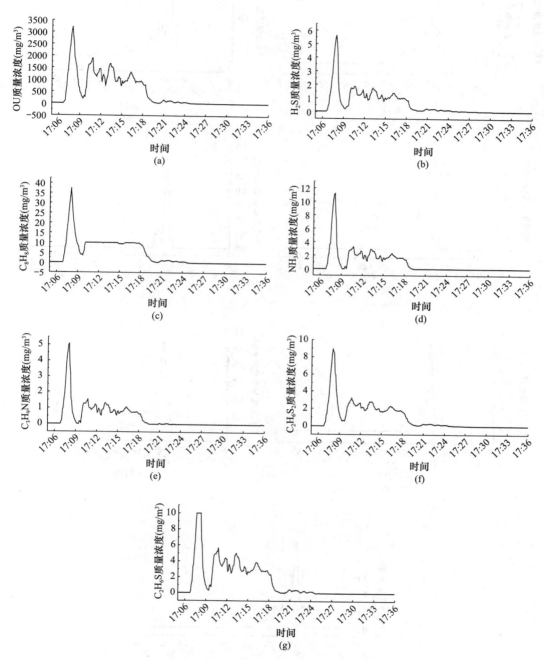

图 6-33　真空井污水收集跌水异味指标变化图

（a）OU；（b）H_2S；（c）C_8H_8；（d）NH_3；（e）C_3H_9N；（f）$C_2H_6S_2$；（g）C_2H_6S

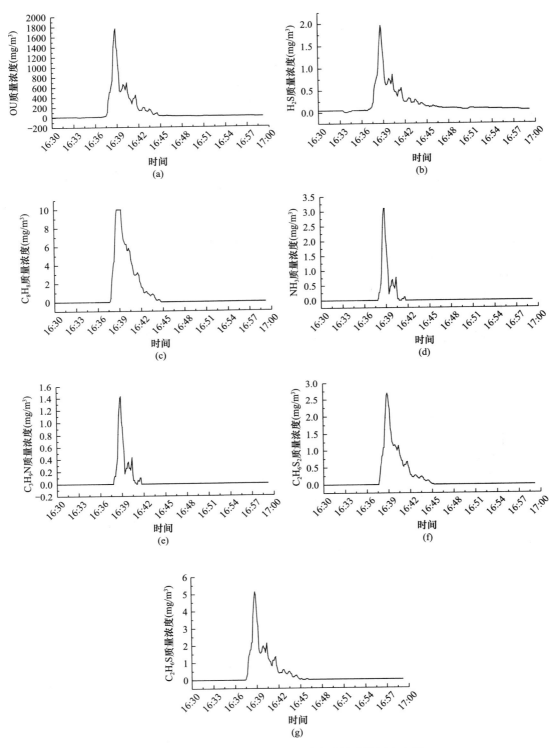

图 6-34　真空井污水收集避免跌水后异味指标变化图

(a) OU；(b) H_2S；(c) C_8H_8；(d) NH_3；(e) C_3H_9N；(f) $C_2H_6S_2$；(g) C_2H_6S

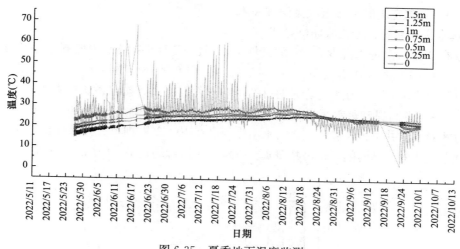

图 6-35　夏季地下温度监测

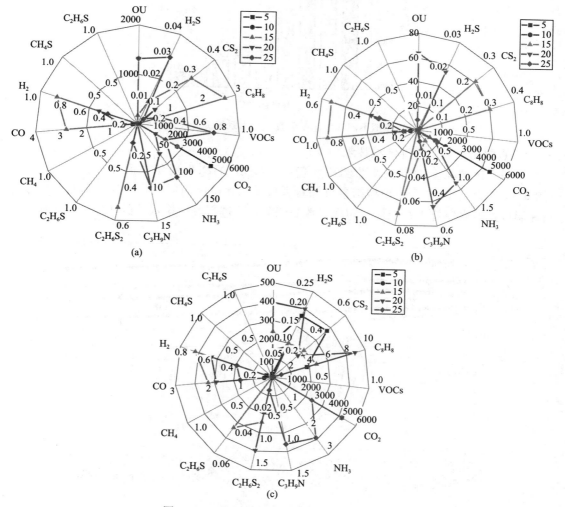

图 6-36　不同水质在不同温度下的异味差异
（a）卫生间黑水；（b）卫生间灰水；（c）厨房灰水

6.2.3.3 真空流混合多级收集防冻技术

1. 真空排水系统运行模式防冻技术

冬季在初始污水进水温度为5℃的条件下，通过CFD模拟中试真空排水系统提升段处污水在−9～−1℃的环境温度下的冻结规律。在−1℃的环境温度下，1.14h左右提升段处污水冻结（图6-37）。为达到防冻的目的，一方面控制真空排水系统抽吸频率（每1h抽吸一次），另一方面提升进水污水温度，可通过对真空井加大埋深、真空井盖上方铺盖保温材料等方式对真空井进行保温，汇集污水温度控制在10～20℃即可大大减少真空排水系统提升段处残余污水的冻结时间，也可减缓真空排水系统运行的频率，增加系统寿命。

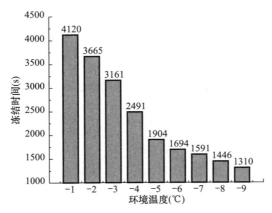

图6-37 CFD模拟不同环境温度下真空排水系统提升段处污水冻结时长

2. 真空排水系统浅埋防冻技术

对研究区域冻土进行长期监测可发现，−0.5m的冻土层冬季温度维持在0℃左右（图6-38）。结合上述CFD模拟结果可知管道残余污水冻结时间规律，通过对收纳污水进行保温以及对真空排水系统运行频率参数的调节，可进行真空排水管的浅埋。以传统重力

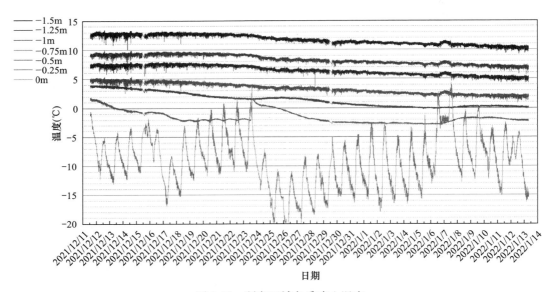

图6-38 研究区域冬季冻土温度

排水管道坡度为 10‰为例, 为满足管道上游不利点不冻结, 管道需埋深 1.5m 左右。因此对真空排水系统的浅埋可大大节省土方开挖的成本, 总体成本投资节省 30% 以上。

6.2.4 技术适用范围

1. 平原地区

在地势平坦的地区, 例如本研究区域属于西北高原平原的地形, 不适宜采用重力排水系统, 可以考虑采用真空排水系统或者压力排水系统, 这两种系统不需要控制较大的坡度, 工程造价低, 在平原地区应用较为合理。

当地形倾斜度小于 0.2% 或者是水平地形时, 可以采用直接水平敷设的方式来安装真空排水系统。在这种情况下, 液相位于管道底部, 气相位于管道顶部, 它们以分开的形式流动。由于接触面积相对较小, 气相产生的轻微剪切摩擦力不足以推动液相向前流动。如果采用直接向下倾斜的敷设方式, 将导致管道的埋深逐渐增加, 增大了开挖量, 从而增加系统的施工成本。

2. 山区、丘陵地区

在山区、丘陵地区, 地势高低不平、起伏大, 例如秦巴山区, 真空排水管道的敷设可跟随地面坡度, 这样既能节约管材, 又能保证管道内的水流速度。在村庄密集的地方, 可以采用集中收集的方式。在连续爬坡的情况下, 由于地形和管道埋深的限制, 以及真空排水系统的间歇性特性, 采用常规重力敷设方式, 若沿着坡度平行敷设管道, 将无法有效地输送污水。这是因为在真空排水系统中, 当污水停止流动时, 管道内的污水会在重力的作用下回流到低洼处, 形成一段较长的封闭液柱。

3. 生态敏感区

生态敏感区是指饮用水水源地、重要湿地和水库保护区等, 例如西北地区黄河流域。管道敷设采用平原缓坡的方式, 真空排水系统管道全密封可有效防止污水输送时的渗漏问题, 在地下水水位较高的地带, 封闭的真空排水管还能防止地下水的渗入。

本章参考文献

[1] 曹思雨, 狄彦强, 冷娟, 等. 针对西北村镇生活灰水的多介质庭院生态处理技术 [J]. 环境保护科学, 2023, 49 (3): 62-66.

[2] 李文凯. 农村小管径排水管道中微生物生长与污染物转化研究 [D]. 北京: 中国科学院生态环境研究中心, 2020.

[3] 中华人民共和国国家质量监督检验检疫总局. 污水排入城镇下水道水质标准: GB/T 31962—2015 [S]. 北京: 中国标准出版社, 2016.

[4] 张佳杰. 室内和室外真空排水系统规范化设计研究 [D]. 武汉: 华中科技大学, 2007.

[5] 段金明. 真空排污系统输送机理及系统优化研究 [D]. 武汉: 华中科技大学, 2006.

[6] 李学雷. 真空排水技术在我国分散污水治理中的应用研究 [D]. 北京: 中国科学院大学, 2013.

[7] 郑华英. 浅谈住宅同层排水管道安装的做法 [J]. 科学之友, 2010, (22): 71-72.

[8] 尹户生. 真空排水系统新型界面阀的研究 [D]. 武汉: 华中科技大学, 2013.

[9] 张健, 高世宝, 章菁, 等. 生态排水的理念与实践 [J]. 中国给水排水, 2008, (2): 10-14.

[10] 周晓玉, 蔡俊, 张文文. 基于 GIS 的国家级生态县的生态敏感性评价——以安徽省霍山县为例

[J]. 云南农业大学学报（社会科学），2021，15（4）：148-155.

[11] 魏婵娟，蒙吉军. 中国土地资源生态敏感性评价与空间格局分析 [J]. 北京大学学报（自然科学版），2022，58（1）：157-168.

[12] 李文凯，郑天龙，刘俊新. 农村污水管道堵塞成因分析与解决对策 [J]. 环境工程学报，2020，14（7）：1966-1974.

[13] 刘建国，吕金鑫，李文凯，等. 农村重力流灰水收集系统的恶臭气体时空分布规律 [J]. 环境工程学报，2023，17（8）：2565-2575.

[14] SIVRET E C，WANG B，PARCSI G，et al. Prioritisation of odorants emitted from sewers using odour activity values [J]. Water Research，2016，88：308-321.

[15] ZHENG T，LI W，MA Y，et al. Sewers induce changes in the chemical characteristics，bacterial communities，and pathogen distribution of sewage and greywater [J]. Environmental Research，2020，187：109628.

[16] ZHENG T，LI W，MA Y，et al. Greywater：Understanding biofilm bacteria succession，pollutant removal and low sulfide generation in small diameter gravity sewers [J]. Journal of Cleaner Production，2020，268：122426.

[17] LI R，HAN Z，SHEN H，et al. Volatile sulfur compound emissions and health risk assessment from an A2/O wastewater treatment plant [J]. Science of The Total Environment，2021，794：148741.

[18] SIVRET E C，WANG B，PARCSI G，et al. Prioritisation of odorants emitted from sewers using odour activity values [J]. Water Research，2016，88：308-321.

[19] MARLOW D R，BOULAIRE F，BEALE D J，et al. Sewer performance reporting：Factors that influence blockages [J]. Journal of Infrastructure Systems，2011，17（1）：42-51.

[20] GUZMÁN K，LA MOTTA E J，McCorquodale J A，et al. Effect of biofilm formation on roughness coefficient and solids deposition in small-diameter PVC sewer pipes [J]. Journal of Environmental Engineering，2007，133（4）：364-371.

[21] 刘建国，胡凡，魏敬铤，等. 排水管道中脂肪、油和油脂（FOG）沉积物的理化特征、形成机制及控制方法 [J]. 环境工程学报，2023，17（11）：3478-3486.

[22] WILLIAMS J B，CLARKSON C，MANT C，et al. Fat，oil and grease deposits in sewers：Characterisation of deposits and formation mechanisms [J]. Water Research，2012，46（19）：6319-6328.

[23] LI W，ZHENG T，MA Y，et al. Current status and future prospects of sewer biofilms：Their structure，influencing factors，and substance transformations [J]. Science of the Total Environment，2019，695：133815.

[24] 李文凯，郑天龙，刘俊新. 农村小管径重力流灰水管道中生物膜细菌群落的特征 [J]. 环境工程学报，2020，14（3）：691-700.

[25] LITTLE C J. A comparison of sewerreticulation system design standards gravity，vacuum and small bore sewers [J]. Water S A，2004，30（5）：137-144.

[26] 卢金锁，周亚鹏，丁艳萍，等. 污水集输管道系统中有害气体释放与解决对策 [J]. 环境工程学报，2019，13（4）：757-764.

[27] SHI X，NGO H H，SANG L，et al. Functional evaluation of pollutant transformation in sediment from combined sewer system [J]. Environmental Pollution，2018，238：85-93.

[28] 黄维. 重力流排水管道内生物膜生长动力学及微生物群落结构研究 [D]. 重庆：重庆大学，2015.

[29] AI H，XU J，HUANG W，et al. Mechanism and kinetics of biofilm growth process influenced by shear stress in sewers [J]. Water Science and Technology，2016，73（7）：1572-1582.

［30］ ARTHUR S, CROW H, PEDEZERT L. Understanding blockage formation in combined sewer net-works ［C］//Proceedings of the Institution of Civil Engineers-Water Management. Thomas Telford Ltd, 2008, 161 （4）: 215-221.

［31］ ZHENG T, LI W, MA Y, et al. Time-based succession existed in rural sewer biofilms: Bacterial communities, sulfate-reducing bacteria and methanogenic archaea, and sulfide and methane genera-tion ［J］. Science of the Total Environment, 2021, 765: 144397.

第 7 章

西北村镇生活污水处理适用技术

7.1 低能耗物理处理技术

7.1.1 技术现状

  农村分散式生活污水的处理技术主要有物理类、化学类、生物类、生态类等。目前单户型污水处理的主流技术为生物处理技术，可以分为两种，其一为净化槽工艺，以日本应用居多；其二为土地处理工艺，以美国应用居多。根据长期积累的运行经验，我国北方地区许多基于生物处理技术的农村污水处理设施在冬季低温期的出水水质明显下降，并且在严寒地区甚至有发生冻结的现象，导致处理设施无法正常运行。西北村镇冬季寒冷，微生物代谢能力显著下降，处理设施的污染物去除效果无法得到有效保证。在选择处理西北村镇灰水处理技术时，综合考虑西北村镇气候特征及居民生活特点，研发以物理工艺为主的工艺，可适应西北村镇低温特征，保证污水不冻结，低温对于物化处理工艺的影响相对较小，污染物去除效果可以得到保证。研发单户型一体化多源低能耗物理处理设备，可降低单户型污水收集处理设备成本，提高出水水质，增强运行稳定性，整体提升设备维护便利性。

7.1.2 技术原理

  一体化多源低能耗物理处理设备由调节池、两级过滤池、储水池三部分组成。污水先进入过滤池底部，自下而上通过过滤介质，使出水达标回用。其中，进水口设置栅板用来截留大的污染物，进水管的尾部设置喇叭口和反射板，这样可有效减少污水进入对水体的影响。设备设计调节池，灰水累积到一定流量进入过滤池进行处理，减少农村水量不同时刻变化大对设备的影响。图 7-1、图 7-2 分别为一体化多源低能耗物理处理设备示意图和三视图。

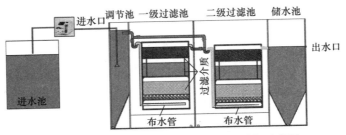

图 7-1 一体化多源低能耗物理处理设备示意图

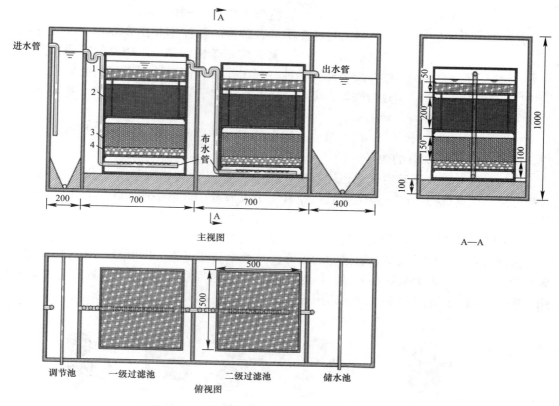

图 7-2　一体化多源低能耗物理处理设备三视图

注：图中 1、2、3 为多层过滤介质，4 为承托层。

7.1.3　技术特点

过滤介质为一体化多源低能耗物理处理设备的核心，选取玉米茎、陶粒、活性炭处理农村灰水。三种过滤介质的主要成分如表 7-1 所示。

过滤介质的主要成分　　　　　　　　　　表 7-1

序号	过滤介质	主要成分	粒径（mm）
1	玉米茎	纤维素、粗蛋白、粗脂肪、氮、磷、钾、钙、镁	20～50
2	陶粒	硅酸盐、氧化钙、氧化镁	4～8
3	活性炭	多孔无定型碳	2～4

一体化多源低能耗物理处理设备的出水需满足《农田灌溉水质标准》GB 5084—2021 的旱作标准。考虑到灰水中化学需氧量、悬浮物、阴离子表面活性剂影响出水灌溉农田效果，故对三种污染物质的去除原理进行分析。

1. 阴离子表面活性剂的去除

阴离子表面活性剂是一种表面活性物质，它的分子结构具有两亲性，是由亲水基团和亲油基团分别处在两端组成的。亲水基团常为极性基团，如羧酸、羟基、醚键等，而亲油基团常为非极性烃链。图 7-3 为阴离子表面活性剂结构示意图。

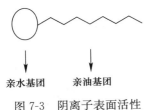

亲水基团　　亲油基团

图 7-3　阴离子表面活性
剂结构示意图

阴离子表面活性剂的去除有三种原理：

（1）过滤介质具有较大的孔隙率和比表面积，可促进阴离子表面活性剂——直链烷基苯磺酸盐（LAS）的吸附作用。过滤介质表面含各种官能团作为表面活性剂吸附的有效位点，通过与胺基、羧基、羟基等阴离子表面活性剂的亲水基团结合去除 LAS。

（2）过滤介质中的 Ca、Fe 等元素与 LAS 发生吸附沉淀反应，从而达到去除 LAS 的效果。

（3）过滤介质表面发生氧化还原反应，先脱去 LAS 上的磺酸基团（$-SO_3^-$），使苯环开裂生成醇类有机物，进一步生成醛，经氧化生成羧基，最后生成 CO_2、H_2O 及硫酸盐等无机物。

2. 化学需氧量、悬浮物的去除

过滤过程中化学需氧量、悬浮物的去除涉及两个重要过程，即颗粒迁移与颗粒粘附。颗粒脱离流线与过滤介质接触的过程即为颗粒迁移过程。颗粒迁移包括拦截作用、沉淀作用、惯性作用、扩散作用和水动力作用五种过程。图 7-4 为颗粒迁移机理示意图。

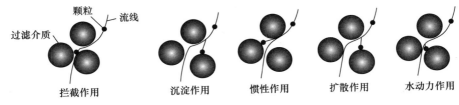

颗粒　流线

过滤介质

拦截作用　　　　沉淀作用　　惯性作用　　扩散作用　　水动力作用

图 7-4　颗粒迁移机理示意图

（1）拦截作用：当流线与过滤介质表面的距离小于颗粒半径时，处于该流线上的颗粒会直接接触过滤介质而被截留。

（2）沉淀作用：对粒径和密度较大的颗粒，在重力方向上存在较大的沉积速度，颗粒会偏移流线而沉淀到过滤介质表面。

（3）惯性作用：具有较大动量和密度的颗粒在流体绕过过滤介质表面时因惯性作用脱离流线，碰撞到过滤介质表面上。

（4）扩散作用：当颗粒尺寸较小时，会受到周围水分子的碰撞而呈现出布朗运动，从而会使颗粒向过滤介质表面迁移。

（5）水动力作用：流体在过滤介质间隙孔道内的流动是极不规则的，黏性剪切力分布不均匀使得颗粒特别是不规则颗粒受到不平衡力的作用后产生径向运动或旋转，从而脱离流线与过滤介质表面接触。

当水中的颗粒迁移至过滤介质表面时，在物理化学力的作用下粘附于过滤介质表面或者其他已经粘附的颗粒上，这些物理化学力主要包括范德华力、化学键力和某些特殊的化学吸附力。这些作用力的综合作用，决定着过滤效果的优劣。颗粒与过滤介质表面之间及颗粒之间的作用力的大小主要与过滤介质和颗粒的表面性质有关，如过滤介质的比表面积、孔隙率、密度等，且随着过滤的进行，其表面性质会发生相应的物理或化学变化。

7.1.4　技术适用范围

一体化多源低能耗物理处理设备（以下简称一体化物理处理设备）的关键在于过滤介质的填充、更换和多源灰水两个方面。

1. 过滤介质的填充、更换

过滤介质作为一体化物理处理设备的核心，基于价廉易得、处理效果的考虑，选择玉米茎、陶粒、活性炭对农村灰水进行处理。通过研究发现，在玉米茎：陶粒：活性炭的体积比为 1.5：2：0.5 时去除率最大，且过滤周期最长。过滤介质的填充设计为装配式一体化模块，采用上下抽拉式，方便后期更换过滤介质。

2. 多源灰水

农村生活灰水来源于浴室、厨房、洗衣机等，一般情况下，厨房水槽和洗碗机、沐浴和盥洗、洗衣灰水分别占灰水产生量的 27％、47％和 26％。不同来源的灰水，水质特征具有一定差异，总体上灰水受污染程度较低。一体化物理处理设备将多源灰水收集起来，通过多介质过滤处理，出水满足《农田灌溉水质标准》GB 5084—2021 的要求，可用于农田灌溉，达到资源化利用、降低农村灰水处理成本的目的。

7.1.5　效能分析

根据前期静态实验确定的滤料配比和最佳实验条件，运行一体化物理处理设备。设备于 2022 年 6 月启动，运行至 12 月，共运行 193d。设备运行 10d 后污染物去除效果稳定，之后稳定运行 183d。

1. 对 COD 的处理效果

一体化物理处理设备对 COD 的处理效果如图 7-5 所示。灰水源自农村居民的洗浴和厨房污水，进水 COD 质量浓度波动较大，为 208.00～484.00mg/L；出水 COD 质量浓度为 104.00～200.00mg/L，去除率为 16.98％～65.29％。实验后期 COD 去除率有所下降，原因可能是温度降低导致灰水黏度增加，COD 难以被过滤介质截留。

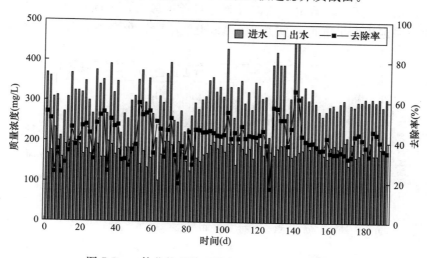

图 7-5　一体化物理处理设备对 COD 的处理效果

2. 对 SS 的处理效果

一体化物理处理设备对 SS 的处理效果如图 7-6 所示。进水 SS 质量浓度为 117.09～308.27mg/L，出水 SS 质量浓度为 48.18～99.95mg/L，去除率为 33.68%～70.18%。灰水中的 SS 源自农村居民洗涤衣服、鞋子、蔬菜、水果和其他物品时清洗下来的沙子、黏土和其他杂质。一体化物理处理设备对 SS 有较好的处理效果，且一体化物理处理设备设有调节池和储水池，两者均起到一定的沉淀作用，可去除灰水中的 SS。

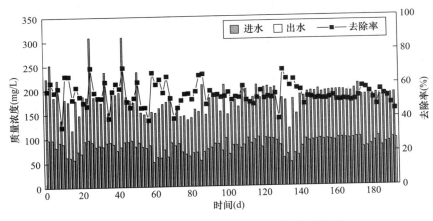

图 7-6　一体化物理处理设备对 SS 的处理效果

3. 对 LAS 的处理效果

一体化物理处理设备对 LAS 的处理效果如图 7-7 所示。LAS 属于灰水中的难降解物质，对厌氧微生物有一定的抑制作用，因此传统的生物处理技术效果不佳。一体化物理处理设备以过滤和吸附作为主要处理工艺，是处理灰水中 LAS 较为高效、经济的方法，且设备操作简单。设备运行过程中，进水 LAS 质量浓度为 12.15～21.22mg/L，出水 LAS 质量浓度为 4.35～8mg/L，去除率为 41.25%～75.71%。设备对 LAS 有较好的处理效果。从图 7-7 还可以看出，LAS 质量浓度前期较低，原因是夏季炎热，居民产生的水量较大，一定程度上降低了灰水中 LAS 质量浓度；秋冬季居民产水量减少，进水

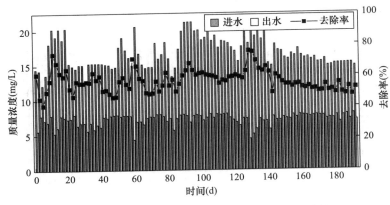

图 7-7　一体化物理处理设备对 LAS 的处理效果

LAS 质量浓度升高，且灰水温度降低，影响 LAS 处理效果，因此实验后期 LAS 的去除率有所降低。

　　设备运行 10d 后进入稳定运行期，运行阶段出水一直满足《农田灌溉水质标准》GB 5084—2021 的旱作标准，表明一体化物理处理设备对灰水中 COD、SS、LAS 有较好的处理效果。实验后期污染物的去除率有一定的下降趋势，这是因为实验基地冬季环境温度降低影响灰水黏度，导致过滤介质对污染物的截留效果变差，但出水污染物质量浓度仍满足回用标准，表明设备在低温条件下仍有良好的处理效果。一体化物理处理设备出水 COD、SS、LAS 的平均质量浓度为 179.13mg/L、83.72mg/L、7.20mg/L，平均去除率可达到 41.67%、53.64%、56.55%。

7.1.6　运行与管理

1. 建设成本

　　一体化物理处理设备的建设成本包括设备费、材料费、土建及人工费，如表 7-2 所示。

一体化物理处理设备建设成本分析

表 7-2

名称	单价（元）	数量（套）	费用（万元）
设备费	5000	1	0.5
材料费	2500	1	0.25
土建及人工费	1000	—	0.1

2. 运维成本

　　一体化物理处理设备的运维主要体现在过滤介质的更换方面，设备采用装配式一体化模块设计，采用抽屉式设计，可直接将过滤介质箱体抽出更换，降低运维难度，可由农村居民自行操作。设备选取的过滤介质具有使用寿命长、价格低廉等特点，预计一年更换一次过滤介质。

　　与其他灰水处理设施相比，一体化物理处理设备具有建设成本低、能耗低、运维简单、出水可灌溉农田等特点，且针对西北村镇冬季严寒的特征，采用过滤作为主要处理工艺，可降低低温对处理设备的影响，从而减少运维成本，可广泛应用于西北村镇地区。

　　一体化物理处理设备技术分析如表 7-3 所示。

一体化物理处理设备技术分析

表 7-3

源头分析	技术分析	建造施工	运维管理	污泥处置
灰水源头分离，水质稳定，受污染程度低，降低处理难度	抵抗水质水量变化，低温条件下可正常运行，出水可灌溉农田，产生经济效益	安装方便、减少施工成本	设备运维简单，居民定期自行更换过滤介质即可	设备无污泥产生

　　综上所述，一体化物理处理设备处理农村灰水，处理难度低，出水满足《农田灌溉水质标准》GB 5084—2021 的要求，可产生经济效益。设备安装、运维简单，可在西北村镇广泛应用。设备运行过程中无污泥产生，实现废物零排放。

7.2 单户型多介质跨季储蓄型保温庭院生态处理技术

7.2.1 技术现状

1. 分散式处理技术

农村生活污水处理主要可以划分为集中式和分散式两种处理模式。分散式农村污水处理模式适合的区域划分通常更小，各区域单元有各自的污水收集管网和污水处理设施。国外发达国家已针对分散式农村生活污水进行了大量的实验和研究，较为成熟的分散式农村污水处理技术主要有以下几种：

（1）美国分散式农村污水处理技术可以分为土地处理系统和其他替代系统两大类。土地处理系统主要由化粪池＋土地渗滤系统构成，该系统操作简便、投资较低，但对于土壤的渗透性、水力条件都有一定要求。其他替代系统包括生物膜系统、SBR 系统、厌氧流化床系统、土地渗滤、人工湿地等，实际应用中多为两种或多种技术组合，以应对不同污水水质和水量情况。

（2）基于不破坏自然环境、与自然结合的思路，欧洲研究出了高效藻类塘技术，该技术是一种具有自我净化能力的生态系统，这种技术施工投资及运行费用低、便于管理和维护，特别适用于处理分散式生活污水，其不足是易受光照和温度等环境因子的影响。

（3）日本研发的净化槽系统简单实用，并且配合该技术有完整的污水处理后续处置方案，该系统在日本的发展已相当成熟；韩国也试验研究了湿地污水处理系统，它实质上也是一种土地植物系统，至今已广泛应用于欧洲、北美等地区。

（4）法国和智利发展了一种蚯蚓生态滤池，它是一种通过提升土壤渗透性和利用蚯蚓与微生物的协同作用而设计出的高效污水处理技术。该技术具有抗冲击负荷强、运行管理简便、不易堵塞的优点，但其对外界的环境要求高，易受气温影响，适用于处理高污染、低流量的污水。

（5）以物理法为主的处理技术也同样适合农村分散式污水，在一定程度上解决了微生物因寒冷天气失活而代谢能力下降等问题。常用的物理法有过滤、超滤、气浮、磁絮凝沉淀和反渗透等。相较而言，过滤法操作简单，处理效果好，占地面积小，不会产生较高能耗且解决了运维困难等问题。

我国分散式农村污水处理技术的应用始于 20 世纪 80 年代，采用的技术主要有厌氧沼气池处理技术、人工湿地处理技术、小型二级污水处理装置技术、蚯蚓生态滤池、生态厕所等。分散式农村污水处理可以从源头分离从而简化处理过程，提高处理效率并节约能耗，适用于从独户到大型社区、村落等各个层次，易于管理和维护，最大限度地提高了污水的原地回用率。

2. 组合处理技术

对于村镇生活污水的处理多采用生物和生态以及物理组合技术。组合工艺处理农村生活污水具有提升污水处理效率、提高水资源回收利用率、降低投资成本和改善农村整体生态环境的优势。农村生活污水生态、生物和物理处理技术包括稳定塘系统、A^2O 工艺技术、膜分离技术、人工湿地系统、生物接触氧化技术、土地处理技术和蚯蚓生物滤池等。

其中 A²O 工艺技术属于常用的生物处理技术之一，该技术具有良好的脱氮除磷效果，且运行费用低，不容易出现污泥膨胀的现象。但由于该技术所涉及的生化反应类型较多，同时农村污水又具有水质、水量波动大，来源较广等特点，导致 A²O 工艺技术在处理农村污水时存在一定的缺陷，因此一般不单独将该技术用于农村污水的处理。目前，通常将此技术与 MBR 联用，且该技术在农村污水处理领域已发展得较为成熟。膜分离技术不必设立过滤等其他固液分离设备，高效的固液分离将废水中有机悬浮物质、胶体物质、生物单元流失的微生物菌群与已净化的水分开，不须经三级处理即可直接回用，具有较高的水质安全性。同时膜生物反应器由于采用了膜组件，不需要沉淀池和专门的过滤车间，系统占地仅为传统方法的 60%，同时其独特的间歇性运行方式，大大减少了曝气设备的运行时间和用电量，节省电耗，降低了运行成本。

3. 单户型污水处理技术及设备

净化槽技术起源于 20 世纪 60 年代，一体化膜式净化槽由流量调节池、反硝化池、硝化池、处理水池、出水泵、加药罐和控制系统组成，在浙江某地应用处理出水可达到《城镇污水处理厂污染物排放标准》GB 18918—2002 一级 A 标准。该技术可以根据不同应用场景开发出多种单元工艺的净化槽，包括生物转盘、接触、活性炭吸收和硝化液循环式活性污泥法等工艺，但其技术推广应用需要建立完善的维护管理制度，在缺乏专业技术人员的农村地区使用可能会导致后期运行维护管理的困难。

上文提到传统的土地处理系统主要由化粪池＋土地渗滤系统构成，其中的土地渗滤系统具有造价低廉、便于建造和维护的优势，但是其占地面积较大，并且在冬季寒冷的地区应用会受到影响。土地处理系统处理污水的过程是一个十分复杂的过程，其中涉及物理过滤、吸附、化学反应与化学沉淀以及微生物代谢等。澳大利亚 FILTER 污水处理系统是一种土地处理系统，利用污水进行灌溉，在满足作物水分、养分需求的同时降低污水中氮磷的质量浓度，但 FILTER 污水处理系统需要修建泵站，建设费用较高，这不符合农村地区污水处理低投资的基本要求。

为适应我国农村污水水质水量和排放特点，结合传统净化槽工艺特点，国内很多研究者研发了一系列中国式净化槽技术。苏东辉等人研究并设计了一种无动力净化槽装置，该净化槽充分利用地形高差，采用厌氧接触滤池和跌水曝气好氧生物处理技术相结合，日常费用低且处理效果良好；苏扬等人开发了一种新型的无污泥排放、无须专人管理的高效生活污水含粪便净化槽，采用好氧流程来处理质量浓度较高的生活污水，其造价略高于化粪池，出水化学需氧量去除率高于 90%。另外，净化槽工艺也在中国部分村镇区域进行了应用，例如安吉县孝丰镇下汤村"五水共治"生活污水处理项目、德清县莫干山农家乐生活污水处理项目、江苏省常熟市虞山镇东青村农村生活污水改造项目等。

农村生活污水处理技术的选择应取决于污水水质和回用水水质的要求，经过经济层面比较后决定，同时以所处地区气候特征为限制条件，不能完全照搬规范或直接参照其他地区的做法，应寻找合适的技术。

7.2.2　技术原理

单户型多介质跨季储蓄型保温庭院生态处理技术采用一体化设备的理念进行整体装置

设计，通过植物、土壤和多介质滤料对进水中污染物质的去除，实现对灰水处理后达到《农田灌溉水质标准》GB 5084—2021的旱地作物标准。

该技术的主要目标是去除进水中的 COD_{Cr}、SS和LAS，在处理过程中尽可能保留进水中的氮、磷物质，并将其转化为便于植物利用的无机氮、磷。

处理规模：100～150L/d；

服务户数：单户；

服务人口：3～5人。

该技术原理图如图7-8所示。

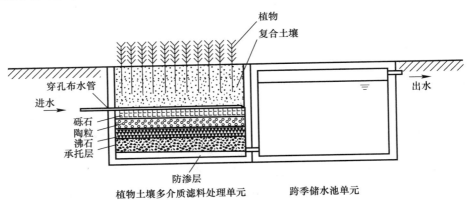

图7-8 单户型多介质跨季储蓄型保温庭院生态处理技术原理图

7.2.3 技术特点

单户型多介质跨季储蓄型保温庭院生态处理技术针对农村生活灰水的特点进行设计，使出水满足《农田灌溉水质标准》GB 5084—2021的要求，实现农村生活灰水资源化利用。该技术综合利用土壤、滤料和植物的过滤、吸附作用，对污水中的污染物进行处理，考虑到西北村镇冬季寒冷的特点，外部保温措施与"冬储夏用"模式相结合，保障在冬季的处理效率和利用率。该技术可充分利用西北村镇生活灰水资源，在去除污染物的同时，通过回用为农作物提供优质肥源，且处理过程无须额外消耗能源，处理工艺得到简化，处理费用和运维难度有所降低，有利于农村生活污水的长效治理。

7.2.4 技术适用范围

该技术针对西北村镇污水回用的特点，可实现夏季回用水资源化利用和冬季回用水储存的自动切换，在实现无人值守的同时，通过连续式和间歇式的杀菌和抑菌，达到西北村镇回用水冬储夏用的目标。

该技术能够在无须投加药剂及额外使用能源的情况下将生活灰水处理到《农田灌溉水质标准》GB 5084—2021的旱地作物标准，其 COD_{Cr} 去除率为40%～75%，阴离子表面活性剂去除率为45%～70%，SS去除率为50%～65%。将生活灰水中利于农作物生长的氮磷元素进行保留，进出水氨氮变化率低于2%，在降低污水处理成本的同时达到为农作物增肥的功效。

通过地表覆盖保温＋浅埋的方式，减少埋深进而降低工程建设费用，并使设备在冻结期的处理效果维持在非冻结期的 70％～80％。通过"跨季储蓄"模式的设计，在冻结期的 3 个月将生活灰水进行储存，在冻结期后再进行处理后回用，保证出水水质满足标准要求。

该技术有利于解决西北村镇污水治理率不高且非传统水源利用率普遍偏低的问题，实现良好的节水效果，为西北村镇生活灰水的收集处理与资源化利用提供工程技术方案。

7.2.5　效能分析

相较于其他单户型农村生活污水处理技术，该技术具有建造和运行费用低的优势，建设成本可降低 10％左右，运行成本可降低 20％左右，适宜经济水平较低的西北村镇使用。同时，其管理操作简单，使用方便，后期维护管理难度小，主要针对单户型分散式生活灰水处理，出水可用于农田灌溉，增加经济效益。改善了过去生活灰水随意泼洒造成环境污染的情况，在处理过程中通过处理流程的设计避免了大量污泥的产生，减轻了处理装置使用过程中污泥处置的压力，可改善当地地表水水质和水生态环境，促进农村水环境改善。

7.2.6　运行管理

该技术易于管理，只需冬季覆盖保温材料，定期清除地表枯萎植物即可。

7.3　基于病原菌高效灭杀的无动力厌氧生物处理技术

7.3.1　技术现状

1. 厌氧生物处理

厌氧生物处理技术从 1860 年研发至今，因其能通过简单的技术将污水中的有机物转化为甲烷气体、处理效能高、剩余污泥量少等独特优势而备受青睐，被广泛应用于质量浓度较高的有机废水处理。随着污水处理可持续发展理念的提出，厌氧生物处理技术被应用于农村生活污水处理系统。一些典型厌氧生物反应器应用现状如下。

升流式厌氧污泥床（UASB）是 20 世纪 70 年代由 Lettinga 等人开发的应用于工业废水处理的厌氧反应器，包括配水系统、反应区、三相分离器、出水和气室区，污水经由反应器底部的配水系统均匀布水，通过反应区的污泥床和悬浮污泥层，使污水与微生物充分接触，将污水中的有机物转化为沼气，"水—气—泥"再经由三相分离器分开，沼气通过集沼器收集，污泥回到污泥床，出水经沉淀区排出反应器。UASB 的优势在于：一方面，无须搅拌设备，通过产生的沼气进行扰动，强化泥水混合效能；另一方面，增设的三相分离器可有效防止污泥流失，维持较高的生物量。

吴松等人采用调节池、UASB 和喷洒式生态滤池组合工艺对农村生活污水进行处理并评估其效能。研究结果表明，该组合工艺稳定运行 6 个月，对农村生活污水 COD、TN、TP、SS 去除率分别为 69.20％～86.50％、56.45％～93.15％、68.59％～86.82％和83.51％～93.00％，且对 COD 的去除主要集中在 UASB 和喷洒式生态滤池。李传松等人设计的 UASB-序批式活性污泥工艺（SBR）—人工湿地组合工艺对海南环岛富铁三亚动车所污水在室温下（20～25℃）进行处理，回流比为 5，USAB 的 COD 去除率为 77.80%，该组合工艺出水中 COD、BOD$_5$、SS、NH$_3$-N 的质量浓度低于 50mg/L、20mg/L、35mg/L 和 15mg/L，出水水质达到《污水综合排放标准》GB 8978—1996 一级排放标准。为增强"水—气—泥"混合，徐阳钰等人设计了气动 UASB，利用产生的沼气回流，增强对污水的搅拌，提高传质效能，系统在常温下 51d 完成启动，COD 的去除率达 68.30%。

厌氧滤池由 Young 和 McCarty 开发，应用填料作为微生物载体，污水中的有机物经过填料区被附着的微生物拦截、吸附、分解，转化为甲烷和二氧化碳。填料的类型可以分为天然填料和人工合成填料，其中砾石、砖块、炉渣、海绵、鲍尔环等应用范围较广。依据进水方式分为上流式厌氧滤池和下流式厌氧滤池。其优点在于成本低、处理效能高、易于调控，用填料过滤生活污水中的悬浮物，防止污泥流失，缩短启动周期。

凌霄等人设计的无动力地埋式厌氧生物滤池—生态浮床组合工艺对南方农村生活污水进行处理，设计规模为 60m^3/d。结果表明，在厌氧滤池总水力停留时间为 52h 时，该组合工艺对 SS、COD、BOD、NH$_4^+$-N、TP 平均去除率分别为 89.70%、81.00%、80.90%、80.90% 和 81.90%。系统的出水水质稳定，达到广东省地方标准《水污染物排放限值》DB 44/26—2001 第二时段一级标准。徐兴愿等人采用上流式厌氧滤池—人工湿地组合工艺，以回收塑料作为厌氧滤池填料。在水力停留时间为 6h、人工湿地水力负荷为 0.12m^3/(m^2·d)、气水比为 6∶1 的工况下，该组合工艺的 COD、NH$_4^+$-N、TN 和 TP 平均去除率分别为 84.99%、69.31%、65.11% 和 73.58%，达到《城镇污水处理厂污染物排放标准》GB 18918—2002 的一级 B 标准。王永谦等人采用厌氧消化—缺氧—好氧—人工湿地组合工艺处理农村生活污水，在中低温环境下启动厌氧生物滤池 65d 后稳定运行，水力停留时间调控在 72h，出水 COD 质量浓度为 39.3mg/L，满足《城镇污水处理厂污染物排放标准》GB 18918—2002 的一级 A 标准。

厌氧生物膜反应器（AnMBR）是将厌氧生物反应和膜分离组合，以实现固液分离的污水处理工艺。相比于传统的厌氧生物处理工艺，AnMBR 的显著优势在于能截留大量的污泥，促进厌氧反应，提高出水水质，降低污泥产率，且占地面积小。根据膜组件的位置，AnMBR 可分为外置式和浸没式。其中浸没式 AnMBR 将膜组件设置在反应器内，利用反应器内产生的沼气循环，低能耗地控制膜污染，但其膜通量低。

荆延龙等人采用外置浸没式厌氧膜生物反应器，在 18～37℃、水力停留时间为 12～14h、容积负荷为 0.83kg/(m^3·d) 的工况下，COD 的去除率为 90.60%，出水 COD 质量浓度为 50mg/L。系统内的厌氧微生物活性高，稳定期 MLVSS/MLSS 为 0.68。为缓解膜污染、提高效能，蔡文忠等人引入电场，采用微生物电解池 MEC 和 AnMBR 组合处理设计规模为 1m^3/h 的生活污水，COD 去除率为 88.80%，氨氮去除率为 88.30%，TN 去除率为 72.10%，出水符合《城镇污水处理厂污染物排放标准》GB 18918—2002 一级标准。

厌氧折流板反应器是 McCarty 等人研发的，它基于分阶段多相厌氧工艺理论在反应器中增设垂直折流板，形成一系列隔室使得污水在体系内形成推流，相当于多个简化 UASB 的串联，让污水中的有机物与厌氧微生物充分接触，进而截留、吸附、强化降解有机物。随着厌氧折流板反应器（ABR）的研发，研究人员从反应器构型上优化增设填料，以强化污水中有机物与污泥之间的接触，提高反应器处理率。

杨春等人采用隔室增设无纺布填料的改良型 ABR 对农村生活污水进行预处理。研究表明 ABR 在低负荷启动，并采用逐级提高有机负荷的方式在 60d 内完成挂膜启动，系统 COD 去除率在 66.00% 左右，启动阶段平均产气率约为 $0.47m^3/kgCOD$，出水 pH 为 $6.35\sim7.05$，系统启动完成后出现广古菌门、嗜热丝菌门、螺旋菌门。刘聪等人采用 4 隔室装有弹性填料的 ABR 对临渭区某村农村生活污水进行处理，研究表明 ABR 在水力停留时间由 24h 调整到 12h 时，COD 的去除率维持在 85.00%，出水 COD 质量浓度在 100mg/L 以下；继续调整水力停留时间，发现 ABR 的最佳水力停留时间为 10h，COD 去除率达到 86.80%，系统抗冲击负荷能力强，但氨氮去除效能不足，需要配合人工湿地进行脱氮除磷。张国珍等人利用改良 ABR 和生物滴滤池研发了一体化装置处理农村生活污水，在水力停留时间为 24h、18h、12h，生物滴滤池水力负荷为 $1.75m^3/(m^2 \cdot d)$、$2.35m^3/(m^2 \cdot d)$、$3.50m^3/(m^2 \cdot d)$ 的工况下，评估系统对 COD、NH_4^+-N、TN 和 TP 的去除效果。结果表明，污水中 COD、NH_4^+-N、TN 和 TP 的质量浓度沿程降低，但随着水力负荷增大，系统对污染物的去除率有所下降。水力负荷为 $1.75m^3/(m^2 \cdot d)$ 时，系统对 COD、NH_4^+-N、TP 和 TN 平均去除率分别为 88.93%、84.75%、50.44% 和 48.47%。

膨胀颗粒污泥床反应器（EGSB）是基于 UASB 发展起来的三代厌氧反应器，它包括布水区、反应区、分离区、集气室及循环区，膨胀颗粒污泥床反应器的高径比大，反应器增设出水回流系统，增强气、水、泥混合，降低反应器的死区。污水通过布水区分配到反应器底部，经由反应区与污泥充分接触，将污水中的有机物转化为沼气，通过三相分离器在分离区又实现气体、液体、固体的分离，其中气体由集气室收集，污泥回落至污泥床，出水由沉淀区收集部分回流至进水、部分排至后续反应器。

李伟等人将膨胀颗粒污泥床反应器出水部分体外曝气回流，和进水一起进入反应器，在反应器内部构建氧化和还原双重环境，提高膨胀颗粒污泥床反应器对有机物的去除效能，同时降解部分氮磷污染物，在水力停留时间为 8h，回流比为 $8\sim10$、溶解氧为 $0.3\sim0.5mg/L$ 时，COD 去除率为 94%。李清雪等人构建的厌氧生态组合工艺中，在生物单元分别采用 EGSB、ABR 和复合式厌氧反应器（HAR）后续连接生态单元，在室温下，进水 COD 质量浓度为 $325.3\sim386.5mg/L$，厌氧水力停留时间调控在 16h 以上，出水符合《城镇污水处理厂污染物排放标准》GB 18918—2002 一级 B 标准，三种工艺对总氮的去除效能无显著差异，厌氧污泥床—循环反应器（EGSB-CRI）去除氨氮的效果显著。

目前厌氧生物处理仍未在农村生活污水处理中得到广泛应用，其原因主要包括以下方面：

（1）厌氧微生物增殖缓慢，厌氧反应器启动时间和水力停留时间都比好氧法长；

（2）一般情况下出水水质不能直接达到符合排放标准的要求，需要进一步处理；

（3）待处理污水的质量浓度较低或碳氮比较低时会造成碱度不足，需要补充和投加碱源；

（4）污水的质量浓度较低，产生的甲烷的热量不足以将水温加热到厌氧生物处理的最佳温度时，需要用外热源加热；

（5）厌氧处理过程中产生的以甲烷气体为主的沼气是一种易燃易爆气体，厌氧反应器内必须安装防爆装置；

（6）对温度要求严格，污水温度低时对处理效果的影响很大，管理操作比较复杂。

2. 紫外线灭菌

特定波长的紫外线可以杀灭细菌繁殖体、芽孢、分枝杆菌、病毒、真菌等多种微生物。使用紫外线破坏微生物机体细胞的分子结构，造成细胞死亡，以达到杀菌和消毒的效果，是一种较为常见的物理消毒方式。

Gonzalez 等人发现经紫外线照射后，在可见光下，光解酶通过逆转紫外线造成的损害而发挥作用，微生物在可见光照射后 4h 的光再活化峰值为 27.8%。李树铭等人通过单独紫外线灭菌实验，发现紫外线强度为 $1032.8\mu W/cm^2$、反应时间为 60s（紫外线剂量为 $62mJ/cm^2$）时，粪肠球菌、短芽孢杆菌、假单胞杆菌、大肠杆菌分别有 4.34log、3.76log、5.01log 和 5.03log 的去除率，且革兰氏阳性菌（粪肠球菌、短芽孢杆菌）的去除率低于革兰氏阴性菌（假单胞杆菌、大肠杆菌），这与 Mckinney 等人的实验结果一致，原因可能是革兰氏阳性菌与革兰氏阴性菌的总基因组的大小不同。

张天阳等人通过紫外线灭菌实验，发现粪大肠菌群存活数低于 $1.0\times10^3MPN/L$，且单独紫外线灭菌实验对粪大肠菌群的灭活效果优于单独氯化灭菌实验，去除率为 2.0log。韩兴利用自制的明渠紫外线灭菌器，探究水深、流量对灭菌效果（大肠菌群数）的影响，在流量小于 $0.8m^3/h$、水层深度小于 0.03m 时，出水中大肠菌群数小于 10000 个，符合《城镇污水处理厂污染物排放标准》GB 18918—2002 的二级标准。孟晓曦由实验得出进水流量为 $0.91m^3/h$ 时会出现紫外线灯管数量不足、紫外线剂量不够、灭菌效果不达标的问题，故根据设计参数和紫外线剂量重新设计紫外线灭菌器，并增设挡板以改善水流的水力条件；通过研究不同的紫外线杀菌工艺，得出不同影响因素下 UV_{185} 波长的紫外线杀菌灯管的稳定性能和杀菌性能都比 UV_{254} 更好的结论。王洁等人发现在粪大肠菌群测定过程中，采样时应坚持细菌样优先；样品保存在 10℃ 以下冷藏，应在 6h 内完成测定；灭菌后的发酵管中有气泡可能会呈现假阳性；粪大肠菌群测定过程中应利用无菌生理盐水进行空白实验，且培养后不得出现颜色变化；需定期使用有证标准样品进行质量控制等注意事项。

由于目前大部分紫外线灭菌采用的明渠水下照射式，存在石英套管易受污染的问题，张吉库等人采用了水面照射式紫外线灭菌装置，但紫外线对粪大肠菌群的灭杀效果受到不同水层厚度、污水流量、灭菌时长、浊度或悬浮物的影响。经过实验发现最佳水层厚度为 25mm、流量为 20L/h 时，出水中大肠菌群数小于 10000 个，符合《城镇污水处理厂污染物排放标准》GB 18918—2002 的二级标准，灭菌率达 99.06%。

张伟等人通过室内实验和实际生产实验，证明次氯酸钠投加量与余氯产生量成正比，紫外线灭菌工艺能够显著地节省次氯酸钠用量。次氯酸钠投加量在 $2.0g/m^3$ 时就能满足《城镇污水处理厂污染物排放标准》GB 18918—2002 一级 A 标准，比单独使用次氯酸钠消毒能够节省次氯酸钠 $1.0g/m^3$。每年可节省次氯酸钠 20t 左右，从而达到节约资源、保护环境的目的。

7.3.2 技术原理

1. 厌氧生物处理技术原理

厌氧生物处理技术在无氧的条件下，依靠体系中的兼氧和厌氧微生物代谢活动将污水中的大分子有机物转化为甲烷、二氧化碳和水，实现污水能源化回收，是一种可持续发展型污水处理技术（图 7-9）。污水中有机物厌氧处理过程分为四个阶段：①水解阶段：通过发酵菌产生胞外酶，将复杂不溶性物质（蛋白质、糖类、脂肪）转化为简单可溶性物质（氨基酸、单糖、脂肪酸、乙酸）；②产酸阶段：简单可溶的水解产物（氨基酸、单糖、脂

肪酸、乙酸）在产酸菌的作用下转化为挥发
性脂肪酸（丙酸和丁酸等）；③产乙酸阶段：
产乙酸菌进一步将产酸阶段的产物短链脂肪
酸转化为乙酸；④产甲烷阶段：氢和二氧化
碳在产甲烷菌作用下转化为甲烷和水，乙酸
脱羧转化为甲烷、二氧化碳和水。

2. 三段式一体化厌氧生物处理技术原理

三段式一体化厌氧生物处理由兼氧、厌
氧、兼氧三段组成。在第一格兼氧段进行以
下过程：①有机物的降解：水解产酸细菌将
复杂的大分子、不溶性有机物先在细胞外酶

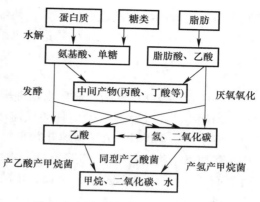

图 7-9　污水中有机物厌氧处理过程

的作用下水解为小分子、溶解性有机物，然后渗入细胞体内，分解产生挥发性有机酸、醇
类、醛类。接着在产氢产乙酸细菌的作用下，第一阶段产生的各种有机酸被分解转化为乙
酸和氢气，在降解奇数碳素有机酸时还原成二氧化碳。最后产甲烷细菌将乙酸、乙酸盐、
二氧化碳和氢气等转化成甲烷。同时，兼氧微生物通过少量氧生长繁殖并在新陈代谢过程
中对农村生活污水中的有机物质进行降解处理。②硝酸盐的去除：兼性厌氧的硝酸盐还原
菌将硝酸盐还原为氮气，达到高效生物脱氮的目的。③磷酸盐的去除：聚磷菌以分子氧或
化合态氧作为电子受体，氧化代谢内储物质聚 β 羟基丁酸盐（PHB）或聚 β 羟基戊酸盐
（PHV）等，并产生能量，过量地从污水中摄取磷酸盐，能量以高能物质三磷酸腺苷
（ATP）的形式存储，其中一部分转化为聚磷，作为能量存储于胞内，通过剩余污泥的排
放达到高效生物除磷目的。在第二格厌氧段，产甲烷菌和产乙酸菌对经第一格处理，生活
污水中剩余的大分子有机物转化为甲烷，以此降低污染物的质量浓度。第三格兼氧段内添
加微搅拌装置，兼氧微生物的作用同第一格兼氧段。

3. 紫外线灭菌处理技术原理

生物的遗传物质核酸有 DNA（脱氧核糖核酸）和 RNA（核糖核酸）两种，单体分别
是脱氧核糖核苷酸和核糖核苷酸。紫外线波段（200～280nm）的紫外线光，会使核苷酸
单体之间或核酸之间产生连接，使 DNA 和 RNA 的结构破坏、功能受损。其中，最主要
的反应是两相邻的胸腺嘧啶形成二聚体，破坏 DNA 结构。次主要的反应是两相邻的胞嘧
啶形成二聚体。其他的紫外线光和 DNA 或 RNA 的反应也会导致细胞的死亡。在 DNA 的
吸收谱线中，峰值为 260～265nm 的波长。紫外线灯的光谱峰值为 253.7nm，接近 DNA
吸收峰的波长范围，所以杀菌效果好。

4. 三段式一体化微动力厌氧生物物理耦合处理技术原理

三段式一体化微动力厌氧生物物理耦合处理技术为微动力厌氧生物技术与紫外线灭菌
处理技术的结合，在第一格兼氧段和第二格厌氧段内，微动力厌氧生物技术占主导地位，
主要通过兼氧微生物及水解产酸细菌、产氢产乙酸细菌、产甲烷细菌将农村生活污水中复
杂的大分子、不溶性有机物进行降解，通过硝酸盐还原菌以及聚磷菌去除硝酸盐及磷酸
盐，在此过程中产生甲烷进行能源利用；在第三格兼氧段，生物处理技术与紫外线灭菌
技术同时运行，但紫外线灭菌技术占主导地位。兼氧微生物通过自身的新陈代谢去除农
村生活污水中有机物，紫外线灭菌技术通过照射作用使农村生活污水中的病原微生物，

如大肠杆菌等的核酸及蛋白质变性，使细胞裂解死亡。在去除剩余有机物的基础上对农村生活污水中存在的病原微生物进行灭杀，避免对受纳水体造成危害。

7.3.3 技术特点

三段式一体化微动力厌氧生物物理耦合处理技术效能高且稳定，抗冲击负荷能力强，动力消耗少；主要靠厌氧微生物的代谢活动转化污染物，产生的沼气能被利用；设备简单，便于模块化设计；在去除常规污染物的基础上可利用紫外线灭菌技术对农村生活污水中的病原微生物进行灭杀，达到双重去除目的；紫外线灭菌在灭菌效果、使用成本及安全性方面，具有灭菌时间短、效率高、杀菌谱广、结构简单、占地小、运行维护简便、无二次污染等特点。

三段式一体化微动力厌氧生物物理耦合处理技术也具有一定的缺点，如处理过程中厌氧微生物增殖缓慢，设备启动和处理时间长；出水水质较差，达不到排放标准；紫外线穿透能力弱，仅适用于浊度和色度较低的污水；紫外线无持续消毒能力，经紫外线灭菌器灭菌后的部分微生物可能会产生光复活的现象。

7.3.4 技术适用范围

1. 厌氧生物处理技术适用范围

由于该技术耐冲击负荷能力强、能耗低，故适用于全国大部分村镇生活污水的分散处理。特别是对于人口相对分散、人口较少、生活条件相对较差、污染负荷较高的村镇。

2. 紫外线灭菌处理技术适用范围

紫外线可用于室内空气、物体表面和水及其他液体的消毒，但紫外线辐照能力低、穿透力弱，仅能灭杀直接照射到的微生物，故经厌氧生物处理后的生活污水的浊度和色度不能过高。

3. 三段式一体化微动力厌氧生物物理耦合处理技术适用范围

三段式一体化微动力厌氧生物物理耦合处理技术可同时去除常规污染物与病原微生物，适用于我国村镇人口少且相对分散，居民家中多为水厕且统一收集处理的小型污水处理站。

7.3.5 效能分析

1. 厌氧生物处理技术效能分析

厌氧生物处理技术是在厌氧条件下，形成了厌氧微生物所需要的营养条件和环境条件，通过厌氧菌和兼性菌的代谢作用，对有机物进行生化降解的过程。与好氧生物处理技术相比，厌氧生物处理技术无须充氧，运行耗能大大降低；厌氧过程中产生的甲烷可作为能源加以利用；耐冲击负荷能力强，能承受较大的质量浓度变化和水质变化，适用于西北村镇地区；厌氧过程中微生物增殖缓慢，产生的剩余污泥量比好氧处理少得多，无须专业人员运营。

2. 紫外线灭菌处理技术效能分析

紫外线灭菌处理技术利用微动力设备——太阳能发电板，将太阳能直接或间接转化为电能。太阳能为绿色能源，符合国家产业政策，且运行能耗低；紫外线灭菌技术为物理灭菌技术，与化学灭菌技术相比，不投加化学试剂，不产生有毒有害副产物，不会产生二次污染，运行简单，易操作。

　　3. 三段式一体化微动力厌氧生物物理耦合处理技术效能分析

　　三段式一体化微动力厌氧生物物理耦合处理技术结合了厌氧生物处理技术与紫外线灭菌处理技术，在整个处理过程中，厌氧过程产生的沼气可进行能源化利用；微搅拌及紫外线灭菌技术使用的电源均来自于太阳能发电；紫外线灭菌过程中未投加化学试剂，不会产生二次污染。

7.3.6　运行管理

　　(1) 采取技术管理工作网，责任到人，建立技术信息的收集、事故及故障分析、整理反馈办法。

　　(2) 建立设备挂膜、运行、监测及检修阶段的统计分析。具体分为：

　　1) 挂膜阶段：三段式一体化微动力厌氧生物物理耦合处理技术运行过程中挂膜时间较长，一般为 1~2 个月，挂膜成功时填料上应附着有一层黑褐色生物膜，且手感滑腻，散发臭味。

　　2) 运行阶段：运行过程中水力停留时间不能过短，否则大分子有机物与厌氧微生物接触时间短，无法完全降解有机物；但水力停留时间也不能过长，否则在贫营养条件下会导致微生物的大量死亡，从而无法对农村生活污水进行处理。运行过程中要时刻关注温度及 pH 变化，低温对生物处理影响很大，低温时挥发性脂肪酸（VFA）的质量浓度迅速增加可能会使 VFA 在系统中累积，最终超过系统的缓冲能力，导致 pH 的急剧下降，从而严重影响厌氧工艺的正常运行和最大处理能力的发挥。

　　3) 监测阶段：定期对农村生活污水的进出水水质进行监测，确保三段式一体化微动力厌氧生物物理耦合污水处理装置稳定运行，若发现异常，及时查明原因并做出修正。

　　4) 检修阶段：每年定期对设备进行两次检修，检查厌氧生物处理工艺运行是否正常、空气中甲烷含量是否超标、紫外线灯是否受损等。

7.4　基于资源化利用的风光互补厌氧—好氧生物强化处理技术

7.4.1　技术现状

　　1. 污水处理行业能耗特征

　　污水处理属能量密集型行业，其中好氧生物处理设施是主要的耗能单元，污水处理工艺节能降耗是研究的热点之一。

　　2. 国外自然能源发电在污水处理中的应用研究

　　1983 年世界上第一座太阳能驱动的污水处理厂在美国西部的威尔顿市建成，该污水处理厂日处理量为 170.32m³，可用于附近 800 户家庭和两座工厂的污水处理。Yousra Jbari 将反渗透与光伏发电相结合，应用于污水处理系统中，通过对此系统最佳运行条件的选择达到能耗最少且氯酚去除率最高的情况，并通过建立模型预测出处理 1m³/d 的污水需要峰值功率为 280Wp 的光伏装机容量和 9.22kWh 的电池容量。E. Gürtekin 对马拉蒂亚市的一座污水处理厂进行 SASS 软件建模，预测通过使用 2.85MW 的光伏发电板、107 块蓄电池以及 99m 深的地源热泵可以为污水处理厂提供每年 5750000kWh 和 7300300L 的 50℃热水，满足此污水处理厂的能源需求。

3. 国内自然能源发电在污水处理中的应用研究

何细军等人设计了一套光伏发电驱动 A^2O 污水处理工艺，研究太阳能在不同天气状况下发电效率对污水处理效果的影响，并且对比了不同水力负荷下 TN、NH_3-N、TP、COD_{Cr} 的去除效果，得出水力负荷较低时系统的污水处理效果良好。Han 等人根据太阳光照强度周期变化和农村生活污水昼夜排放量差异较大等特征，提出一种无蓄电池光伏系统驱动的氧化沟工艺污水处理系统，可有效降低光伏发电系统成本。思显佩将光伏发电技术与物联网技术结合应用到农村生活污水处理中，设计了一套可为处理量为 30t/d 的乡村污水处理站供电的光伏发电系统，该光伏发电系统装机容量为 45kW，每日发电量为 210kWh，此污水处理站在实际运行中实现了低能耗、零电费；采用物联网技术使该污水处理站实现了远程监控、夜间无人值守、维护管理便捷。胡孟春研发出以风、光电能为动力，集生物接触氧化、超滤膜、纳滤膜为一体的化粪池污水处理设备，该设备主要由风光互补发电系统、前处理系统、处理系统组成，最终可以使化粪池资源化率达到 99.75%，发电系统能效系数为 $1.80m^3/kWh$，可节约运行成本 38.31 元/d。马方曙等人利用 PLC 逻辑控制器模拟太阳能变化，结合 SBR 反应器构建了一套无蓄电池光伏发电直接驱动的污水处理装置，降低了污水处理设施对电网的依赖。严子春等人开发了一套以光伏发电为动力的强化混凝/A/O 生物接触氧化一体化污水处理装置，通过投加聚二甲基二烯丙基氯化铵（HCA）/聚合氯化铝（PAC）复配混凝剂进行混凝预处理降低装置生化处理负荷与运行费用，运用光伏动力系统降低电耗，出水可达到甘肃省地方标准《农村生活污水处理设施水污染物排放标准》DB62/4014—2019 一级标准，节约污水处理动力成本 4.155 元/m^3。姚丹采用风光互补发电针对广州市南沙区某污水处理站的负荷特点进行设计，对污水处理站的运行及处理效果进行监测分析，数据表明该污水处理站运行稳定，污水处理效果良好。蔡铭杰等人利用光伏发电驱动加蓄电池供电研发了一套一体化生物膜反应器，结合厌氧—好氧工艺，分段进水通过 PLC 自控，根据农村污水的排水规律设计了高、中、低能耗以及夜间四种运行模式，处理装置稳定运行，对水中污染物去除效果良好。桂双林等人以江西省某村为例介绍了光伏发电驱动生物滤塔—人工湿地组合工艺对农村生活污水处理的应用，结果表明该村生活污水经生物滤塔—人工湿地组合工艺处理以后，出水 COD_{Cr}、氨氮、TN 和 TP 指标均达到了《城镇污水处理厂污染物排放标准》GB 18918—2002 的一级 B 标准。

7.4.2 技术原理

风光互补厌氧—好氧生物强化处理技术将厌氧生物技术、紫外线灭菌技术、光伏发电技术耦合使用，厌氧生物处理过程中利用厌氧生物膜的吸附及沉降作用去除部分病原微生物，再通过紫外线照射进一步杀死病原微生物，在去除常规污染物的基础上利用紫外线灭菌技术对农村生活污水中的病原微生物进行灭杀，具有双重灭杀病原微生物的效能。该技术出水达到《农田灌溉水质标准》GB 5084—2021 旱地作物标准，实现了污水资源化利用。

7.4.3　技术特点

反应器采用两级 A/O 加生物接触氧化工艺，设计处理量为 $1.5\text{m}^3/\text{d}$，生物反应区域投放悬浮球内置火山岩填料，在好氧池底部安装直径为 10cm 的微孔曝气盘，通过转子流量计调节曝气量维持溶解氧的质量浓度。该装置总有效池容为 1170L，第一、二级 A/O 反应区的容积比分别为 1.24 与 1.90，装置整体尺寸为 2350mm×600mm×900mm，具体设计见图 7-10，图 7-11 为反应器 3D 图，图 7-12 为装置实物图，图 7-13 为污水处理系统流程图。

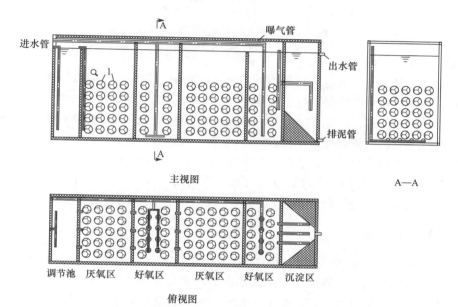

图 7-10　回用型两级 A/O 一体化反应器设计图

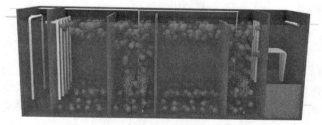

图 7-11　回用型两级 A/O 一体化反应器 3D 图

图 7-12　回用型两级 A/O 一体化反应器实物图

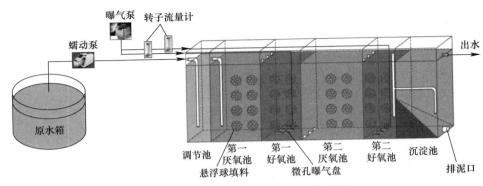

图 7-13　回用型污水处理系统流程图

该技术具有以下特点：

（1）流程简单，成本低，运行费用低，全自动控制，无须人员运行管理。

（2）具有保留氮磷的优势。优化设备的 A/O 容积比，极大程度保留生活污水中利于农作物吸收的氮磷元素，去除 COD、SS 等污染物，出水用于农田灌溉，相对国内外其他回用型污水处理工艺，氨氮保留率提升 19％左右，在提升水资源回收利用率的同时，避免了生活污水中营养物质的流失，有利于农村生活污水的资源化利用。

（3）冬储夏用。通过 PLC 调整污水处理设备的运行模式，冬季冰冻期将污水进行保存，待次年灌溉季节再进行处理利用。

7.4.4　技术适用范围

该技术适用于水资源较为匮乏且以农牧业为主的地区，处理后的出水可用于农田灌溉，达到节水降耗的目的。同时，利用出水中的氮磷资源保持土壤肥力。稳定运行阶段出水满足《农田灌溉水质标准》GB 5084—2021 中的 a 类蔬菜标准。该技术采用冬储夏用资源化利用模式，冬季储存污水，夏季逐步通过调整水力停留时间，将存储下来的污水进行有效处理并资源化利用。

7.4.5　效能分析

1. 风光互补系统效能

环境条件对风光互补系统效能有着重要影响。光伏发电主要受太阳辐射强度和环境温度的影响；风能主要受不同高度风速影响，其随机性较大，将风力发电作为光伏发电的补充，可提高供电系统的稳定性，增强系统对不同气象条件的适应性。在位于内蒙古呼和浩特市某村，对当地气象条件进行分析总结，为风光互补发电系统的设计提供数据支撑。根据《2021 年中国风能太阳能资源年景公报》，该地区属于太阳能资源很丰富的Ⅱ类地区，风能则属于第Ⅰ类风能资源丰富区，十分适合风光互补发电系统的应用。太阳能与气象数据见图 7-14。

由图 7-14 可知，太阳辐射强度与季节变化的相关性显著。秋冬季节太阳辐射强度明显降低，一年中的低谷期为 12 月至次年 1 月，该时间段内日均有效辐射强度大部分低于 $50W/m^2$。而春夏季节太阳辐射明显升高，于 6～7 月达到高峰，少部分时间由于夏季降雨等因素影响导致辐射强度间歇性降低，大部分时间内日均太阳辐射强度都高于

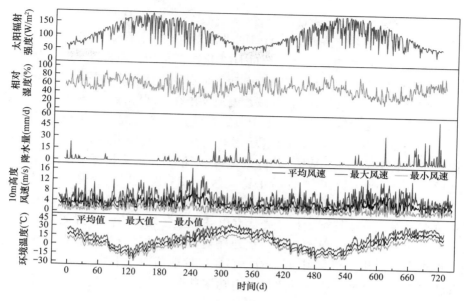

图 7-14　太阳能与气象数据

$140W/m^2$。10m 高度下的风速不稳定，但总体呈现春冬高、夏秋低的趋势，春季最高风速可达 $6\sim8m/s$。冬季日均风速变化较大，某些时刻日均风速也可达到 $8m/s$。综合来看，在冬季和某些太阳辐射强度较低的天气情况下风能对太阳能具有良好的补充效应，将风能光能结合利用可以使系统的整体供电效能更为稳定。

2. 风光互补系统效能分析

图 7-15 所示为 2022 年 5～12 月持续运行 220d 的风光互补系统日发电量与用电量数据。由图可知，光伏日发电量最高可达 5.42kWh，最低仅为 0.29kWh，平均日发电量为 2.09kWh，光伏日发电量远大于风力日发电量，光伏发电占据主导地位。风力发电作为补充能源，日发电量最高为 0.18kWh，平均日发电量为 0.016kWh，风力发电作为辅助供能的作用较小。生活污水处理装置平均日用电量为 1.29kWh，系统平均能源利用率为 63.8%，风光互补发电系统基本可以满足污水处理装置日常所需用电量，可使装置持续稳定运行。

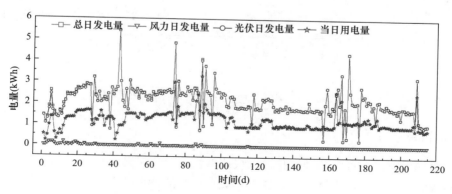

图 7-15　风光互补系统日发电量与用电量

3. 风光互补发电系统 24h 效能分析

通过 PLC 实时监测系统持续运行期间的光伏发电功率、风机发电功率和蓄电池电压数据，每 5min 记录一次数据，统计系统的日变化数据平均值及标准差，如图 7-16 所示。由图可知，在 24h 内蓄电池电压与光伏发电功率呈现较为显著的相关性，夜间光伏系统不发电而污水处理装置依旧持续运行，导致蓄电池电压在夜间降低，一般从 19:00 之后降低至 26V 以下。某些发电量较少的日期由于负载持续运行使夜间蓄电池电压能降低到 25V 以下水平。光伏发电功率一般从 5:00 开始逐渐上升，到 9:00 左右达到一天内的最高值，此时平均光伏发电功率为 350Wh。蓄电池电压也随着光伏发电功率在此时间段内升到最高，之后（即 10:00～17:00）保持平稳，达到 28V 左右。光伏发电功率在 19:00 左右逐渐下降，蓄电池电压也逐步降低。可以发现，蓄电池电压 24h 内波动幅度较小，夜间电量也可充分保证负载持续运行。光伏发电系统上午功率最高，即使下午功率逐渐降低也可使蓄电池充满电量，保证夜间污水处理装置的正常运行。风机发电功率与时间变化的相关性较小，但从图 7-16 中可以看出，风机发电功率在下午（即 12:00～18:00 之间）的变化幅度较大，而此阶段的光伏发电功率逐渐降低，风力发电则可在此阶段对整体发电量进行一定补充。

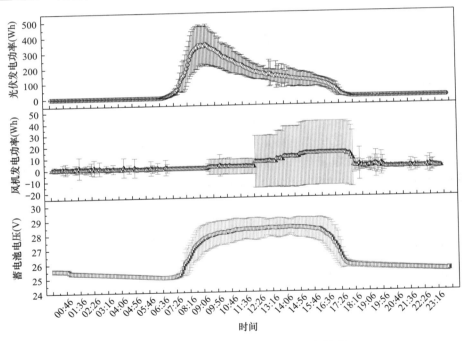

图 7-16　风光互补发电系统 24h 变化情况

7.4.6　运行管理

人工接种挂膜使装置内的微生物得以快速增长，快速提升反应器的水力负荷，生物可更迅速附着到填料中。用于接种的活性污泥取自呼和浩特市某乡镇污水处理厂曝气池，将接种污泥按体积比为 1:2:1:2 的比例分别向 A1、O1、A2、O2 区投加，然后启动装置，给装置内的 O1、O2 区连续曝气。装置初期水力停留时间为 18h，连续进水，好氧区溶解氧的质量浓度维持在 2～3mg/L，待运行稳定填料挂膜成功后将水力停留时间调整为 14h，连续运行。

7.5　基于达标排放的风光互补厌氧—好氧生物强化处理技术

7.5.1　技术现状

1. 自然能源驱动污水治理技术

从理论上讲，有机物好氧生物降解量和氨氮硝化等过程与需氧量之间存在一定的比例关系，因此，尽管通过改进充氧设备和生物反应器可以提高充氧效率和氧的利用率，但节能的作用有限。利用太阳能、风能等新能源作为污水处理系统的动力是未来发展方向之一。

2. 风光互补发电在污水处理中的应用研究

姚丹利用风光互补发电对广州市的某污水处理站提供能源，并且对污水的处理效果进行了连续监测。监测数据显示，污水处理站运行稳定，污水处理效果较好。李鹏宇开发了一套无蓄电池的风光互补发电驱动农村生活污水处理系统，通过自控装置优化电量利用率，实现了污水处理装置的稳定运行，而且系统无蓄电池，减少了对环境的污染，提高了系统的使用寿命。同时对整个系统进行了生命周期评价，该系统在同等级下投资最少。

7.5.2　技术原理

针对西北村镇部分区域，开发出一种新型的利用风光互补发电驱动的污水处理技术。

A/O 工艺在曝气池（好氧池）的前端增设缺氧池，其优越性在于除了使有机物得到降解之外，还具有一定的脱氮除磷功能，是将厌氧水解技术用于活性污泥的前处理，所以 A/O 法是改进的活性污泥法。A/O 工艺将前段缺氧段和后段好氧段串联在一起，A 段 DO 不大于 0.2mg/L，O 段 DO＝2～4mg/L。在缺氧段异养菌将污水中的淀粉、纤维、碳水化合物等悬浮污染物和可溶性有机物水解为有机酸，使大分子有机物分解为小分子有机物，不溶性的有机物转化成可溶性有机物，当这些经缺氧水解的产物进入好氧池进行好氧处理时，可提高污水的可生化性及氧的效率；在缺氧段，异养菌将蛋白质、脂肪等污染物进行氨化（有机链上的氮或氨基酸中的氨基），游离出氨（NH_3、NH_4^+），在充足供氧条件下，自养菌的硝化作用将 NH_4^+ 氧化为 NO_3^-，通过回流控制返回至 A 池，在缺氧条件下，异氧菌的反硝化作用将 NO_3^- 还原为分子态氮（N_2），完成 C、N、O 在生态中的循环，实现污水无害化处理。但是脱氮通常采用一级 A/O 工艺，其出水总氮不达标的风险较大。为解决此类问题，在传统 A/O 工艺的基础上综合非稳态理论开发了多级 A/O 工艺。A/O 工艺串联形成多级 A/O 工艺，进水连续流经每个厌氧和好氧段，使系统整体的反硝化效果得到提升。

通过硝化液回流的影响，第一厌氧池和好氧池中均含有硝酸氮。在第一厌氧池中，反硝化细菌利用原水中的有机碳将回流混合液中的硝酸氮还原。第一厌氧池的出水进入第一好氧池，在好氧池中发生含碳有机物的氧化降解，同时进行含氮有机物的硝化反应，使有机氮和氨氮转化为硝酸氮。第一好氧池的处理出水进入第二厌氧池，废水中的硝酸氮进一步被还原为氮气，降低了出水中的总氮量，提高了整体总氮的去除率。两级 A/O 工艺原理图见图 7-17。

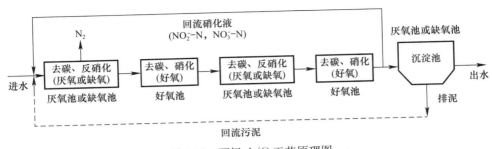

图 7-17　两级 A/O 工艺原理图

7.5.3　技术特点

（1）去除效率高。该工艺对废水中的有机物、氨氮等均有较高的去除效果。当总停留时间大于 54h，经多级厌氧—好氧生物脱氮除磷后的出水可将 COD_{Cr} 值降至 60mg/L 以下，其他指标也达到排放标准，总氮去除率在 70% 以上。

（2）流程简单，投资省，操作费用低。该工艺以废水中的有机物作为反硝化的碳源，故不需要再另加甲醇等昂贵的碳源。

（3）容积负荷高。由于硝化阶段采用了强化生化，反硝化阶段又采用了生物接触氧化技术，有效提高了硝化及反硝化的去除效率，与国外同类工艺相比，具有较高的容积负荷。

（4）多级厌氧—好氧工艺的耐负荷冲击能力更强，可以处理更复杂、质量浓度更高的水质。

工艺缺点：若要提高脱氮效率，必须加大内循环比，因而增加了运行费用。另外，内循环液来自曝气池，含有一定的 DO，使 A 段难以保持理想的缺氧状态，影响反硝化效果，脱氮率很难达到 90%。

7.5.4　技术适用范围

基于达标排放的风光互补厌氧—好氧生物强化处理技术，针对西北村镇生态环境敏感地区，通过生物物理耦合工艺，系统常温期 COD_{Cr}、氨氮、总氮和总磷平均去除率分别为 82.91%、87.21%、75.10% 和 75.16%。与常温期相比，系统低温期和冰冻期的 COD_{Cr}、氨氮、总氮和总磷等指标去除率波动范围仅为 [−4.19%，+3.33%]，稳定运行阶段出水满足《农村生活污水处理设施污染物排放标准（试行）》DBHJ/001—2020 一级标准，有效解决了村镇污水处理设施冬季运行效果差的问题，突破了地埋式系统冬季出水结冰的难题。

7.5.5　效能分析

研究地点位于内蒙古土默特左旗某实验基地。由于采用有蓄电池的风光互补发电系统，因此发电效果一定程度上会受到环境条件的影响。光伏发电主要受到太阳辐射强度和环境温度的影响，风能的随机性较强，受风速的影响较大。风力发电作为光伏发电的补充，可提高供电的稳定性，增强系统对不同气象条件的适应性。

选取运行期间每月的监测数据，对风机发电功率和光伏发电功率进行以 24h 为周期的分析，如图 7-18 所示。

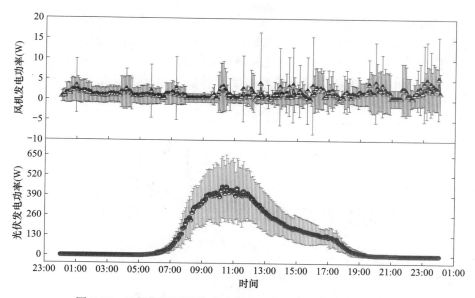

图 7-18　运行期间风机发电功率和光伏发电功率随时间的变化

　　基于当地气候环境条件，在 2021 年 12 月 6 日至 2022 年 1 月 31 日和 2022 年 5 月 1 日至 2022 年 11 月 30 日进行了时间序列实验，以分析不同环境和气候条件下风光互补发电系统能量供给效能（图 7-19）。

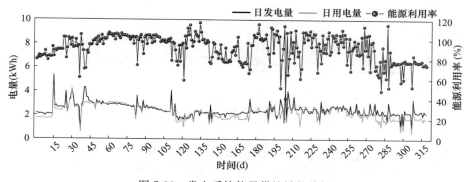

图 7-19　发电系统能量供给效能分析

　　运行期间，日均发电量变化范围为 2.51kWh±0.53kWh，日均用电量变化范围为 2.33kWh±0.52kWh，能源利用率（耗电量/总发电量）变化范围为 93.56%±12.01%。光伏日发电量的变化范围为 2.37kWh±0.61kWh，风力日发电量的变化范围为 0.14kWh±0.37kWh。光伏、风力发电占总发电量的总体比例分别为 92.52%±16.64%、7.18%±10.18%。系统以光伏发电为主，风力发电的随机性较强，供电稳定性和强度较弱。在不同气象条件下，有蓄电池的风光互补发电系统均可稳定输出电能，有效提高了供电系统的稳定性。

　　该技术中风光互补发电系统在全自动电力分配和设备控制中心的干预下，能够根据当前时刻的太阳辐射强度及风速自动控制发电系统的电力输出，为预先设定的污水处理设备提供持续而稳定的电力，并且能够根据污水处理设备的特定需求，通过自控程序对设备提供单独的电力供应或者电力中断，从而实现污水生物处理单元功能分区的溶解氧控制，为污水的生物处理提供有利条件。图 7-20 是不同天气条件下风光互补发电系统发电量（天气状况见表 7-4）。图中阴影部分加和为当日风光互补发电系统所发总电量。对图 7-20（a）的阴影部分进行数学统计，可以得出风光互补发电系统在当日 5:00～20:00 累计输出电力 2925Wh。对图 7-20（b）的阴影部分进行数学统计，可以得出风光互补发电系统在当日 5:00～20:00 累计输出电力 725Wh。

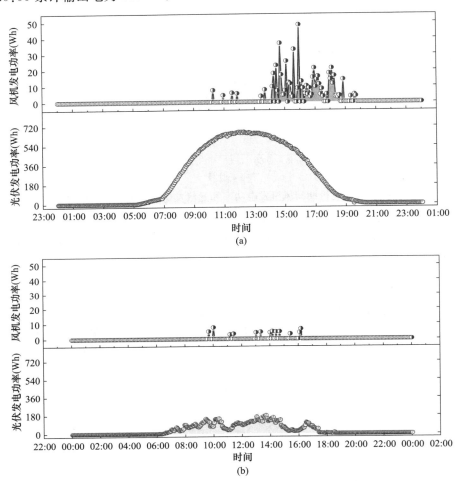

图 7-20　不同天气条件下风光互补发电系统发电量
(a) 晴天；(b) 阴天

天气状况　　　　　　　　　　　　　　　　　　　　　　表 7-4

日期	天气	风力风向	温度（℃）	PM$_{2.5}$	PM$_{10}$	空气质量指数
7 月 8 日	晴朗	东北风 3 级	28.18	3.90	5.98	46
7 月 15 日	多云转阴	东北风 2 级	27.48	13.06	18.13	41

7.5.6　运行管理

1. 基于西北村镇用水特征的风光互补自控策略

结合西北村镇冬季用水量远比夏季用水量少的特征，为保证处理设施在冬季能够正常运行，设计了不同季节、不同水量下有效分配用能运行策略，实现一年四季出水均能稳定达标。不同运行模式下负载功率见表 7-5。

不同运行模式下负载功率

表 7-5

名称	非冰冻期模式		冰冻期模式
	常温期	低温期	
曝气泵（W）	48	48	25
蠕动泵（W）	50	50	20
紫外线灭菌（W）	8	8	8
回流泵（W）	8	8	5
保温板（W）	无	无	150（夜晚 10h）
总功率（W）	114	114	208
运行时间（h）	24	24	24
总能耗（kWh）	2.736	2.736	2.892

目前，针对地埋式污水处理设施末端出水方式，绝大部分采用普通潜水泵进行提升出水，且普通水泵需要现场人员进行启停，还容易出现启停不及时导致水池污水抽空和满溢等现象。基于所研发的设备采用自然能源发电驱动，为使电量得以更高效地利用，设计并安装一种由自然能源发电驱动且由自控逻辑控制的气提出水装置。实现设备在不同季节、不同处理水量的出水，尤其在冬季低温情况下，配合环境温度监测控制器，由 PLC 逻辑控制电路实现在一天内或者一个月内气温最高时进行气提出水。另外，在此期间内多余的发电量可以储存起来供给气提出水时水管保温加热耗电，目的是防止冬季低温情况下水管结冰。

PLC 自控逻辑设计功能如下：

（1）通过监测实时电压电量，实现对用电设备的多级供电。

（2）利用多级供电模式，实现不同能耗级别负载的稳定运行。

（3）通过监测实时水温，实现不同能耗级别保温加热。

控制系统控制逻辑和界面如图 7-21 所示。

2. 运行方案

（1）工艺启动挂膜

实验于 2022 年 5 月底开始启动，污泥驯化时接种土默特左旗察素齐镇污水处理厂二沉池回流污泥，其沉降性能与活性均较好。将污泥与污水以 1∶5 的体积比投入生物物理耦合处理装置中。

装置启动期间每隔 1d 进行一次进出水水质检测，每隔 5d 进行一次各反应区水质检测。直到 COD_{Cr} 去除率稳定达到 80% 以上，氨氮去除率在 80% 以上，且可用肉眼观察到生物膜厚度约有 1mm 或者生物膜上镜检观察到变形虫、轮虫和线虫等微生物，即表明挂膜成功。

（2）运行方式

系统中的风光互补发电采用蓄电池储能，可保证电力输出的稳定性和持续性，但是因为西北村镇气候干旱、冬季寒冷且冬夏不同季节下日照时长的不同导致其发电量不同。所以，如何保证设施在不同季节下均可稳定出水的同时有效分配用能变得非常关键。

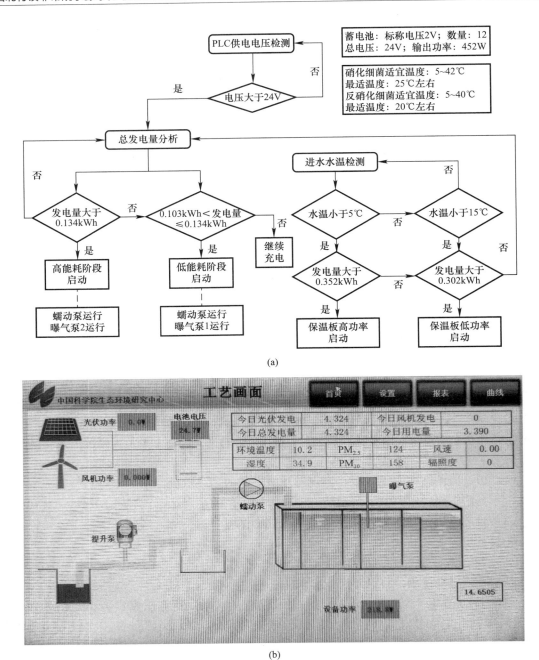

图 7-21　控制系统控制逻辑和界面

　　结合农村冬季用水量远比夏季少的污水产、排特征，为保证极端低温条件下处理设施正常运行（非冰冻期和冰冻期情况下运行参数见表 7-6），设计了不同季节、不同水量下有效分配用能运行策略，在冰冻期处理水量减少的同时，减少设备负载工作时长。采取白天启动运行，晚上电量优先分配至保温加热的运行方式，因此白天曝气泵、蠕动泵均运行，夜晚蠕动泵关闭，曝气泵依旧持续工作。另外，保温加热板根据水温监测自动调控加热功率，可保证水温的稳定。此阶段的水力停留时间设计为 16h，日处理量为 0.8～1.0m³。对于非冰冻期，根据具体水温分为常温期和低温期，在常温期将设备的水力停留时间调整为 14h，日处理量为 $2.0m^3$，低温期由于水温过低导致生物段微生物活性较弱，处理效果减弱，此时通过延长水力停留时间来最大限度地去除污染物，以此保障设备稳定运行，因此将水力停留时间调整为 18h 运行，日处理量为 $1.5m^3$ 左右。

运行参数表 表 7-6

参数	非冰冻期（0℃以上）		冰冻期（0℃以下）	
	常温期（>15℃）	低温期（0～15℃）	白天	夜晚
水力停留时间（h）	14	18	16	—
运行时长（h）	24	24	12	—
日处理量（m^3）	2.0	1.5	0.8～1.0	—
好氧区 DO 的质量浓度（mg/L）	2～4			
厌氧区 DO 的质量浓度（mg/L）	0～0.2			

7.6 组配式中空纤维超滤膜装载的微动力生物物理耦合多级处理技术

7.6.1 技术现状

西北村镇污水中氮磷和有机物的质量浓度较高，相比其他地区，生活污水乱排现象较突出，水体被污染的形势更为严峻。污水处理技术的选择应根据不同地区的地形地势、水文情况、气候、村庄地理范围、人口分布、农村产业及经济情况、敏感区域和排水方式等因素，最大限度降低投资运行费用，考虑因地制宜的处理手段。政府需重视农村污水的处理，加大资金投入，既要考虑前期的投入成本，也要考虑后期的运维成本，进一步完善管理制度。目前，农村生活污水处理工艺主要包括生物处理技术、生态处理技术、生物生态组合技术及其他耦合处理技术。

1. 生物处理技术

生物处理技术对农村生活污水的净化主要依赖于微生物的新陈代谢，该技术用地面积少，抗冲击负荷能力较强，对水质水量波动较大的农村污水具有较好的处理效果。

活性污泥法利用人工驯化培养的微生物去除污水中的可生化有机物、悬浮固体颗粒和部分氮磷元素，是微生物污水处理法的统称。活性污泥法已经有一百余年的历史，随着在实际应用中不断创新和完善，已经发展和改进了多种方法用于处理不同水质特点的污水，并取得了较好的处理效果，具有高效的处理能力，简单的工艺设备，较好的出水水质，但也存在大量难以处理的污泥，成为潜在的二次污染源。生物膜法是通过好氧及厌氧微生物的代谢过程处理污水中的污染物。目前 A/O 交替组合而成的复合工艺在难处理的生活污水中发挥了举足轻重的作用。生物膜法的优点是可有效降低污泥量、水质水量适应能力较强、运营维护要求低，但对环境温度要求较高。膜生物反应器是一种新型污水处理系统，它将膜分离技术和生物处理技术有机结合，传统活性污泥法中的重力沉淀池用膜分离技术取代，从而起到提高处理效果的作用。膜截留活性污泥，可以使反应期内微生物最大限度增长，吸附降解能力增强，污水得到有效净化。

2. 生态处理技术

我国农村生活污水多数以分散式处理为主，可采用自然净化技术进行处理，如人工湿地处理、污水土地处理、稳定塘处理等。生态处理技术是利用微生物、土壤、动植物之间产生的一系列物理、化学、生物学的作用对污水中污染物进行降解的处理技术，该技术投资和运行维护费用较低，生态景观效果好。然而，在冬季寒冷的地区不利于植物的生长，从而影响去除效率。

稳定塘是生态处理过程中最简单的处理形式之一，塘内植物和微生物共同作用，进行沉降、拦截、吸收、吸附和分解，实现对污水的净化，不需要机械设备，运行维护成本低，无须污泥处理，可以充分利用地形特点，因此适用于农村地区污水处理。但稳定塘受到气候、太阳辐射、纬度和操作程序的影响，负荷低、水力停留时间长、有气味。人工湿地是人工建造和监督控制的具有针对性仿照或模拟天然湿地功能和构造的体系，用土壤、砂、石等按一定比例构建填料床，并种植具有处理性能好、成活率高、抗水性强、生长期长、美观且具有经济价值的水生植物。同时，填料表面生存着动物、微生物等，其污染物降解能力高于天然湿地。通过物理、化学和生物作用完成污染物的处理，同时促进污水中碳、氮、磷等营养物质的良性循环。蚯蚓生态滤池是通过蚯蚓、滤料和微生物共同作用，对污水和污泥进行同步处理的新型生态处理技术，其建造、运维等费用低，占地面积小，处理效果好，后期污泥处置费用低，近年来该技术已经在农村生活污水处理中得到了广泛的应用。

3. 生物生态组合技术

生物生态组合技术是利用生物处理技术和生态处理技术的基本原理，前置的生物处理利用微生物去除有机物和部分营养物质，后部分生态处理是基于植物作用进一步脱氮除磷。组合技术优势互补，可保证出水水质的稳定。较为常见的生物生态组合技术有生物＋人工湿地组合技术，其中生物处理主要用于去除有机污染物、悬浮物和脱氮除磷。经生物处理的出水作为人工湿地的进水，利用人工湿地中植物的作用去除氮磷，稳定出水水质。然而，生物生态组合技术有一定的局限性，需要对使用地区的经济条件和土地资源等进行综合分析。此外，由于农村生活污水的水量和水质受季节、用水时段的影响，产、排水系数变化大，设施进水碳氮比及运行过程中溶解氧的量难以控制，这些因素增加了生物法和人工湿地法在处理农村生活污水中充分硝化和高效脱氮除磷的难度，从而影响处理效果和出水水质，尤其是对西北高寒地区，可能存在冬季无法正常运行的问题。

目前污水处理技术仍存在较多问题，需进一步研究探讨。如人工湿地系统科学合理地选用填料，是否可以在实际应用中考虑组合填料，提高人工湿地系统的脱氮能力。如蚯蚓生态滤池中合适的填料种类和配比，微生物群落的动力学和功能以及蚯蚓—微生物相互作用机制也需不断地探讨。某种单一技术在处理农村生活污水中往往存在诸多限制，多种处理工艺协同是克服单一工艺缺陷的有效方法。例如生物膜法协同膜生物反应器，生物膜法的出水水质不能满足生态敏感区域的排放需求，而膜污染与能耗又是限制膜生物反应器应用的因素。将生物膜法与膜生物反应器有机结合，污染物经过生化反应处理及膜反应器后，出水水质得到进一步提升，膜污染也得到有效缓解。同时，在膜生物反应器中引入不需要增压的重力流膜滤技术（Gravity-driven Membrane，GDM），有效降低运行能耗，该组合技术更有利于在西北村镇地区推广使用。针对西北村镇生活污水的处理，要充分考虑经济条件和地理因素的限制，因地制宜的分散式农村污水处理工艺和设备更符合西北村镇用水现状。

7.6.2　技术原理

组配式中空纤维超滤膜装载的微动力生物物理耦合多级处理技术的处理工艺为三段式，分别是生物段、物理段以及膜滤段，其工艺流程如图 7-22 所示，装置设计如图 7-23 所示。生物段的核心工艺为生物膜法，该阶段主要去除水体中的氮类和有机物等；物理段利用生物滤池中添加的除磷型活性生物滤料，实现吸附磷作用；膜滤段采用重力流膜滤技术，设计出水水质达到内蒙古地方标准《农村生活污水处理设施污染物排放标准（试行）》DBHJ/001—2020 一级标准，出水水质满足生态敏感地区的排放需求。

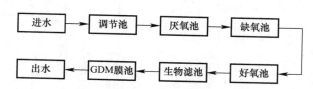

图 7-22　微动力生物物理耦合多级处理工艺流程图

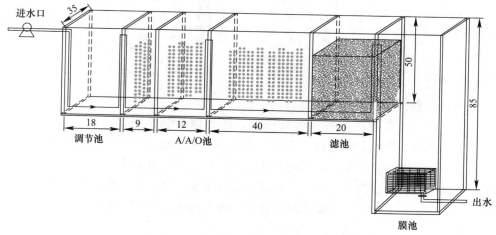

图 7-23　微动力生物物理耦合多级处理装置设计图

7.6.3　技术特点

微动力生物物理耦合多级处理装置重力流自动出水，无须负压抽吸，膜污染速率慢，能耗低，设计结构合理，占地面积小，安装方便，抗冲击负荷能力强，出水水质优良，可满足高标准水质需求地区的要求。

7.6.4　技术适用范围

该组合技术适用于人口居住相对分散且出水水质要求高的生态敏感地区，设计处理规模为 2～3 户的联户，处理量为 4～8 人日生活所需的水量，约 150L/d。

7.6.5　效能分析

1. 设备启动期污染物去除效果

有机物以及氮类污染物质的去除主要依靠微生物的氧化分解作用。设备启动期对COD的去除效果如图7-24所示。由于设备启动期内微生物丰度较低，对有机物和氮类污染物的去除效果较差，随着运行时间延长，设备内微生物逐渐开始繁殖，软性纤维填料挂膜，COD的去除效率有所提升。污水中磷的去除主要依靠物理段滤料的吸附作用，即使设备处于启动期，对于总磷的去除也影响不大，出水总磷质量浓度能稳定在0.5mg/L±0.1mg/L（图7-25），符合生态敏感区域的污水排放需求。

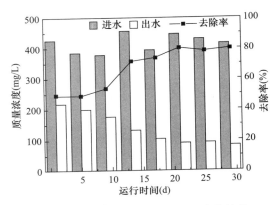

图7-24　设备启动期对COD的去除效果

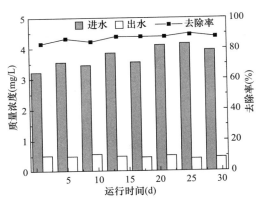

图7-25　设备启动期内总磷的去除效果

2. 设备稳定期污染物去除效果

启动30d后，设备达到了稳定运行阶段，经过微生物作用，COD的去除率稳定在80%以上，总氮的平均去除率达到了82%，主要原因是在稳定期活性污泥中的微生物逐渐富集，增强了有机物以及氮类污染物的分解；悬浮物的平均去除率高达97%，因为设备中的软性纤维填料吸附大量的悬浮物，经过滤池滤料吸附以及中空纤维膜的截留作用，使得出水中悬浮物质量浓度较低。总磷去除主要依靠滤料的吸附作用，稳定期对总磷的去除率与启动期相近，保持在88%左右（表7-7）。

设备稳定期污染物去除效果　　表7-7

污染物	进水质量浓度（mg/L）	出水质量浓度（mg/L）	平均去除率（%）
COD	300±20	42±5	85～86
TN	60±6	11±2	80～82
TP	4.1±0.5	0.5±0.1	84～88
SS	215±30	7±3	96～97

3. 污染物去除机理分析

（1）微生物多样性分析

对不同池体内生物膜样品进行Alpha多样性分析，主要包括ACE指数（衡量群落微生物的丰富度）和Shannon指数（评估微生物群落的多样性）。ACE指数越大，表明群落的丰富度越高；Shannon 指数越大，微生物群落多样性越高。由图 7-26（a）可知，每个区域中的微生物群落丰富度都有所区别，其中滤池中 ACE 指数为 1048，说明微生物群落丰富度大；厌氧区 ACE 指数为 585，说明微生物群落丰富度低。由图 7-26（b）可知，每个区域中的微生物多样性相差不大，其中滤池 Shannon 指数为 6.07，微生物多样性较高；缺氧区 Shannon 指数为 4.83，微生物多样性较低。由于各池体中溶解氧质量浓度以及水质状况不同，说明外界环境因素会导致一体化反应器中不同模块之间的微生物丰富度与物种间产生差异。

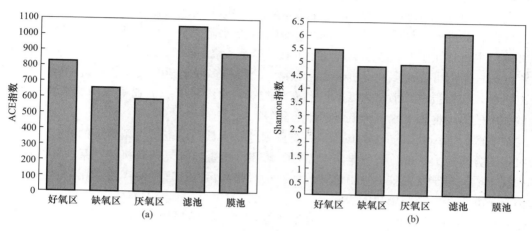

图 7-26　不同池体生物膜样品 Alpha 多样性分析

（a）ACE 指数；（b）Shannon 指数

（2）优势菌门分析

五个池体中微生物优势菌门分析结果如图 7-27 所示，变形菌门（Proteobacteria）、厚壁菌门（Firmicutes）、拟杆菌门（Bacteroidetes）、放线菌门（Actinobacteriota）、绿弯菌门（Chloroflexi）在几组样本中皆占有较高丰度，为共有微生物。

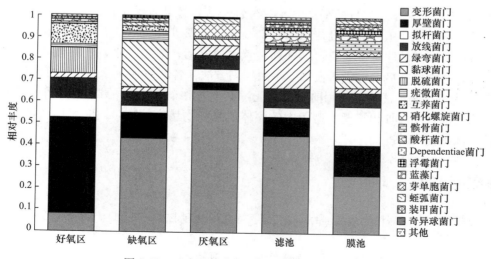

图 7-27　五个池体中微生物优势菌门分析结果

变形菌门（Proteobacteria）是一体化设备中第一优势菌种，变形菌门属革兰氏阴性菌，有多种代谢类型，在大多数污水处理厂中都占有主要地位，是参与脱氮除磷、降解有机物和芳香族化合物的最主要菌种，在污水处理中通过参与碳水化合物与氨基酸的代谢实现污染物的降解。

厚壁菌门（Firmicutes）能在有氧或缺氧的环境中进行代谢，主要参与硝化和反硝化过程，普遍存在于活性污泥中，在有机物降解和污染物去除方面发挥重要作用，许多厚壁菌门能产生孢子，从而生存在极端条件中。

拟杆菌门（Bacteroidetes）是第三优势菌门，其对处理效果的实现有重要影响，在加速胆汁酸、促进含氮物质利用、类固醇生物转化及水解大分子物质等方面起着重要作用。拟杆菌门主要存在于低氧或缺氧环境中，在一体化设备的厌氧段及缺氧段参与生物脱氮的过程。拟杆菌门可代谢多种有机碳水化合物，能够将多种复杂的大分子有机物降解为小分子有机物，如将蛋白质水解为氨基酸和有机酸等，将纤维素、淀粉等水解为单糖、乳糖、乙酸和甲酸等，将脂类水解为低级的脂肪酸等。

放线菌门（Actinobacteriota）是一类呈菌丝状生长并以孢子类型繁殖的原核生物，具有很强的分解能力，能分解纤维素、石蜡、琼脂、角蛋白等复杂有机物，某些放线菌还可利用几丁质、丹宁及橡胶，在甾体转化、石油脱蜡和污水处理中有广泛应用，在一体化反应器中主要参与氮类污染物的去除。

在绿弯菌门（Chloroflexi）中，典型的绿弯菌门细菌呈线形结构，可通过滑行移动，主要为厌氧绳菌纲和绿弯菌纲两种。绿弯菌门以絮体骨架形式存于污泥菌胶团絮状体内部，是活性污泥重要的成分，并与拟杆菌门腐螺旋菌科、TM7类丝状细菌等其他几类丝状细菌伴生，另有一些研究认为它们也在污泥膨胀时期出现。

7.6.6　运行与管理

组配式中空纤维超滤膜装载的微动力生物物理耦合多级处理装置调试 30d 后正常运行，进行了为期 6 个月的水质监测。系统运行期间，TN 的平均去除率约为 80%，TP 的平均去除率约为 84%，COD 的平均去除率约为 86%。该装置维护比较简单，但需要定期对膜组件进行清洗。工程的建设费用为 0.75 万元，需要少量的人工管理费用和电费。

设备运行期间的注意事项有：①处理装置搭建好后，应先试水，观察池子是否渗漏，如有渗漏，必须修补后方可投入使用。渗漏检测方法：各池体加满水，24h 内水位下降不超过 1cm 为不渗漏；②装置使用前必须保证污水收集系统畅通；③厨房、洗浴等污水在进入处理系统前，应增加粗格栅，避免大的固体或悬浮物堵塞管道，同时可延长清渣时间；④清泥时间视使用情况而定，一般每年或 2～3 年清泥 1 次。

本章参考文献

［1］彭堰濛. 农村社区居民生活污水的污染特征及净化槽处理工艺研究［D］. 绵阳：西南科技大学，2020.

［2］彭伟，刘耀群，丁仕林，等. 低温低浊水处理的研究现状［J］. 辽宁化工，2021，50（5）：637-640.

［3］周剑昊. 西北地区高原低温低浊水混凝沉淀工艺试验研究［D］. 哈尔滨：哈尔滨工业大学，2013.

［4］廖晓斌，赵雷，陈超，等. 升/降流式生物活性炭滤池处理微污染湖泊水比较［J］. 中国给水排水，2017，33（19）：1-5.

［5］王宇. 利用农业秸秆制备阴离子吸附剂及其性能的研究［D］. 济南：山东大学，2007.

［6］KEMMEI T，KODAMA S，YAMAMOTO A，et al. Determination of sequestering agents in cosmetics and synthetic detergents by high-performance liquid chromatography with ultraviolet detection ［J］. Journal of Chromatography A，2007，1171（1-2）：63-68.

［7］ROSEN MILTON J，JOY T. KUNJAPPU，崔正刚，等. 表面活性剂和界面现象［M］. 北京：化学工业出版社，2015.

［8］XU L，CHEN L，ZHANG M，et al. Treating greywater using quartz sand filters：The effect of particle size，substrate combinations，and reflux ratio ［J］. Desalination and Water Treatment，2020，197：131-138.

［9］刘鹏宇. 饮用水源水中典型 POPs 有机氯农药的强化去除效能研究［D］. 兰州：兰州交通大学，2021.

［10］ERIKSSON E，AUFFARTH K，HENZE M，et al. Characteristics of grey wastewater ［J］. Urban Water，2002，4（1）：85-104.

［11］AL-JAYYOUSI O. Focused environmental assessment of greywater reuse in Jordan ［J］. Environmental Engineering and Policy，2001，3：67-73.

［12］周莉，王倩，李烨. 美国农村分散式污水治理的经验及启示［J］. 农业资源与环境学报，2022．

［13］CURNEEN S，GILL L. Upflow evapotranspiration system for the treatment of on-site wastewater effluent ［J］. Water，2015，7（5）：2037-2059.

［14］DE ANDA J，LÓPEZ-LÓPEZ A，VILLEGAS-GARCÍA E，et al. High-strength domestic wastewater treatment and reuse with onsite passive methods ［J］. Water，2018，10（2）：99.

［15］SUTHERLAND D L，RALPH P J. 15 years of research on wastewater treatment high rate algal ponds in New Zealand：Discoveries and future directions ［J］. New Zealand Journal of Botany，2020，58（4）：334-357.

［16］JIN P，CHEN Y，XU T，et al. Efficient nitrogen removal by simultaneous heterotrophic nitrifying-aerobic denitrifying bacterium in a purification tank bioreactor amended with two-stage dissolved oxygen control ［J］. Bioresource Technology，2019，281 392-400.

［17］AO Z，PENG G，BU M，et al. Function andscreening of plants in ecological floating bed applied in treating rural domestic wastewater ［J］. Agricultural Biotechnology，2017，6（5）：47-50.

［18］贾晓竞，毕东苏，周雪飞，等. 农村生活污水生态处理技术研究与应用进展［J］. 安徽农业科学，2011，39（31）：19307-19309.

［19］吴振斌，陈辉蓉，雷腊梅，等. 人工湿地系统去除藻毒素研究［J］. 长江流域资源与环境，2000，9（2）：242-247.

［20］汤显强，黄岁樑. 人工湿地去污机理及其国内应用现状［J］. 水处理技术，2007，33（2）：9-14.

［21］干钢，唐毅，郝晓伟，等. 日本净化槽技术在农村生活污水处理中的应用［J］. 环境工程学报，2013，7（5）：1791-1796.

［22］张媛媛，王冬庆. 农村生活污水分散式处理研究现状及技术探讨［J］. 城市建设理论研究（电子版），2018，（13）：70.

［23］刘增超，李家科，蒋春博，等. 4 种生物滞留填料对径流污染净化效果对比［J］水资源保护，2018，34（4）：71-79.

［24］KANWAL S，SAJJAD M，GABRIEL H F，et al. Towards sustainable wastewater management：A spatial multi-criteria framework to site the Land-FILTER system in a complex urban environment

[J]. Journal of Cleaner Production，2020，266：121987.

[25] 苏东辉，郑正，王勇，等. 农村生活污水处理技术探讨 [J]. 环境科学与技术，2005，(1)：79-81，113-119.

[26] 苏杨，邓中旦. 高效生活污水净化槽的研究 [J]. 环境与开发，1997，(2)：17-20.

[27] 农村生活污水处理技术：小型净化槽一体化处理技术 [J]. 浙江水利科技，2016，44 (6)：99-100.

[28] 吴松，陈华，刘春晓，等. UASB-喷洒式生态滤池组合工艺处理农村生活污水 [J]. 环境科技，2020，33 (1)：36-40.

[29] 李传松，何晓斌，李绍平，等. 常温 UASB-SBR-人工湿地工艺处理集便废水应用研究 [J]，铁道标准设计，2020，64 (12)：150-154.

[30] 徐阳钰，管锡珺，张慧强，等. 气动 UASB 处理生活污水的启动研究 [J]. 环境工程，2014，32 (3)：26-28，33.

[31] 凌霄，陈钟卫，陈满，等. 厌氧生物滤池/生态浮床工艺处理南方农村生活污水 [J]. 中国给水排水，2013，29 (14)：69-72.

[32] 徐兴愿，唐智洋，纪荣平. 回收塑料填料厌氧滤池/人工湿地处理农村生活污水的研究 [J]. 环境污染与防治，2017，39 (9)：957-961，966.

[33] 王永谦，吕锡武，郑美玲，等. 厌氧生物滤池在生活污水厌氧—好氧组合处理工艺中的应用 [J]. 四川大学学报（工程科学版），2014，46 (2)：182-186.

[34] 荆延龙，李菲菲，朱佳迪，等. 室温下厌氧膜生物反应器处理生活污水的运行特性 [J]. 环境工程学报，2017，11 (10)：5393-5399.

[35] 蔡文忠，张希晨，周耀辉. MEC/AnMBR 反应器组合处理生活污水 [J]. 南华大学学报（自然科学版），2017，31 (2)：107-112.

[36] 杨春，吕锡武. 农村生活污水处理 ABR 工艺的启动与污泥微生物特性 [J]. 净水技术，2017，36 (5)：79-85.

[37] 刘聪，张钦库，吴喜军，等. ABR 法处理典型农村生活污水的试验研究 [J]. 当代化工，2018，47 (8)：1574-1581.

[38] 张国珍，亢瑜，武福平，等. 一体化 ABR—生物滴滤池系统处理农村生活污水 [J]. 水处理技术，2020，46 (11)：108-112.

[39] 李伟，董春娟，刘晓. EGSB 反应器微氧处理生活污水的研究 [J]. 天津建设科技，2012，22 (2)：61-63.

[40] 李清雪，张蕾，郝胜杰，等. 3 种组合工艺处理农村生活污水 [J]. 环境工程学报，2014，8 (12)：5323-5327.

[41] GONZÁLEZ Y，SALGADO P，VIDAL G. Disinfection behavior of a UV-treated wastewater system using constructed wetlands and the rate of reactivation of pathogenic microorganisms [J]. Water Science and Technology，2019，80 (10)：1870-1879.

[42] 李树铭，王锦，王海潮，等. UV、O_3 及 UV/O_3 削减耐药菌和抗性基因性能 [J]. 中国环境科学，2019，39 (12)：5145-5153.

[43] MCKINNEY C W，PRUDEN A. Ultraviolet disinfection of antibiotic resistant bacteria and their antibiotic resistance genes in water and wastewater [J]. Environmental Science and Technology，2012，46 (24)：13393-13400.

[44] 张天阳，魏海娟，姚杰，等. 污水处理厂不同紫外线/氯化组合工艺的消毒效能对比 [J]. 中国给水排水，2021，37 (17)：19-24.

[45] 韩兴. 污水紫外线消毒装置设计及工艺参数优化研究 [D]. 长春：吉林农业大学，2006.

[46] 孟晓曦. 哈尔滨市呼兰区某污水处理厂紫外线杀菌工艺技术改造研究 [D]. 哈尔滨：哈尔滨工业

大学，2019.

[47] 王洁，廖芬，田俊良. 粪大肠菌群测定的多管发酵法与纸片快速法比对分析 [J]. 绿色科技，2021，23 (12): 139-141.

[48] 张吉库，宋娜，李季冬，等. 明渠水面照射式紫外线消毒器灭菌效能研究 [J]. 节能，2008 (7): 19-21.

[49] 张伟，江湧，杨萌，等. 青岛某污水厂紫外线—次氯酸钠消毒效果研究 [J]. 绿色科技，2022，24 (10): 75-77，81.

[50] 孙保和. 世界上第一座太阳能污水处理厂 [J]. 环境保护科学，1983 (3): 13.

[51] JBARI Y, ABDERAFI S. Parametric study to enhance performance of wastewater treatment process, by reverse osmosis-photovoltaic system [J]. Applied Water Science, 2020, 10 (10): 1-14.

[52] GÜRTEKIN E. Experimental and numerical design of renewable-energy-supported advanced biological wastewater treatment plant [J]. International Journal of Environmental Science and Technology, 2019, 16 (2): 1183-1192.

[53] 何细军. 太阳能驱动 A2/O 工艺处理农村生活污水研究 [D]. 杭州: 浙江大学，2011.

[54] HAN C, LIU J, LIANG H, et al. An innovative integrated system utilizing solar energy as power for the treatment of decentralized wastewater [J]. Journal of Environmental Sciences, 2013, 25 (2): 274-279.

[55] 思显佩. 光伏发电技术及物联网技术在乡村生活污水处理中的应用 [J]. 太阳能，2021 (9): 52-56.

[56] 胡孟春. 风、光电能驱动处理化粪池污水的设备研发 [J]. 中国给水排水，2017，33 (3): 93-96.

[57] 马方曙，周北海，秦燕，等. 模拟光伏间歇曝气 SBR 硝化特性 [J]. 环境科学研究，2014，27 (6): 649-655.

[58] 严子春，高建军，刘光琰. 光伏动力一体化装置处理农村生活污水 [J]. 水处理技术，2022，48 (3): 128-131.

[59] 姚丹. 风光互补发电在污水处理厂的研究和设计 [D]. 广州: 华南理工大学，2011.

[60] 蔡铭杰. 光伏驱动一体式分散型农村污水生物处理及其自动化控制研究 [D]. 西安: 陕西科技大学，2012.

[61] 桂双林，王顺发，吴永明，等. 太阳能驱动生物滤塔—人工湿地组合工艺处理农村生活污水 [J]. 水处理技术，2013，39 (8): 134-136.

[62] LI P, ZHENG T, LI L, et al. An appropriate technique for treating rural wastewater by a flow step feed system driven by wind-solar hybrid power [J]. Environmental Research, 2020, 187: 109651.

[63] 李桂兰，马尚彬，李鹏宇，等. 风—光互补驱动农村污水生物-物理耦合多级处理系统开发 [J]. 环境工程学报，2024，18 (1): 160-168.

[64] SUN J, WANG Y, HE Y, et al. The energy security risk assessment of inefficient wind and solar resources under carbon neutrality in China [J]. Applied Energy, 2024, 360: 122889.

[65] 孙广垠. 改性组合填料生物接触氧化强化去除微污染河水氮磷效能及机理研究 [D]. 中国矿业大学，2021.

[66] HAN Y, MA J, XIAO B, et al. New integrated self-refluxing rotating biological contactor for rural sewage treatment [J]. Journal of Cleaner Production, 2019, 217 (20): 324-334.

第8章

西北村镇生活污水资源化利用适用技术

8.1 适用于西北村镇生活污水回用的病原菌高效杀灭及水质稳定技术

由于农村生活污水经生物处理后的出水水质较好，几乎不会干扰紫外线杀菌效果，且紫外线杀菌法具有操作简单、杀菌效果好、成本低和无二次污染等优点，因此紫外线杀菌技术非常适合西北村镇回用水中病原菌的杀灭及水质稳定。紫外线杀菌主要是通过对微生物（细菌、病毒、芽孢等病原体）的辐射损伤和破坏核酸的功能使微生物致死，从而达到消毒的目的。传统的回用水紫外线杀菌主要利用 254nm 的发光谱线高效快速地杀灭细菌，使回用水中的大肠杆菌达到灌溉水的标准。但是回用水中除了大肠杆菌之外，还有很多其他的病原菌，这可能会对人类健康产生潜在的威胁。传统的 254nm 单波长紫外线照射只能抑制病原菌的可培养性，很难破坏病原菌的基因片段，病原菌依然保持逆转录活性，可再次复活，水质在冬季储存过程中很难长期保持安全和稳定。因此，耦合 254nm 和 185nm 两段波长的紫外线杀菌技术是更适用于西北村镇回用水中的病原菌杀灭及水质稳定技术。

8.1.1 技术原理

紫外线杀菌技术通过紫外线照射破坏及改变微生物的 DNA（脱氧核糖核酸）结构，使细菌当即死亡或不能繁殖后代，达到杀菌的目的。紫外线可导致核酸的键和链断裂、股间交联或形成光化产物等，从而改变了 DNA 的生物活性，使微生物自身不能复制，这种紫外线损伤也是致死性损伤。

8.1.2 技术特点

（1）在去除病原菌可培养性方面，254nm 紫外线通过照射微生物的 DNA 来杀灭病原菌，可迅速实现去除 99％以上的可培养病原菌，对病原菌的可培养性破坏率较高。

（2）在去除病原菌逆转录活性方面，185nm 紫外线将 O_2 变成 O_3，将 H_2O 变为羟基自由基，利用臭氧和羟基自由基的强氧化作用，可有效破坏病原菌的基因 DNA 片段以及具有逆转录活性的 RNA 片段，使病原菌彻底失去逆转录活性，阻止其复活。

（3）耦合紫外线两段波长杀菌技术，即 254nm 和 185nm 波长交替照射可使回用水中病原菌杀灭效率高于 99％和复活率低于 1％。

（4）紫外线照射释放出的臭氧和羟基自由基具有弥散性，可弥补由于紫外线只沿直线传播、消毒有死角的缺点，杀灭病原菌更彻底。

（5）冬冷夏热的气候决定了西北村镇回用水具有夏季使用量大、冬季使用量少的特点，所以回用水在周期性用水和跨季存储时会产生水质安全风险。耦合两段波长紫外线杀菌技术可同时实现回用水中病原菌杀灭和水质稳定，在冬夏回用水资源化利用和储存过程中进行不同运行模式的自动切换，通过连续式和间歇式的杀菌和抑菌模式实现西北村镇回用水的冬储夏用。

8.1.3　技术适用范围

根据西北村镇回用水的使用特点和需求，耦合两段波长紫外线杀菌技术的适用模式如图 8-1 所示。

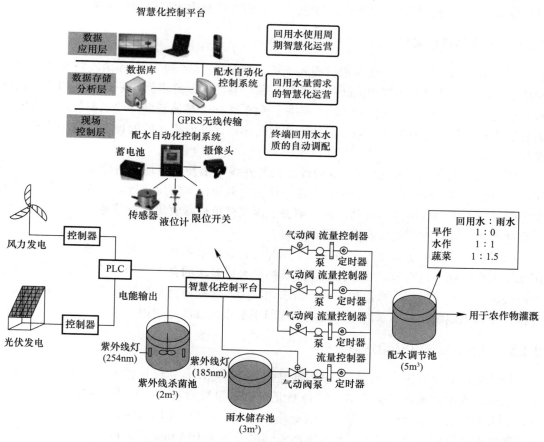

图 8-1　耦合两段波长紫外线杀菌技术的适用模式

（1）夏季连续运行模式：回用水（沉淀池出水）首先进入紫外线杀菌池进行杀菌处理，经 254nm 波长紫外线灭菌 2h，然后经 185nm 紫外线灭菌 6h。根据回用水终端的需求（作物种类、灌溉周期和水量），通过智慧化平台和自动调配系统控制回用水与雨水配水调节后直接用于农作物灌溉，实现科学回用、智能调控和降能减耗。

图 8-2　回用水资源化利用

（2）冬季间歇运行模式：回用水（沉淀池出水）首先进入紫外线杀菌池进行消毒处理，经 254nm 波长紫外线杀菌 2h，185nm 紫外线杀菌 6h 后，然后每隔 4 周循环杀菌一次，可实现回用水储存过程中病原菌复活率低于 1%，保证回用水储存过程中水质的稳定。在夏季，根据回用水终端的需求（作物种类、灌溉周期和水量），通过智慧化平台和自动调配系统控制回用水进入配水调节池，用于农作物灌溉（图 8-2）。

　　回用水资源化利用设备可实现实时监控、在线预警、智慧运维和节能降耗，实现科学水回用、智能调控，保证回用水水质安全与稳定。该技术主要适用于乡镇、农村、高速公路服务区、卫生院、景区、风光电厂办公区、公厕及带有中水回用的地区和建筑物。

8.1.4　技术创新性和先进性

　　（1）根据不同波长紫外线杀菌机理和优势，耦合 254nm 和 185nm 两段波长紫外线杀菌技术，可同时杀灭回用水中大肠杆菌和病原菌，复活病原菌杀灭效率达 99% 以上，回用水质稳定，且病原菌复活率低于 1%。解决了传统 254nm 单波长紫外线杀菌技术存在病原菌易复活的问题，同时避免在第 2 段加入化学药剂，保证回用水质的稳定，易于实现全自动控制。

　　（2）基于耦合 254nm 和 185nm 两段波长紫外线杀菌技术原理，可建立适用于西北村镇污水回用特点的病原菌杀灭和水质稳定一体化全自动污水回用装置，实现西北村镇回用水冬储夏用不同运行模式的自动切换，解决了西北村镇村落农田、林草地、庭院菜园灌溉等周期性用水和跨季利用水质安全风险问题。

　　（3）建立基于雨水和回用水储存自动调配的智慧配水系统，全程无人值守，可实现回用水使用周期和水量需求的智慧化运营以及终端水质需求的自动调配，满足西北村镇回用水终端多元用水（旱作、水作和蔬菜）需求，且为西北村镇污水就地资源化利用提供技术支撑，形成因地制宜的污水回用模式，实现回用水原位资源化利用。

8.1.5　社会、经济和环境效益分析

　　传统的西北村镇污水处理技术基本都是强调脱氮除磷，达标后排放，资源化利用率较低。农村污水中氮和磷资源丰富，结合西北村镇干旱缺水和非传统水源利用率偏低的特点，如果能把农村生活污水治理融入农业生产之中，将生活污水处理与灌溉回用相结合，一方面能够降低污水处理成本，另一方面能够提高污水中氮和磷元素的利用效率，达到节约资源的目的。将西北村镇农村生活污水治理与农业生产相结合具有独特优势：①西北村镇农村生活污水水质标准与农田灌溉用水水质标准相差不大，是比较容易实现的资源化利用路径，在降低污染物的同时，为农作物提供优质肥源；②西北村镇有广阔的农田和菜地，具有就地消纳污水的能力和地理优势；③农村生活污水处理至灌溉用水水质标准，处理工艺大大简化，处理费用和运维难度降低，有利于实现污水治理的长效落实。

目前污水处理出水水质经过一定时间的单波长紫外线杀菌（254nm），确实能够满足农田灌溉用水水质标准，但回用水中依然有标准中未关注的潜在病原菌存在，可能会导致使用过程中存在潜在的安全风险，危害人体健康。目前常规回用水资源化利用设备没有对病原菌进行控制；另外，西北村镇的气候特点决定回用水夏季使用量大、冬季使用量少，那么回用水在周期性用水和跨季利用存储过程中也会产生水质安全问题以及病原菌复活的可能；基于西北村镇农业的特点，回用水也存在多元化需求的问题。

上述污水处理出水安全储存及回用技术解决了西北村镇污水处理出水安全并回用于农田、林草地、庭院菜园灌溉的周期性用水需求。同时，基于雨水和回用水储、需自动调配的智慧配水系统，满足了西北村镇回用水终端多元用水需求，实现了污水原位资源化利用。研发的污水处理出水安全储存及回用装备与传统的回用水杀菌设备相比具有结构简单、制造成本低、运维成本低的优势，无添加化学药剂，且采用雨水代替自来水作为配水来源以及风光互补技术替代电能，最终实现回用水原位资源化利用，减少环境污染、改善西北村镇生态环境质量，进一步提升西北村镇美丽乡村宜居环境水平，将产生显著且可持续的生态效益。

目前的回用水杀菌技术具有病原菌易复活、成本高、回用水二次污染等缺点。污废水处理出水安全储存及回用技术装备非常契合西北村镇污废水回用模式和需求，且污水处理出水可直接供给农民就地使用，具有很好的应用前景。

（1）技术角度分析

传统的回用水农田灌溉标准只关注大肠杆菌指标，采用 254nm 单波长紫外线照射即可满足杀菌要求，增加灭菌时间虽然可以将病原菌的可培养性完全去除，但难以对病原菌的基因片段进行破坏，病原菌依然保持逆转录活性，可以再次复活，恢复其可培养性。而耦合 254nm 和 185nm 两段波长紫外线杀菌技术，可同时实现去除病原菌可培养性以及破坏病原菌基因 DNA 片段和具有逆转录活性 RNA 片段，使病原菌彻底失去逆转录活性，阻止其复活的可能，实现回用水中病原菌杀灭和回用水储存过程中水质稳定的双重目标。

（2）环境污染角度分析

传统加氯灭活病原菌复活技术会产生致癌物质，引起二次污染。耦合 254nm 和 185nm 两段波长紫外线杀菌技术无任何有毒副产物产生。

（3）技术适应性角度分析

传统的臭氧法灭活病原菌复活技术中，臭氧的质量浓度不易控制；超声波法作用范围有限，只能用于小规模的杀菌处理；膜过滤对微小颗粒的病原菌和病毒截留作用不彻底，会严重制约杀菌效率。

耦合 254nm 和 185nm 两段波长紫外线杀菌技术受出水中有机物和悬浮物质量浓度的影响较大，但由于经生物处理后的生活污水出水水质较好，几乎不会干扰紫外线杀菌效果，所以具有较好的适应性。此外，研发适用于西北村镇气候特点的病原菌杀灭和水质稳定一体化设备，可实现冬夏回用水资源化利用和储存过程不同运行模式的自动切换，通过连续式和间歇式的杀菌和抑菌模式实现回用水冬储夏用的目标；设计的回用水储蓄自动调配智慧配水系统可实现回用水使用周期的智慧化运营以及终端回用水水质的自动调配，同时达到了降低运维费用和人力成本的目的。

（4）设备的易操作性角度分析

传统的臭氧、加氯、超声波和膜过滤灭活病原菌技术对设备控制操作的要求较高，难以实现自动化控制。而耦合254nm和185nm两段波长紫外线杀菌技术操作简单，易于实现自动化控制。

（5）成本角度分析

现有的灭活病原菌复活技术成本较高，例如臭氧杀菌中臭氧的质量浓度不易控制；加氯意味着要加化学药剂；超声波作用范围有限、能耗大；膜过滤技术无持续消毒能力，膜堵塞导致处理成本较高。耦合254nm和185nm两段波长紫外线杀菌技术主要耗费电能，杀菌周期短，成本相对较低，若采用风光互补发电技术，将太阳能和风能转化为电能，用电成本几乎为零。

综上所述，回用水资源化利用设备通过耦合两段波长紫外线杀菌技术使回用水中复活病原菌杀灭效率99%以上，回用水质稳定，回用水储蓄过程中病原菌复活率低于1%；通过连续式和间歇式杀菌和抑菌模式一体化的设计，实现了冬夏回用水资源化利用和储存过程不同运行模式的自动切换；通过回用水与雨水储蓄自动调配智慧配水系统的设计，满足了西北村镇农作物的多元化用水需求，同时降低运维费用和人力成本。

8.2 适用于西北村镇污泥资源化的基于超速酶水解的新型有机肥制备技术

常规堆肥过程包括以下几个阶段：升温阶段（产热阶段），堆体温度处于25~45℃，此阶段主要是嗜温性微生物以糖类和淀粉类等可溶性有机物为基质进行自身的新陈代谢活动，分解易降解的有机物部分，此阶段一般需要5~7d；高温阶段，堆体温度升至45℃以上，此阶段嗜温性微生物继续将物料中的可溶性有机物质氧化分解，特别是较为复杂的有机物如半纤维素、纤维素和蛋白质也开始快速分解，堆肥化最佳温度一般为55℃左右，此阶段物料中的大部分病原菌和寄生虫被杀死，此阶段一般需7~10d；堆肥化在经历高温阶段后，堆肥物质逐步进入稳定状态；降温和腐熟阶段，此阶段嗜温性微生物将残余较难分解的有机物作进一步分解，腐殖质不断增多且逐步稳定化，堆肥进入腐熟阶段，此阶段需10~15d。所以，堆肥过程的实质是微生物在自身生长繁殖的同时对有机物进行生化降解的过程。研发堆肥物料的快速水解技术可以极大地提高物料的分解速度，实现快速堆肥。复合酶利用其高效的选择性和专一性可快速将物料水解，加速堆肥过程。但是商业复合酶成本较高且成分单一，不适用于西北村镇混合物料的分解。研发高效的适用于西北村镇混合物料的复合酶技术对加速物料堆肥具有至关重要的意义。原位生产复合酶水解耦合高效嗜热菌群技术可以快速实现物料分解和病原菌灭杀，实现快速堆肥。

8.2.1 技术原理

基于常规堆肥的原理，利用自制复合水解酶快速水解能力代替传统的土著微生物分解过程，实现有机物在产热和高温阶段对有机固体废弃物的分解，然后采用自制的高效嗜热菌群在高温条件下（控温单元55℃）腐熟5d来替代传统的高温和腐熟阶段对有机物的降解和病原菌的杀灭，这样整个复合酶耦合高效菌群堆肥技术可以在5~7d内实现有机物的分解和病原菌的杀灭，在物料腐熟后完成堆肥，特别适用于有机固体废弃物产量少且分散的西北村镇污泥，可节省大量的收集和运输成本。此外，其产品结构简单，可模块化设计，能够实现全自动运行。

8.2.2　技术特点

酶水解技术是利用酶的选择性和专一性的特点精确地将有机固体废弃物中的大分子有机物分解为小分子氨基酸而被植物吸收和利用。酶水解技术是酶的催化水解过程，不受原料中组分（盐分和油脂）的影响，具有适应性强的特点。但是商业酶的成本较高且酶的种类固定且单一，不利于混合有机固体废弃物的水解。

复合水解酶由有机固体废弃物作为原料原位生产，由于酶的专一性和选择性，原位生产的复合酶能够精确且快速地将有机固体废弃物中的淀粉、纤维素和蛋白质水解成小分子的单糖和氨基酸，使其能够快速地被植物吸收和利用，具有较好的适应性，不会因为有机固体废弃物组分的改变而降低处理效率，技术适应性远高于商业复合酶（商业复合酶组成固定，一般不适合水解组分复杂的有机固体废弃物）。自制复合酶由有机固体废弃物作为原料原位生产，所以原料成本接近于零，且所生产的复合酶不需要进行任何后续的分离和纯化，可直接用于固体废弃物水解和有机肥生产，所以酶的生产成本极低。采用自制复合酶快速水解代替传统的微生物分解过程，可极大地缩短堆肥系统的产热和高温分解时间。

研发的高效嗜热菌群可直接在高温条件下（控温单元 55℃）腐熟 5d 来替代传统的产热和高温阶段的微生物筛选，具有适应性强、微生物数量多、简单高效的特点，可实现对物料中难降解物质的快速分解和病原菌的快速杀灭，完成堆肥。

综上所述，复合酶水解耦合高效嗜热菌群发酵技术可实现快速堆肥，发酵周期短，设备占地面积更小，处理成本低，无营养（有机质和氮）损失，可实现有机固体废弃物原位处理。

8.2.3　技术适用范围

该技术主要用于废水污泥、餐厨垃圾和秸秆等有机固体废弃物处理，通过复合酶水解和高效菌群的好氧发酵过程将其转化为有机肥料。

处理流程：预处理或调配好的有机固体废弃物经输送机（或提升机）投加至发酵仓中，在复合酶和高效菌群自身发酵产热和设备辅助加温下，保持物料温度在 55℃左右，并通过间歇搅拌和风机送风使仓内始终保持好氧状态，为复合酶和嗜热好氧菌群提供适宜的生存环境。有机固体废弃物中的大分子营养物质在复合酶和菌群作用下被分解成小分子物质，并进一步转化为 CO_2、H_2O 和 NH_3 等无机物，且通过引风系统排出发酵仓。同时，在持续高温环境下，病原菌、寄生虫（卵）和病毒被完全灭活。经过 4～6d 的高温发酵后，有机固体废弃物减量率可达 90%，剩余物料可作为制作有机肥的原料使用。

具体操作步骤如下：将餐厨垃圾、污水处理设施排泥和秸秆按照 6：1：3（质量比）的比例加入产品中（含水率为 55%～60%、C：N 为 50：1），每次加入物料需小于或等于 20kg。堆肥过程中每 6h 进行 1 次翻堆搅拌，每 12h 进行一次通风，每次通风 5min，以保证好氧环境。堆肥温度设置在 55℃左右，前 8h 加入约 5% 的复合酶，8h 后加入 2‰ 的高效菌群，发酵 3～5d 即可获得满足农用标准的有机肥料。所制得的有机肥发酵周期缩短

80%，复合酶制备成本为商业复合酶的 5%～10%。

操作流程：

（1）初始投料：按设备容量及上述复合酶和菌群投加量说明，加入发酵基质、复合酶和高效菌种，开启设备，复合酶水解 8h 后加入高效菌群，发酵 5d。

（2）日常投料：按设备容量，每日定时分批投入有机固体废弃物，进行发酵（可按投入物料多少及物料含水比率，调整发酵运行参数）。

（3）出料：出料前，设备停止运行，在出料口料斗对应位置放置好接料容器，开启出料仓门，点击出料按钮。出料可随时停止，以免接料容器溢料（每次不可出料过多，仓体内需长期保持一定菌种，以仓体内预留 30%～45% 的容积为宜）。

8.2.4　技术创新性和先进性

如前所述，传统堆肥是利用自然界广泛存在的微生物促进有机固体废弃物中可降解有机物转化为稳定腐殖质的生物化学过程，其实质是一种发酵过程，产生的有机肥能够提高土壤肥力，增加土壤保水保肥的能力。但是传统堆肥的周期较长，一般长达 25～30d，较长的发酵周期意味着需要较大的占地面积，且容易产生臭气和渗滤液而引起二次污染。此外，传统堆肥过程中有 20%～30% 的氮会以氨气的形式损失掉，造成资源浪费，导致产生的有机肥营养不足。

与传统堆肥过程相比，原位生产复合酶耦合高效嗜热菌群堆肥技术能够实现快速转化有机固体废弃物，整个有机肥转化过程不是依靠传统的土著微生物发酵，而是利用自制复合水解酶的超快速水解能力，以及酶的选择性和专一性的特点，快速将有机固体废弃物中的淀粉、蛋白质和纤维素水解成小分子的单糖或者氨基酸，使其能够快速被植物吸收和利用，酶水解周期仅需 8～12h，这样避免了传统堆肥过程中土著微生物在长时间分解有机物过程中对营养物质的消耗；酶解后，自制的高效嗜热菌群将在 5d 左右完成对有机固体废弃物中剩余难降解有机物的分解，且温度会在 55℃ 左右保持 4～6d，从而实现对病原菌和寄生虫的完全杀灭。

综上所述，复合酶耦合高效菌群堆肥技术可以在 5～7d 内实现有机物的分解和病原菌的杀灭，实现物料的腐熟（图 8-3）。由于发酵周期比传统的堆肥周期缩短 80% 左右，导致该堆肥产品占地面积更小，可实现有机固体废弃物原位处理，特别适合西北村镇污泥等有机固体废弃物产量少且分散的特点，可节省大量的收集和运输成本，且整个堆肥过程无臭气产生，无氮源损失，导致最终肥料质量远高于传统堆肥。

目前国内外已有一些类似的技术和产品，但是这些产品基本都是采用单一的商业微生物处理，需要定期添加昂贵的微生物，成本较高，发酵周期较长。而本项目研发的堆肥技术所采用的复合水解酶由有机固体废弃物原位生产，无须产物提纯即可直接应用，原料成本几乎为零，高效菌群也是自行筛选的，具有处理成本低、反应周期短、占地面积小的优点。产品结构简单，可模块化设计，能够实现全自动运行和无人值守。

该技术和产品的创新点归纳如下：

（1）原位生产复合酶耦合高效嗜热菌群堆肥技术可快速转化有机固体废弃物，发酵周期比传统的堆肥周期缩短 80% 左右。

（2）复合水解酶以有机固体废弃物为原料生产，原料成本几乎为零，且高效嗜热菌群

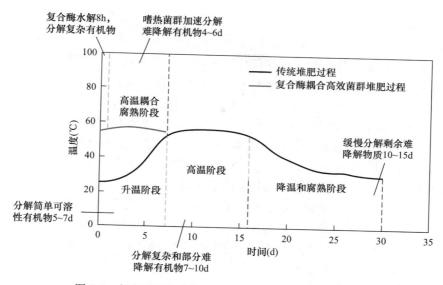

图 8-3　复合酶耦合高效菌群堆肥与传统堆肥过程的比较

可自行筛选制备，成本低。

（3）与传统堆肥过程利用土著微生物发酵不同，原位生产复合酶耦合高效嗜热菌群堆肥过程无臭气产生，无氮源损失，有机肥料质量高于传统堆肥。

（4）堆肥产品占地面积小，可实现有机固体废弃物原位处理，适合西北村镇污泥等有机固体废弃物产量少且分散的特点，可节省收集和运输成本。

（5）堆肥产品结构简单，可模块化设计和移动，能够实现全自动运行和无人值守。

8.2.5　社会、经济和环境效益分析

西北村镇产生的污水污泥、餐厨垃圾和农牧废弃物（例如秸秆和园艺废物等）具有高度分散的特点，目前主要的处置方式是焚烧或直接填埋，然而焚烧易产生有毒有害气体，且焚烧灰仍然需要填埋处置。直接填埋会引起地下水污染，且需要占用大量的土地。有机固体废弃物中富含有机质和营养元素，可用于能源和资源回收，例如生产沼气和肥料。厌氧消化制备沼气是目前主要的有机固体废弃物能源回收方式，然而，较低的降解效率（30%～50%）、较长的反应周期（1～2个月）、较低的产品价值（沼气）、大量的沼渣沼液（50%～70%）需要焚烧填埋处理、氮磷等高价值资源的损失限制了其推广应用。厌氧消化处理技术需要的固体废弃物处理量每天在 200t 以上才有经济可行性，然而实现这样的大规模集中处理需要较高的收集和运输成本。所以厌氧消化处理技术并不适合西北村镇有机固体废弃物的处理。目前政府鼓励使用有机肥替代化肥，这是因为有机肥能够改善土壤质量和提高农产品产量。村镇有机固体废弃物富含有机质和营养元素能够用于生产有机肥。然而，目前的堆肥技术具有堆肥周期长、肥料营养价值低、占地面积大、二次污染等缺点。尽管一些商业消化器也可以实现快速堆肥，但是每次堆肥需添加昂贵的商业微生物，导致处理成本过高。本项目开发的基于超速酶水解的新型有机肥制备集成技术与产品非常契合西北村镇有机固体废弃物分散的特点，可节约大量的废物收集和运输成本，减轻焚烧和填埋负担，且制备的高价值有机肥可直接供给农民就地使用，具有很好的社会效

益、经济效益和环境效益。

酶水解技术采用原位生产的复合水解酶和高效复合菌群，该复合水解酶以有机固体废弃物为原料生产，制备的复合酶无须任何分离和纯化，可直接用于有机固体废弃物水解，原料成本几乎为零，运行成本极低。酶的生产成本约为商业酶的 5%～10%。处理 1t 有机固体废弃物用电成本小于 60 元，相应地能够生产 1t 有机肥（800 元）。

目前每批次处理 20kg 的设备（产肥料约 10kg），基建成本约为 7 万元，运行成本为 3.5 元/d，按 6d 堆肥完成计算，需处理成本 21 元，而市场上 16kg 包装的有机肥价格约为 120 元，所以有机肥收益约为 6.5 元/kg。处理规模越大，基建和运行成本相对越低，所以扩大废物处置规模后，本技术和产品的收益会更好。

综上所述，基于超速酶水解的新型有机肥制备集成技术与产品能极大地解决农业废弃物、养殖粪便、餐厨垃圾以及污水设备排泥问题，且有机肥料含有植物需要的大量营养成分。该技术对现有西北村镇污水处理设备产生的污泥以及餐厨垃圾、农业秸秆和畜禽粪污的资源化利用提供了有效的解决途径。

本章参考文献

[1] 董丽伟，张伟，白璐，等. 我国农村生活污水资源化利用现状及模式分析 [J]. 环境工程技术学报，2022，12（6）：2089-2094.

[2] 谢林花，吴德礼，张亚雷. 中国农村生活污水处理技术现状分析及评价 [J]. 生态与农村环境学报，2018，34（10）：865-870.

[3] 侯怀恩，王子强，赵风兰. 农村生活污水适度处理与资源化利用 [J]. 地域研究与开发，2012，31（6）：119-122.

[4] 吕锡武. 可持续发展的农村生活污水生物生态组合治理技术 [J]. 给水排水，2018，54（12）：1-5.

[5] TRAVIS M J, WIEL-SHAFRAN A, WEISBROD N, et al. Greywater reuse for irrigation: Effect on soil properties [J]. Science of the Total Environment, 2010, 408 (12): 2501-2508.

[6] HUSSAIN A, ALAMZEB S, BEGUM S. Accumulation of heavy metals in edible parts of vegetables irrigated with waste water and their daily intake to adults and children, District Mardan, Pakistan [J]. Food Chemistry, 2013, 136 (3-4): 1515-1523.

[7] MOJID M A, WYSEURE G C L. Implications of municipal wastewater irrigation on soil health from a study in Bangladesh [J]. Soil Use and Management, 2013, 29 (3): 384-396.

[8] 邵孝侯，廖林仙，李洪良. 生活污水灌溉小白菜的盆栽试验研究 [J]. 农业工程学报，2008，24（1）：89-93.

[9] DA FONSECA A F, MELFI A J, MONTES C R. Maize growth and changes in soil fertility after irrigation with treated sewage effluent. II. Soil acidity, exchangeable cations, and sulfur, boron, and heavy metals availability [J]. Communications in Soil Science and Plant Analysis, 2005, 36 (13-14): 1983-2003.

[10] PARSONS L R, SHEIKH B, HOLDEN R, et al. Reclaimed water as an alternative water source for crop irrigation [J]. Hort Science, 2010, 45 (11): 1626-1629.

[11] MOUNZER O, PEDRERO-SALCEDO F, NORTES P A, et al. Transient soil salinity under the combined effect of reclaimed water and regulated deficit drip irrigation of Mandarin trees [J]. Agricultural Water Management, 2013, 120: 23-29.

［12］AL-LAHHAM O，EL ASSI N M，FAYYAD M．Impact of treated wastewater irrigation on quality attributes and contamination of tomato fruit［J］．Agricultural Water Management，2003，61（1）：51-62.

［13］丁健，吴晓斐，黄治平，等．巢湖流域厌氧—土壤净化床工艺处理农村生活污水生态补偿标准测算［J］．农业资源与环境学报，2019，36（5）：584-591.

［14］张奇誉，刘来胜．农村分散式生活污水源分离技术现状与发展趋势分析［J］．中国农村水利水电，2020（8）：20-24.

［15］赵由才，牛冬杰，柴晓利，等．固体废物处理与资源化［M］．3版．北京：化学工业出版社，2019.

［16］张蕾．固体废物污染控制工程［M］．北京：中国矿业大学出版社，2014.

［17］马瑜静．污泥农用环境风险的评估和研究［D］．北京：中国科学院大学，2014.

［18］聂永丰，岳东北．固体废物热处理技术［M］．北京：化学工业出版社，2016.

［19］戴晓虎，侯立安，章林伟，等．我国城镇污泥安全处置与资源化研究［J］．中国工程科学．2022，24（5）：145-153.

［20］蒋建国．固体废物处置与资源化．［M］．2版．北京：化学工业出版社，2013.

［21］穆兰．城市源有机固体废弃物厌氧消化特性及强化策略研究［D］．大连：大连理工大学，2021.

［22］陆大川，顾卫华，赵静，等．城市污泥热解影响因素分析及残渣资源化研究进展［J］．无机盐工业，2023，55（5）：8-15.

［23］颜瑾．农村有机固体废弃物混合堆肥技术研究［D］．北京：中国矿业大学，2018.

［24］闫超，安达，王月，等．我国农村固体废弃物资源化研究进展［J］．农业资源与环境学报，2020，37（2）：151-160.

［25］张海燕，郑仁栋，袁璐韬，等．固体废弃物资源化的发展趋向分析［J］．中国资源综合利用，2019，37（10）：81-83.